建设工程监理人员培训教材

监理基础知识与实务

束 拉 主 编

黄 河 水 利 出 版 社

·郑 州·

内 容 提 要

本书着重阐述了建设工程监理的基本作业内容,以及所涉及的相关法律法规,同时介绍了建设工程监理人员在现场监理时应遵守的工作程序。全书共分 10 章,主要内容包括建设工程监理概论、建设工程监理资质管理、建设工程监理的质量控制、建设工程监理的投资控制、建设工程监理的进度控制、建设工程安全监理、工程项目的合同管理、建筑节能和建设工程监理的信息管理,书的最后还给出了监理的实际案例。

本书主要针对现场从事监理工作的监理人员进行培训时使用,也可供大专院校建筑工程管理、工程监理以及建筑工程技术专业作教材使用,同时供从事建设监理的工程技术人员参考。

图书在版编目(CIP)数据

监理基础知识与实务/束拉主编 . —郑州:黄河水利出版社,2013.4
建设工程监理人员培训教材
ISBN 978 – 7 – 5509 – 0441 – 5

Ⅰ.①监…　Ⅱ.①束…　Ⅲ.①建筑工程 – 施工监理 – 技术培训 – 教材　Ⅳ.①TU712

中国版本图书馆 CIP 数据核字(2013)第 046747 号

出 版 社:黄河水利出版社
地址:河南省郑州市顺河路黄委会综合楼14层　　　邮政编码:450003
发行单位:黄河水利出版社
发行部电话:0371 – 66026940、66020550、66028024、66022620(传真)
E-mail:hhslcbs@126.com
承印单位:河南承创印务有限公司
开本:787 mm×1 092 mm　1/16
印张:14.5
字数:353 千字　　　　　　　　　　　　　印数:1—4 100
版次:2013 年 4 月第 1 版　　　　　　　　印次:2013 年 4 月第 1 次印刷

定价:50.00 元

前　言

随着建设工程管理体制的不断发展,建设监理作为我国建设管理的一项基本制度已经得到了长足的发展。由于监理工作的强制性和服务性,要求现场监理人员必须具有一定的素质,掌握一定的监理工作所特有的工作程序,监理人员的资格就是通过对从事监理工作的专业技术人员的素质进行认定的。为了对现场从事监理工作的监理人员进行培训,提高现场监理人员的理论水平和实践能力,加强工程管理人才的培养,使现场监理人员掌握一定的理论知识和专业知识,我们编写了《监理基础知识与实务》这本教材,以满足培训监理人员的教学需求。在教材的编写过程中,既注重监理理论发展的过程,更注重监理实践的技能培养。主要突出以下几点:

(1)理论与实际相结合,便于学员掌握现场监理工作的依据和工作内容。

(2)每一章都留有与学习内容相结合的深入思考题,启发学员进一步掌握所学内容和提高自己的业务能力。

(3)内容有所创新,打破了以往的监理工程师培训教材模式,针对性强。

(4)可操作性强,教材内有大量的实用表格,对表格的应用和使用方式都给出了注释,并对现场监理工作的流程和步骤都给出了深入浅出的解释,使学员能够学以致用。

本书共分10章,由郑州大学束拉任主编。本书各章编写分工如下:第1章由华北水利水电学院邢振贤编写,第2章由华北水利水电学院杨开云、河南海华工程建设监理公司宋艳编写,第3章由河南建达工程建设监理公司杨保昌、郑州大学束拉编写,第4、5章由河南建达工程建设监理公司杨保昌编写,第6章由河南新恒丰建设监理有限公司郭玉明编写,第7章由河南建筑职业技术学院杨庆丰、郑州大学束拉编写,第8、9章由河南育兴建设工程管理有限公司王瑞波编写,第10章由束拉编写。全书由束拉进行通稿。

在本书编写过程中,参考了有关建设监理的最新资料以及学者和专家近年来的相关论文和著作,在此谨表谢意!

由于水平有限,书中不妥之处在所难免,敬请读者批评指正。

编　者

2013年2月于郑州

目　录

第1章 建设工程监理概论

1.1 我国建设工程监理制度的产生及发展

1.1.1 我国建设工程监理制度的产生背景

从新中国成立初期到 20 世纪 80 年代,我国的工程建设基本上是由国家统一安排、统一拨款建设的,这与当时的经济条件和经济环境是密不可分的,这种方式在当时对国家集中有限的财力、物力和人力进行经济建设以及管理我国的工业体系和国民经济体系都发挥了重要的作用。

20 世纪 80 年代后,我国进入了改革开放的新时期,原有的工程建设管理方式越来越不适应发展的要求,改革传统的工程建设管理模式势在必行。国家决定在基本建设和建筑业领域采取一系列重大改革措施,以适应我国经济发展和改革开放新形势的要求。

1985 年,全国建设体制改革会议提出,要借鉴国际工程项目管理的经验,走专业化、社会化和科学化的现代化管理道路,随着我国工程建设管理体制改革的深入,在借鉴国际惯例的基础上,1988 年 7 月,建设部发布了《关于开展建设监理工作的通知》,开始建立具有中国特色的建设工程监理制度。经若干城市的试点后从 1996 年开始,在建设领域全面推行了建设工程监理制度。

1983 年 4 月《建筑业改革大纲》正式颁布,我国建筑业进入了全面改革的新阶段。在世界银行和亚洲开发银行贷款的项目中,实施监理成为贷款的先决条件,少数项目实施了工程监理,如鲁布革水电站和京津唐高速公路等。1988 年 7 月建设部颁发了《关于开展建设监理工作的通知》,它标志着我国工程建设管理体制进入到一个新的时期,结合中国国情和参照国际惯例,开始建立具有中国特色的建设工程监理制。1988 年 11 月 12 日,建设部发出《关于开展建设监理试点工作的若干意见》,确定北京、天津、上海、南京、宁波、沈阳、哈尔滨、深圳等 8 个城市和交通部、能源部的公路、水电系统作为开展建设监理工作的试点单位,分别在设计院、研究所和科研院校的基础上组建监理公司,并对一些项目实施了工程监理。

1993~1995 年,我国的建设监理由试点转入稳步发展阶段。1996 年,建设监理制度开始在全国范围内全面推广,经过 10 多年的探索和实践,监理制度已逐步形成。到 1996 年底,全国 31 个省、自治区、直辖市和国务院的 44 个部委在不同程度上实施了建设监理制,先后成立了 2 000 多家监理公司。自 1996 年起,建设监理开始进入全面推行阶段,特别是 1998 年 3 月 1 日起施行的《中华人民共和国建筑法》确立了建设监理的法律地位,建设部及部分省、市也先后颁布了一些有关建设监理具体实施的法规,对建设监理事业的发展起到了指导作用。

2000 年,中华人民共和国国家标准《建设工程监理规范》(GB 50319—2000)颁布实施,相关行业根据监理规范制定了行业规范标准,保证了建设工程监理制度全面健康地推行。2003年,国务院第28次常务会议通过了《建设工程安全生产条例》。2004年建设部制定了《建筑施工企业安全生产管理机构设置及专职安全生产管理人员配备办法》和《危险性较大工程安全专项施工方案编制及专家论证审查办法》,标志着我国监理制度在制度化、规范化和科学化方面都上了新台阶,并向国际监理水准迈进。

经过20多年的发展,工程监理制与建设项目法人责任制、招标投标制、合同管理制组成了我国工程建设新的建设管理体制和工程建设各方主体间运行机制。全国的监理单位已发展到6 000多家,从业人员接近50万人,重大的工程项目都实行了建设工程监理制度,建设监理制度的创建阶段已经基本结束,即将进入一个新的发展和壮大阶段。

1.1.2 建设工程监理的作用

建设单位的工程项目实行专业化、社会化的建设监理,这在提高投资经济效益方面发挥了重要的作用,主要表现在以下几个方面:

(1)有利于提高建设工程投资决策科学化水平。

在建设单位委托工程监理单位实施全方位、全过程监理的条件下,当建设单位有了初步的项目投资意向之后,工程监理单位可协助建设单位选择合适的工程咨询机构,管理工程咨询合同的实施,并对咨询结果(如项目建议书、可行性研究报告)进行评估,提出有价值的修改意见和建议;或直接从事工程咨询工作,为建设单位提供建设方案。这样,不仅可使项目投资符合国家经济发展规划、产业政策、投资方向的要求,而且可使项目投资更加符合市场的需求。工程监理单位参与或承担项目决策阶段的监理工作,有利于提高项目投资决策的科学化水平,避免项目投资决策失误,也为实现建设工程投资综合效益最大化打下了良好的基础。

(2)有利于规范工程建设参与各方的建设行为。

工程建设参与各方的建设行为都应当符合法律法规、规章和市场准则。要做到这一点,仅依靠自律机制是远远不够的,还需要建立有效的约束机制。为此,首先需要政府对工程建设参与各方的建设行为进行全面的监督管理,这是最基本的约束,也是政府的主要职能之一。但是,政府的监督管理不可能深入到每一项建设工程的实施过程中,因此还需要建立另一种约束机制,能在建设工程实施过程中对工程建设参与各方的建设行为进行约束,而建设工程监理制就是这样一种约束机制。

在建设工程实施的过程中,一方面工程监理单位可依据委托监理合同和有关的建设工程合同对承建单位的建设行为进行监督管理。由于这种约束机制贯穿于工程建设的全过程,采用事前控制、事中控制和事后控制相结合的方式,因此可以有效地规范各承建单位的建设行为,最大限度地避免不当建设行为的发生。即使出现不当建设行为,也可以及时加以制止,尽可能减少不良后果。应当说,这是约束机制的根本目的。另一方面,由于建设单位不熟悉建设工程的相关法律法规、规章、管理程序和市场行为准则,也可能发生不当建设行为。在这种情况下,工程监理单位可以向建设单位提出适当的建议,从而避免建设单位不当建设行为的发生,这对规范建设单位的建设行为也起到一定的约束作用。

（3）有利于促使承建单位保证建设工程的质量和使用安全。

建设工程是一种特殊的产品，不仅价值大、使用寿命长，而且关系人民的生命财产安全。因此，保证建设工程质量和使用安全就显得尤为重要，在这方面不允许有丝毫的懈怠和疏忽。

工程监理单位对承建单位建设行为的监督管理，实际上是对工程建设生产过程的管理，它与产品生产者自身的管理有很大的不同。按照国际惯例，监理工程师是既懂工程技术又懂经济、法律和管理的专业人才，凭借丰富的工程建设经验，有能力及时发现建设工程实施过程中出现的问题，发现工程所用材料、设备以及阶段产品中存在的问题，从而最大限度地避免工程质量事故或留下工程质量隐患。因此，实行建设工程监理制后，在加强承建单位自身对工程质量管理的基础上，由工程监理单位介入工程建设生产过程的监督管理，对保证建设工程质量和使用安全有着重要的作用。

（4）有利于提高工程建设投资效益。

工程建设投资效益最大化有三种不同表现：在满足建设工程预定功能和质量标准的前提下，建设投资额最少；在满足建设工程预定功能和质量标准的前提下，工程建设寿命周期费用（即全寿命费用）最少；工程建设本身的投资效益与社会效益、环境效益的综合效益最大化。

实行建设工程监理制后，工程监理单位一般都能协助建设单位实现上述工程建设投资效益最大化的第一种表现，也能在一定程度上实现上述工程建设投资效益最大化的第二种和第三种表现。随着工程建设寿命周期费用观念和综合效益理念被越来越多的建设单位所接受，工程建设投资效益最大化的第二种和第三种表现的比例将越来越大，从而大大地提高我国全社会的投资效益，促进我国国民经济健康、可持续发展。

（5）有利于培育、发展和完善建筑市场。

由于建设监理制的实施，我国工程建设管理体制开始形成由工程建设项目法人、建设工程监理单位和工程承建商直接参加的，在政府工程建设行政主管部门监督管理之下的新型管理体制，我国建筑市场的格局也开始发生结构性的变化。作为连接项目法人责任制、工程招标投标制和加强政府宏观管理的中心环节，建设监理制度使他们联系起来，形成一个有机整体，对在工程建设领域发挥市场机制作用起到了十分重要的作用。

（6）有利于实现政府在工程建设中的职能转变。

我国的经济体制改革明确提出了要转变政府职能，实行政企分开，简政放权；提出了政府在经济领域的职能要转移到"规划、协调、监督、服务"上来；明确提出在进行各项管理制度改革的同时，应加强经济立法和司法，加强经济管理和监督。在工程建设领域，通过建立和实施建设工程监理制来具体贯彻我国经济体制改革的决策具有重要的现实意义。它是实现政企分开的一项必要措施，是政府职能转变后的重要补充和完善措施，是在工程建设领域加强法制和经济管理的重大措施。

（7）有利于对外开放、与国际建筑市场接轨。

随着改革开放的不断扩大，近年来吸引了大量外商到我国投资，这些项目都普遍要求实行建设监理作为条件，其原因就是建设监理制能使工程建设有序进行，能充分发挥投资效益。

实践证明:实行建设工程监理制度,按照国际惯例组织工程建设,有利于我国建设队伍参与国际竞争,创收更多的外汇,吸引更多的外资,进一步推动我国对外开放,加快我国的社会主义现代化建设。

1.1.3 我国建设工程监理的现状

我国的建设工程监理已经取得了很大的成绩,在 20 多年的时间里经历了试点起步、稳步发展、全面推行等几个重要阶段,并且已经被社会各界所认同和接受,但是仍存在一定的问题和不足。

(1)尚未形成公平的市场竞争机制。

工程咨询监理行业在西方发达国家是市场经济的产物,在我国则是从国外移植并通过制度强制推行的,是政府行为。政府行政手段的参与削弱了市场的调节作用,使得供求机制发生扭曲。一方面,使得我国多数监理单位只处于发展的初期阶段,没有成长为具有国际竞争水平的大型工程项目管理企业;另一方面,由于监理市场的供求、价格机制不能发挥作用,造成了市场竞争机制无法实现优胜劣汰,间接造成社会和建设单位对整个监理行业的满意度降低,给行业发展造成不良影响。

(2)行业管理不能适应市场经济发展的需求。

不少地方的行业协会形同政府主管部门的附属机构,无法独立形成一个行业发展的管理机构,与国际上专业团体的运作机制相差较大。此外,不少协会的工作内容和方式政府化,不能真正维护会员的权益,削弱了协会的作用,损害了协会的信誉。

(3)监理单位的发展水平普遍较低。

我国监理单位大致分为四种类型:一是政府主管部门为安置分流人员成立的公司;二是大型企业集团设立的子公司或分公司;三是教学、科研、勘察设计单位分立出来的公司;四是社团组织及社会人士成立的监理公司。其中大约三分之一是在 1994 年《中华人民共和国公司法》颁布前按照传统的国有企业模式成立的公司,除第四类少数社会化的监理公司外,绝大多数存在产权关系不明晰、法人治理结构不健全、运行机制不灵活、分配机制不合理的现象。监理公司缺乏自我发展的内在动力,职工的积极性难以充分调动,严重制约了监理单位和监理行业的进一步发展。

(4)从业人员整体素质偏低。

我国工程监理人员的素质、学历普遍较低,水平参差不齐,监理工程师的知识结构不合理,缺乏集技术与管理于一体的复合型监理人才和通晓国际工程管理以及国际惯例的人才。国际上监理工程师通常由经济工程师担任,经济工程师既懂技术又懂管理,融技术知识、经济知识于一体。发达国家工程咨询历史相当长,工程咨询业也被视为高智能型服务业,咨询工程师学历普遍较高,而我国的监理工程师来源主要有以下几类:①原来从事工程技术、工程管理和工程经济的退休人员;②离职转来的工程技术、管理人员,相关部门转来的工程技术、管理人员;③高校毕业生。

目前,我国监理人员流动性大,难以造就高素质且熟悉国际惯例的监理人才。企业的竞争实际上就是人才的竞争,如果国内监理单位人才的素质不能有较大的提高,国内监理工程师的素质不能与国外咨询工程师抗衡,那么国内监理单位在与国外咨询公司的竞争中就必然处于劣势。

1.2 建设工程监理的基本内涵

1.2.1 建设工程监理的概念

建设工程监理是监理单位受建设单位委托进行的工程建设项目管理。是针对工程建设项目，由社会化、专业化的建设工程监理单位接受建设单位的委托和授权，根据国家批推的工程建设项目文件和有关工程建设的法律、法规与建设工程监理合同以及其他工程建设合同，控制工程建设的投资、工期、质量，协调工程建设中的各种关系，维护工程建设合同各方的利益所进行的监督管理活动。

工程监理的行为主体是工程监理单位，工程监理只能由相应资质的工程监理单位来开展，这是我国工程监理制度的一项重要规定。监理单位的监督管理不同于建设主管部门的监督管理，后者的行为主体是政府，具有明显的强制性和宏观性。而监理单位则是受建设单位委托，以系统的制度、健全的组织机构、完善的技术经济手段和严格的工作程序进行微观的监督管理。除监理单位外，其他任何单位或机构所进行的工程管理活动，包括总承包单位对分包单位的监督管理都不能称为建设工程监理。

建设单位也称为项目法人，是委托监理的一方。建设单位在工程建设中拥有确定建设工程规模、标准、功能，以及选择勘察、设计、施工、监理单位等重大问题的决定权。

工程监理单位是指取得企业法人营业执照，具有监理资质证书并依法从事建设工程监理业务活动的经济组织。

建设工程监理和工程项目管理具有类似的概念，二者的区别有：①工作内容方面，工程监理是工程项目管理的重要组成部分，但不是工程管理的全部；在《中华人民共和国建筑法》等法律中明确规定了工程监理是对施工阶段的质量、进度、造价和安全等方面的监督和管理，而工程管理的工作内容包括可行性研究、招标代理、造价咨询、工程监理和勘察设计及施工的管理等。②法律责任，对规定的某些工程，施工阶段的监理是强制的，法律责任也有明确规定；而工程项目管理是政府提倡和鼓励的一种管理方式，其内容及深度要求可在委托合同中约定，明确责任。可见，二者在法律责任和地位上是不同的。

1.2.2 建设工程监理的特点

（1）建设工程监理是针对工程建设项目实施的监督管理活动。

工程建设项目就是固定资产投资项目。它是将一定量的投资在一定的约束条件下（包括时间、资源、质量等）按照科学的程序经过决策（设想、建议、研究、评估、决策）和实施（勘察、设计、施工、竣工验收与使用），最终达到固定资产投资的特定目标。建设工程监理是针对工程建设项目的要求而开展的，直接为工程建设项目提供管理服务。也就是建设工程监理活动必须围绕工程建设项目来进行，离开了工程建设项目，就不属于建设工程监理的范围。

（2）建设工程监理的行为主体是工程监理单位。

按照国家的有关法规，建设工程监理必须由工程监理单位组织实施。工程监理单位是建设工程监理的行为主体。只有工程监理单位才是专门从事建设工程监理和其他技术服务活动的具有独立性、社会化、专业化特点的组织。其他任何单位进行的监督管理活动(如政府有关部门进行的监督管理以及建设单位自行的管理)一律不能称为建设工程监理。

(3)建设工程监理需要有建设单位的委托和授权。

建设工程监理是市场经济条件下社会的需要。市场由买卖双方和第三方——中介机构组成,工程监理单位就是其中的第三方。但工程监理单位要成为市场的第三方就必须有建设单位的委托和授权,这是建设工程监理与政府工程建设监管的重要区别。

(4)建设工程监理有明确的依据。

建设工程监理是监理单位依据相关法规对工程建设实施管理。建设工程监理的依据主要有工程建设法律法规、工程建设项目建设文件、工程建设技术标准、工程建设价格标准、工程建设合同等。不仅工程监理单位必须依据上述法规实施监理,参加工程建设的其他各方也应遵守这些法规、准则和文件等。

1.2.3　建设工程监理的性质

建设工程监理是一种特殊的工程建设管理活动,与其他工程建设活动有着明显的区别。建设工程监理在建设领域中成为我国一种独立的行业,具有以下性质:

(1)服务性。

监理单位在工程项目建设过程中,利用自己在工程建设方面的知识、技能和经验为客户提供高智能监督管理服务,以满足项目建设单位对项目管理的需要。它的直接服务对象是客户,是委托方,也就是项目建设单位,这种服务性的活动是按建设工程监理合同来进行的,是受法律约束和保护的。

(2)独立性。

从事建设工程监理活动的监理单位是参与工程项目建设的"三方当事人"之一,与建设单位、承包单位之间的关系是平等的、横向的,在工程项目建设中,监理单位是独立的一方。

(3)科学性。

《建设工程监理规定》中指出:建设工程监理是一种高智能的技术服务,要求从事建设工程监理活动应当遵循科学的准则。按照建设工程监理科学性要求,监理单位应当有足够数量的、业务素质合格的监理工程师;要有一套科学的管理制度;要配备计算机辅助监理的软件和硬件;要掌握先进的监理理论、方法,积累足够的技术、经济资料和数据;要拥有现代化的监理手段。

(4)公正性。

监理单位和监理工程师在工程建设过程中,一方面应当作为能够严格履行监理合同各项义务、竭诚地为客户服务的"服务方",同时也应当成为"公正的第三方"。在提供监理服务的过程中,监理单位和监理工程师在双方发生分歧和争议时能够以事实为依据,以有关法律法规和双方所签订的工程承包合同为准绳,公正地加以解决和处理。

1.2.4　建设工程监理的范围和主要内容

工程监理是基于建设单位的委托而实施的建设活动,所以对建设工程实施监理应建立在建设单位自愿的基础上。对于国家投资的工程,国家有权以建设单位的身份要求工程建设单位对工程项目实施工程监理。对于外商投资的建设工程及一些与社会公共利益关系重大的工程,为确保工程质量和社会公众的生命财产安全,国家也可要求其建设单位必须实施工程监理,即对这些工程建设活动强制实行监理。

1.2.4.1 建设工程监理的范围

根据建设部颁布的《建设工程监理范围和规模标准规定》,建设工程委托监理的范围和内容可以是工程建设的全过程和工程管理的全部内容,也可以是其中的一个阶段或部分。

现阶段我国必须实行建设工程监理的工程项目范围为:

(1)国家重点建设工程。

国家重点建设工程是指依据《国家重点建设项目管理办法》所确定的对国民经济和社会发展有重大影响的骨干项目。

(2)大中型公用事业工程。

大中型公用事业工程包括项目总投资额在 3 000 万元以上的供水、供电、供气、供热等市政工程项目,科技、教育、文化等项目,体育、旅游、商业等项目,卫生、社会福利等项目,其他公用事业项目。

(3)成片开发建设的住宅小区工程。

成片开发建设的住宅小区工程是指建筑面积在 5 万 m² 以上的住宅建设工程。

(4)利用外国政府或国际组织贷款、援助资金的工程。

利用外国政府或国际组织贷款、援助资金的工程包括使用世界银行、亚洲开发银行等国际组织贷款资金的项目,使用外国政府及其机构贷款资金的项目,使用国际组织或者外国政府援助资金的项目。

(5)国家规定必须实行监理的其他工程。

国家规定必须实行监理的工程是指项目总投资额在 3 000 万元以上关系社会公共利益及公众安全的交通运输、水利建设、城市基础建设、生态环境保护、信息产业、能源等基础设施项目,以及学校、影剧院、体育场馆等项目。

各个地区的建设行政主管部门也对当地实行建设工程监理的范围作出了相应的规定。

建设工程监理应包括工程建设决策阶段的监理和实施阶段的监理。决策阶段的监理包括对建设项目进行可行性研究、论证和参与任务书的编制等。实施阶段的监理则包括对设计、施工、保修等的监理。我国的建设工程监理尚处于初级阶段,决策阶段的监理目前主要还是由政府行政管理部门进行管理。实施阶段的监理,根据我国的具体情况,目前所进行的建设工程监理主要是施工、设计、保修等的监理,主要还是由政府工程质量监督机构进行监督管理。

建设工程监理的范围应包括整个工程建设的全过程,即招标、设计、施工、材料设备采供、设备安装调试等环节,对工期、质量、造价、安全等方面进行监督管理。

1.2.4.2 建设工程监理工作的主要内容

《中华人民共和国建筑法》中明确规定:实施建筑工程监理前,建设单位应将委托的工程监理单位、监理内容及权限书面通知被监理的建筑施工企业。建筑工程监理应当依照法律、行政法规及有关技术标准、设计文件和建筑工程承包合同对承包单位在施工质量、建设工期和建设资金使用等方面代表建设单位实施监督。在工程建设项目中,目前监理工程师只是进行施工阶段的监理工作,这一阶段的主要工作是质量控制。而全过程的监理对于大多数监理公司还难以达到。现阶段的监理工作拓展应重点体现在施工招投标管理和工程承包合同管理两个方面,并向设计监理发展。

建设工程监理工作的主要内容包括:协助建设单位进行工程项目可行性研究,优选设计方案、设计单位和承包单位,审查设计文件;控制工程质量、造价和工期;管理建设工程合同的履行以及协调建设单位与工程建设有关各方的工作关系等。建设工程监理的中心工作是进行项目目标控制,即投资、工期和质量的控制,对项目内部的管理主要是合同和信息管理,对项目外部主要是组织协调,合同是控制、管理、协调的主要依据。归结起来建设工程监理的任务即"三控制、两管理、一协调"共六项内容和履行安全管理的职责。

"三控制"即质量控制、工期控制和投资控制。对任何一项工程建设来说,质量、工期和投资往往是相互矛盾的,但又是统一的。一般来说,三项目标较难同时达到最优状态。工程监理的任务就是根据建设单位的不同侧重要求,尽力实现三项目标控制在合同允许的范围内。

"两管理"是指对工程建设承包合同和工程建设过程中有关信息的管理。承发包合同管理是建设工程监理的主要工作内容,是实现三大目标控制的手段。其表现形式就是定期和不定期地核查承发包合同的实施情况,纠正实施中出现的偏差,提出新一阶段执行承发包合同的意见。

信息管理是指信息的收集、整理、存储、传递和应用等一系列工作的总称。信息管理包括四项内容:①制定采集信息的制度和方法;②建立信息编码系统;③明确信息流程;④信息的处理和应用。信息无时不有,无处不有,庞杂的信息管理必须依靠计算机才能较好地完成。信息管理的突出特点是"快"和"准"。

"一协调"是指协调参与工程建设各方的工作关系。这项工作一般是通过定期和不定期地召开会议的形式来完成的,或者通过分别沟通的方式,达到统一意见、协调一致的目的。

履行建设工程安全生产管理职责是《建设工程安全生产管理条例》明文规定的内容。

1.3 建设工程监理的相关法律法规

1.3.1 建设工程监理法律法规体系

我国建设监理经过20年的发展,相关的法规体系已经初步建立并逐步完善,与之相关的法律法规的内容也逐渐充实、丰富,它不仅包括相关法律,还包括相关的行政法规、行政规章、地方性法规等。从内容上看,它不仅对监理单位和监理工程师资质管理有全面的规定,而且对监理活动、委托监理合同、政府对建设工程监理的行政管理等都作了明确规定。

(1)与建设工程监理有关的建设工程法律有《中华人民共和国建筑法》、《中华人民共和国合同法》、《中华人民共和国招标投标法》、《中华人民共和国土地管理法》、《中华人民共和国城市规划法》、《中华人民共和国城市房地产管理法》、《中华人民共和国环境保护法》和《中华人民共和国环境影响评价法》。

(2)与建设工程监理有关的建设工程行业法规有《建设工程质量管理条例》、《建设工程安全生产管理条例》、《建设工程勘察设计管理条例》和《中华人民共和国土地管理法实施条例》。

(3)与建设工程监理有关的建设工程行政规章有《工程监理单位资质管理规定》、《建设工程勘察设计管理条例》、《建设工程监理范围和规模标准规定》、《建设工程设计招标管理办法》、《房屋建筑和市政基础设施工程施工招标投标管理办法》等。

1.3.2　建设工程监理主要法律法规

《中华人民共和国建筑法》是我国工程建设领域的一部大法,内容以市场管理为中心,以建设工程质量和安全为重点,以建筑活动监督管理为主线。《中华人民共和国建筑法》提出,国家推行建设工程监理制度,国务院可以规定实施强制性监理的工程范围。建筑工程监理应当依据法律、行政法规及有关的技术标准、设计文件和工程承包合同对承包单位在施工质量、建设工期和建设资金使用等方面代表建设单位实施监督。

《建设工程质量管理条例》以建设工程质量责任主体为基线,规定了建设单位、勘察单位、设计单位、承包单位和工程监理单位的质量责任和义务,明确了工程质量保修制度、工程质量监督制度等内容,并对各种违法违规行为的处罚作出了原则规定。提出监理工程师应当按照工程监理规范的要求,采取旁站、巡视和平行检验等形式对建设工程实施监理。

《建设工程安全生产管理条例》以建设单位、勘察单位、设计单位、承包单位、工程监理单位及其他与建设工程安全生产有关的单位为主体,规定了各主体在安全生产中的安全责任与义务,并对监督管理、生产安全事故的应急救援和调查处理、法律责任等作了相应的规定。提出工程监理单位在实施监理过程中,发现存在安全事故隐患的,应当要求承包单位整改;情况严重的,应当要求承包单位暂时停止施工,并及时报告建设单位;承包单位拒不整改或者不停止施工的,应当及时向有关主管部门报告;监理工程师应当按照法律法规和工程建设强制性标准实施监理,并对建设工程安全生产承担监理责任。

《建设工程监理规范》分总则、术语、监理机构、监理规划、监理工作、合同管理、资料整理、设备监理等八部分,并附施工阶段监理工作的基本表式,全面规范了监理工作的工作内容和方法。

《房屋建筑工程施工旁站监理管理办法》规定,旁站监理人员必须做到:

(1)坚持施工企业形成检查质检人员到岗、特殊工种人员持证上岗以及施工机械、建筑材料准备情况的良好习惯。

(2)在现场跟班监督关键部位、关键工序的施工执行方案以及工程建设强制性标准情况。

(3)核查进场建筑材料、建筑构配件、设备和商品混凝土的质量检查报告等,并可在现场监督施工企业进行检查或者委托具有资格的第三方进行复验。

(4)做好旁站监理记录和监理日记,保持旁站监理原始资料。

思考题

1. 我国建设工程监理制度是怎么建立的?

2. 我国建设工程监理的特点有哪些?

3. 简述我国建设工程监理的发展状况。

第2章 建设工程监理资质管理

2.1 建设工程监理单位的资质管理

工程监理单位的资质是指企业技术能力、管理水平、业务经验、经营规模、社会信誉等的综合性实力指标。对工程监理单位进行资质管理是我国政府实行市场准入控制的有效手段。

工程监理单位应当按照所拥有的注册资本、专业技术人员数量和工程监理业绩等资质条件申请资质,经审查合格,取得相应等级的资质证书后,才能在其资质等级许可的范围内从事工程监理活动。

工程监理单位的注册资本不仅是企业从事经营活动的基本条件,也是企业清偿债务的保证。工程监理单位所拥有的专业技术人员数量主要体现在注册监理工程师的数量上,这反映了企业从事监理工作的工程范围和业务能力。工程监理业绩则反映了工程监理单位开展监理业务的经历和成效。

2.1.1 工程监理单位资质等级分类标准

工程监理单位的资质按照等级分为综合资质、专业资质和事务所资质。其中,专业资质按照工程性质和技术特点又可划分为若干工程类别。

综合资质、事务所资质不分级别。专业资质分为甲级、乙级,其中房屋建筑、水利水电、公路和市政公用专业资质可设立丙级。

2.1.1.1 工程监理单位的资质等级标准

1)综合资质标准

(1)具有独立法人资格且注册资本不少于600万元。

(2)企业技术负责人应为注册监理工程师,并具有15年以上从事工程建设工作的经历或者具有工程类高级职称。

(3)具有5个以上工程类别的专业甲级工程监理资质。

(4)注册监理工程师不少于60人,注册造价工程师不少于5人,一级注册建造师、一级注册建筑师、一级注册结构工程师或者其他勘察设计注册工程师合计不少于15人。

(5)企业具有完善的组织结构和质量管理体系,有健全的技术、档案等管理制度。

(6)企业具有必要的工程试验检测设备。

(7)申请工程监理资质之日前一年内没有规定禁止的行为。

(8)申请工程监理资质之日前一年内没有因本企业监理责任造成重大质量事故。

(9)申请工程监理资质之日前一年内没有因本企业监理责任发生三级以上工程建设重大安全事故或者发生两起以上四级工程建设安全事故。

2）专业资质标准

A. 甲级

（1）具有独立法人资格且注册资本不少于300万元。

（2）企业技术负责人应为注册监理工程师，并具有15年以上从事工程建设工作的经历或者具有工程类高级职称。

（3）注册监理工程师、注册造价工程师、一级注册建造师、一级注册建筑师、一级注册结构工程师或者其他勘察设计注册工程师合计不少于25人；其中，相应专业注册监理工程师不少于《专业资质注册监理工程师人数配备表》（见表2-1）中的规定。

表2-1　专业资质注册监理工程师人数配备　　　　　　　　　　（单位：人）

序号	工程类别	甲级	乙级	丙级
1	房屋建筑工程	15	10	5
2	冶炼工程	15	10	—
3	矿山工程	20	12	—
4	化工石油工程	15	10	—
5	水利水电工程	20	12	5
6	电力工程	15	10	—
7	农林工程	15	10	—
8	铁路工程	23	14	—
9	公路工程	20	12	5
10	港口与航道工程	20	12	—
11	航天与航空工程	20	12	—
12	通信工程	20	12	—
13	市政公用工程	15	10	5
14	机电安装工程	15	10	—

注：表中各专业资质注册监理工程师人数配备是指企业取得本专业工程类别注册的注册监理工程师的人数。

（4）企业近2年内独立监理过3个以上相应专业的二级工程项目，但是具有甲级设计资质或者一级及以上施工总承包资质的企业申请本专业工程类别甲级资质的除外。

（5）企业具有完善的组织结构和质量管理体系，有健全的技术、档案等管理制度。

（6）企业具有必要的工程试验检测设备。

（7）申请工程监理资质之日前一年内没有规定禁止的行为。

（8）申请工程监理资质之日前一年内没有因本企业监理责任造成重大质量事故。

（9）申请工程监理资质之日前一年内没有因本企业监理责任发生三级以上工程建设重大安全事故或者发生两起以上四级工程建设安全事故。

B. 乙级

（1）具有独立法人资格且注册资本不少于100万元。

（2）企业技术负责人应为注册监理工程师，并具有10年以上从事工程建设工作的经历。

（3）注册监理工程师、注册造价工程师、一级注册建造师、一级注册建筑师、一级注册结构工程师或者其他勘察设计注册工程师合计不少于 15 人。其中，相应专业注册监理工程师不少于《专业资质注册监理工程师人数配备表》（见表 2-1）中的规定。

（4）有较完善的组织结构和质量管理体系，有技术、档案等管理制度。

（5）有必要的工程试验检测设备。

（6）申请工程监理资质之日前一年内没有规定禁止的行为。

（7）申请工程监理资质之日前一年内没有因本企业监理责任造成重大质量事故。

（8）申请工程监理资质之日前一年内没有因本企业监理责任发生三级以上工程建设重大安全事故或者发生两起以上四级工程建设安全事故。

C. 丙级

（1）具有独立法人资格且注册资本不少于 50 万元。

（2）企业技术负责人应为注册监理工程师，并具有 8 年以上从事工程建设工作的经历。

（3）相应专业的注册监理工程师不少于《专业资质注册监理工程师人数配备表》（见表 2-1）中的规定。

（4）有必要的质量管理体系和规章制度。

（5）有必要的工程试验检测设备。

3）事务所资质标准

事务所资质标准具体要求为：

（1）取得合伙企业营业执照，具有书面合作协议书。

（2）合伙人中有 3 名以上为注册监理工程师，合伙人均有 5 年以上从事建设工程监理工作的经历。

（3）有固定的工作场所。

（4）有必要的质量管理体系和规章制度。

（5）有必要的工程试验检测设备。

2.1.1.2　工程监理单位资质相应许可的业务范围

1）综合资质

综合资质是指可以承担所有专业工程类别建设工程项目的工程监理业务。

2）专业资质

A. 专业甲级资质

专业甲级资质是指可承担相应专业工程类别建设工程项目的工程监理业务。

B. 专业乙级资质

专业乙级资质是指可承担相应专业工程类别二级以下（含二级）建设工程项目的工程监理业务。

C. 专业丙级资质

专业丙级资质是指可承担相应专业工程类别三级建设工程项目的工程监理业务；可承担相应专业工程类别建设工程项目的工程监理业务，以及相应类别建设工程的项目管理、技术咨询等相关业务。

3）事务所资质

可承担三级建设工程项目的工程监理业务，但是国家规定必须实行强制监理的建设工程监理业务除外。

工程监理单位可以开展相应类别建设工程的项目管理、技术咨询等业务,相应专业工程类别和等级详见《工程监理单位资质管理规定》(建设部令第 158 号)。

2.1.2　建设工程监理单位资质管理规定

按照资质管理规定的要求,从事建设工程监理单位,应当按照其拥有的注册资本、专业技术人员和工程监理业绩等资质条件申请资质,经审查合格,取得相应等级的资质证书后,方可在其资质等级许可的范围内从事工程监理活动。

申请综合资质、专业甲级资质的,应当向企业工商注册所在地的省、自治区、直辖市人民政府建设主管部门提出申请。

专业乙级、丙级资质和事务所资质由企业所在地省、自治区、直辖市人民政府建设主管部门审批。

专业乙级、丙级资质和事务所资质许可、延续的实施程序由省、自治区、直辖市人民政府建设主管部门依法确定。

工程监理单位资质证书的有效期为 5 年。

工程监理单位不得有下列行为:

(1)与建设单位串通投标或者与其他工程监理单位串通投标,以行贿手段谋取中标;

(2)与建设单位或者承包单位串通,弄虚作假、降低工程质量;

(3)将不合格的建设工程、建筑材料、建筑构配件和设备按照合格签字;

(4)超越本企业资质等级或以其他企业名义承揽监理业务;

(5)允许其他单位或个人以本企业的名义承揽工程;

(6)将承揽的监理业务转包;

(7)在监理过程中实施商业贿赂;

(8)涂改、伪造、出借、转让工程监理单位资质证书;

(9)其他违反法律法规的行为。

2.2　监理人员的资质管理

2.2.1　监理人员的组成

从事建设工程监理工作的人员统称为监理人员;监理人员根据持证情况的不同,分为监理工程师和监理员。

参加工程建设的监理人员,根据工作岗位的需要分为总监理工程师、总监理工程师代表、专业监理工程师和监理员等。

(1)总监理工程师:是由监理单位法定代表人书面授权,全面负责委托监理合同的履行,主持项目监理机构工作的监理工程师。

(2)总监理工程师代表:是经监理单位法定代表人同意,由总监理工程师书面授权,代表总监理工程师行使部分职权和权力的项目监理机构中的监理工程师。

(3)专业监理工程师:是根据项目监理岗位职责分工和总监理工程师的指令,负责实施某一专业或某一方面的监理工作,具有相应监理文件签发权的监理工程师。

（4）监理员：是经过监理业务培训,具有同类工程相关专业知识,从事具体监理工作的监理人员。

工程项目建设监理实施的是总监理工程师负责制。

2.2.2 监理工程师资质的取得与管理

2.2.2.1 监理工程师执业资格考试

我国按照"有利于国家经济发展、得到社会认可、具有国际可比性、事关社会公共利益"等四项原则,在涉及国家、人民生命财产安全的专业技术工作领域,实行专业技术人员执业资格制度。

1992年6月,建设部发布了《监理工程师资格考试和注册试行办法》（建设部第18号令）,我国开始实施监理工程师资格考试。1996年8月,建设部、人事部下发了《建设部、人事部关于全国监理工程师执业资格考试工作的通知》（建监〔1996〕462号）,从1997年起,全国正式举行监理工程师执业资格考试。考试工作由建设部、人事部共同负责,日常工作委托建设部建筑监理协会承担,具体考务工作由人事部人事考试中心负责。

监理工程师报考条件为:凡中华人民共和国公民,身体健康,遵纪守法,具备下列条件之一者,可申请参加监理工程师执业资格考试。

1）参加全科（四科）考试条件

（1）工程技术或工程经济专业大专（含大专）以上学历,按照国家有关规定,取得工程技术或工程经济专业中级职务,并任职满3年。

（2）按照国家有关规定,取得工程技术或工程经济专业高级职务。

（3）1970年（含1970年）以前工程技术或工程经济专业中专毕业,按照国家有关规定,取得工程技术或工程经济专业中级职务,并任职满3年。

2）免试部分科目的条件

对从事建设工程监理工作并同时具备下列四项条件的报考人员,可免试《建设工程合同管理》和《建设工程质量、投资、进度控制》两科。

（1）1970年（含1970年）以前工程技术或工程经济专业中专（含中专）以上毕业。

（2）按照国家有关规定,取得工程技术或工程经济专业高级职务。

（3）从事工程设计或工程施工管理工作满15年。

（4）从事监理工作满1年。

考试以两年为一个周期,参加全部4个科目考试的人员必须在连续两个考试年度内通过全部科目考试;符合免试部分科目考试的人员,必须在一个考试年度内通过规定的两个科目的考试,可取得监理工程师执业资格证书。

续考考生必须准确填写上一年考试档案号,否则两年成绩无法合并计算。

2.2.2.2 监理工程师执业资格考试科目与意义

由于监理工程师的业务主要是控制建设工程的质量、投资、进度,监督管理建设工程合同,协调工程建设各方的关系。所以,监理工程师执业资格考试的内容主要是建设工程监理基本理论、工程质量控制、工程进度控制、工程投资控制、建设工程合同管理和涉及工程监理的相关法律法规等方面的理论知识和实务技能。考试设置 4 个科目,具体是:《建设工程监理基本理论与相关法规》、《建设工程合同管理》、《建设工程质量、投资、进度控制》、《建设工程监理案例分析》。其中,《建设工程监理案例分析》为主观题,在试卷上作答;其余 3 科均为客观题,在答题卡上作答。

实行监理工程师执业资格考试制度的意义在于:

(1)促进监理人员努力钻研监理业务,提高业务水平;

(2)统一监理工程师的业务能力标准;

(3)有利于公正地确定监理人员是否具备监理工程师的资格;

(4)合理建立工程监理人才库;

(5)便于同国际接轨,开拓国际工程监理市场。

2.2.2.3 监理工程师的注册

监理工程师注册制度是政府对监理从业人员实行市场准入控制的有效手段。监理工程师一经注册,即表明获得了政府对其以监理工程师名义从业的行政许可,因而具有相应工作岗位的责任和权力。仅取得《监理工程师执业资格证书》,没有取得《监理工程师注册证书》的人员,则不具备这些权力,也不承担相应的责任。

监理工程师的注册,根据注册内容的不同分为三种形式,即初始注册、延续注册和变更注册。按照我国有关法规规定,监理工程师按照专业类别注册,每人最多可以申请两个专业注册,并且只能在一家企业注册。

1)初始注册

初始注册即考试合格、取得执业资格证书的。其具备的条件:

(1)经全国注册监理工程师执业资格统一考试合格,取得资格证书;

(2)受聘于一个相关单位;

(3)达到继续教育要求。

2)延续注册

初始注册有效期为 3 年,期满要求继续执业的,需办理延续注册。

3)变更注册

注册后,如果注册内容发生变更,如变更执业单位、注册专业等,应当向原注册管理机构办理变更注册。

4)不予初始注册、延续注册或者变更注册的特殊情况

如果注册申请人有下列情形之一,将不予初始注册、延续注册或者变更注册:

(1)不具备完全民事行为能力;

(2)刑事处罚尚未执行完毕或因从事工程监理或者相关业务受到刑事处罚,自刑事处罚执行完毕之日起至申请注册之日止不满 2 年;

(3)未达到监理工程师继续教育要求;

(4)在两个或者两个以上单位申请注册;

(5)以虚假的职称证书参加考试并取得资格证书;

(6)年龄超过 65 周岁;

(7)法律法规规定不予注册的其他情形。

注册监理工程师有下列情形之一的,其注册证书和执业印章自动失效:

(1)聘用单位破产;

(2)聘用单位被吊销营业执照;

(3)聘用单位被吊销相应资质证书;

(4)已与聘用单位解除劳动关系;

(5)注册有效期满且未延续注册;

(6)年龄超过65周岁;

(7)死亡或丧失行为能力;

(8)其他导致注册失效的情形。

5)注销注册

注册监理工程师有下列情形之一的,应当办理注销注册,交回注册证书和执业印章,注册管理机构将公告其注册证书和执业印章作废:

(1)不具备完全民事行为能力;

(2)申请注销注册;

(3)注册证书和执业印章已失效;

(4)依法被撤销注册;

(5)依法被吊销注册证书;

(6)受到刑事处罚;

(7)法律法规规定应当注销注册的其他情形。

6)注册监理工程师的继续教育

注册监理工程师每年都要接受一定学时的继续教育。

2.2.3 监理员资格的取得与管理

监理员资格取得必须是从事监理工作的人员经过专业培训才能获得。

2.2.3.1 培训对象

凡具有工程建筑类相关专业初级(含初级)以上职称,或工程建筑类相关专业学历证明(研究生毕业当年,本科毕业一年以上,大专毕业两年以上,中专毕业三年以上)的工程技术人员和管理人员均可报名参加。

2.2.3.2 培训内容

培训内容主要包括建设工程监理概论及相关法规、建设工程合同管理、建设工程投资控制、建设工程质量控制、建设工程进度控制、建设工程安全监理、工程监理实务及监理职业道德。

2.2.3.3 结业与发证

参加人员学完全部课程并考试合格,由培训单位将其个人信息输入河南省住房和城乡建设厅专业技术人员信息管理系统,统一编号后颁发省住房和城乡建设厅《河南省建设监理人员岗位培训证书》。证书编号上传至河南省建设人才教育信息网(www.hncen.com)和河南省建设监理协会网(http://jianli.hnecc.net)。

2.3 监理人员的素质要求

2.3.1 监理人员的基本素质

(1)优良的思想素质:①诚信;②责任心强;③廉洁奉公;④进取心强;⑤敬业精神;⑥团结协作。

(2)扎实的业务素质:

①监理人员对所监理的建设工程的主要专业,应具有扎实的专业基础;②监理人员应了解所监理工程相关的专业;③了解合同、经济、法律知识。

(3)健康的身体素质,充沛的精力。

2.3.2 监理人员的执业守则

(1)监理人员在执业过程中,始终要坚持"守法、诚信、公正、科学"的准则,不损害国家和集体利益,执行有关工程建设的法律法规、规范、标准和制度,履行监理合同规定的义务和职责。

(2)本着"严格监理、热情服务、廉洁自律"的监理原则,洁身自好,认真履行"监理人员十不准"条款:①不准收受承包单位的任何馈赠或向承包单位索要经济赞助;②不准接受承包单位的吃饭或娱乐性招待,工程全部或部分分工时有建设单位参加的活动除外;③不准到承包单位报销发票、收据;④不准介绍施工队伍到所监理的工地施工;⑤不准在承包单位兼职或领取任何报酬;⑥不准介绍人员到所监理的承包单位工作;⑦不准介绍、推荐任何建筑材料、设备给监理的承包单位;⑧不准做任何有损建设单位利益和声誉的事情;⑨不准玩忽职守或借故拖延,推诿属于职权范围的工作事项;⑩不准参加"黄、赌、毒"活动。

(3)努力学习专业技术和建设监理知识,不断提高业务能力和监理水平。

(4)不以个人名誉承揽监理业务。

(5)不同时在两个或两个以上监理单位注册和从事监理活动,不在政府部门和施工、材料设备的生产供应等单位兼职。

(6)不为所监理项目指定承建商、建筑构配件、设备、材料和施工方法。

(7)不收受被监理单位的任何礼金。

(8)不泄露所监理工程各方认为需要保密的事项。

(9)坚持独立自主的开展工作。

2.3.3 监理人员的能力

(1)善于观察、发现问题的能力。

敏锐觉察问题的能力是监理人员的一个重要素质,监理人员做事用心,及时发现问题对施工过程的目标控制能够起到防患于未然的作用。

(2)分析判断、决断能力。

监理人员工作在现场,业务方面的很多事情需要自己判断和处理,对突发事件的处理措施往往要非常及时。及时解决问题取决于监理人员能否正确判断事情的关键所在,并作出决断。

(3)灵活应变的能力。

许多具体的情况并没有针对性的处理模式,这时监理人员的能动性就非常重要。要有力、细致和到位地执行就必须具备灵活应变的能力。

(4)交往、沟通和协调能力。

监理人员是跟人打交道,交往沟通能力就非常关键。能否被建设单位理解、接受,能否跟建设单位和被监理方在看法和利益方面达成某种程度的一致,取决于沟通和协调的效果。只有有效的沟通,才能达成了解,进行交流,这些在竣工工程质量合格的核定时尤其重要。

(5)学习的能力。

监理人员要想做好工程监理,就必须要有学习的能力。无论从实践中还是从理论上,都需要不断地学习,才能直接对工程的建设者进行进度、质量和投资的控制,运用经济、法律以及管理的各种手段和技术措施对工程进行严格、科学的管理。

2.3.4 监理员的职责

监理员的职责包括:

(1)在专业监理工程师的指导下开展现场监理工作。

(2)检查承包单位投入工程项目的人力、材料、主要设备及其使用、运行状况,并做好检查记录。

(3)复核或从施工现场直接获取工程计量的有关数据并签署原始凭证。

(4)按设计图及有关标准,对承包单位的工艺过程或施工工序进行检查和记录,对加工制作及工序施工质量检查结果进行记录。

(5)担任旁站工作,发现问题及时指出并向专业监理工程师报告。

(6)做好监理日记和有关的监理记录。

如果将条文规定展开了讲,可以是以下内容:

(1)认真学习和贯彻有关建设监理的政策、法规以及国家和省、市有关工程建设的法律法规、政策、标准和规范,在工作中做到以理服人。

(2)熟悉所监理项目的合同条款、规范、设计图纸,在专业监理工程师的领导下,有效开展现场监理工作,及时处理施工过程中出现的问题。

(3)认真学习设计图纸及设计文件,正确理解设计意图,严格按照监理程序、监理依据,在专业监理工程师的指导、授权下进行检查、验收;掌握工程全面进展的信息,及时报告专业监理工程师(或总监理工程师)。

(4)检查承包单位投入工程项目的人力、材料、主要设备及其使用、运行状况,并做好检查记录;督促、检查承包单位安全措施的投入。

(5)复核或从施工现场直接获取工程计量的有关数据并签署原始凭证。

(6)按设计图及有关标准,对承包单位的工艺过程或施工工序进行检查和记录,对加工制作及工序施工质量检查结果进行记录。

(7)担任旁站工作,发现问题及时指出并向专业监理工程师报告。

(8)记录工程进度、质量检测、施工安全、合同纠纷、施工干扰、监管部门和建设单位的意见、问题处理结果等情况,做好监理日记和有关的监理记录;协助专业监理工程师进行监理资料的收集、汇总及整理工作。

(9)完成专业监理工程师(或总监理工程师)交办的其他任务。

思考题

1. 监理工程师的资质由谁管理?
2. 简述监理人员应具备的素质。
3. 简述监理员的职责。

第3章 建设工程监理的质量控制

3.1 建设工程质量控制的基本概念和方法

3.1.1 建设工程质量

3.1.1.1 建设工程质量的概念

建设工程质量简称工程质量。工程质量是指工程满足建设单位需要的,符合国家法律法规、技术规范标准、设计文件及合同约定的特性综合。

建设工程质量的特性主要表现在以下六个方面:

(1)适用性。即功能,是指工程满足使用目的的各种性能。包括:理化性能、结构性能、使用性能、外观性能。

(2)耐久性。即寿命,是指工程在规定的条件下,满足规定功能要求使用的年限,也就是工程竣工后的合理使用寿命周期。

(3)安全性。它是指工程建成后在使用过程中保证结构安全、保证人身和环境免受危害的程度。

(4)可靠性。它是指工程在规定的时间和规定的条件下完成规定功能的能力。

(5)经济性。它是指工程从规划、勘察、设计、施工、监理到整个产品使用寿命周期内的成本和消耗的费用。

(6)与环境的协调性。它是指工程与其周围生态环境协调,与所在地区经济环境协调以及与周围已建工程相协调,以适应可持续发展的要求。

上述六个方面的质量特性彼此之间是相互依存的。总体而言,适用性、耐久性、安全性、可靠性、经济性以及与环境的协调性都是必须达到的基本要求,缺一不可。

3.1.1.2 工程质量与影响因素分析

工程施工活动决定了设计意图能否体现,它直接关系工程的安全可靠、使用功能的保证,以及外表观感能否体现建筑设计的艺术水平。在一定程度上,工程施工是形成实体质量的决定性环节。

影响工程质量的因素归纳起来主要有五个方面,即人(Man)、材料(Material)、机械(Machine)、方法(Method)和环境(Environment)。

1)人

人是生产经营活动的主体,承包单位的管理层和作业层人员的素质直接影响工程实体的质量。因此,建筑行业实行经营资质管理和各类专业从业人员持证上岗制度是保证人员素质的重要管理措施。

2)材料

材料即指工程材料。工程材料选用是否合理、产品是否合格、材质是否经过检验、保管使用是否得当等都将直接影响建设工程的结构刚度和强度,影响工程的外表及观感,影响工程的使用功能,影响工程的使用安全。

3）机械

机械即指机械设备。可分为两类:一是指组成工程实体及配套的工艺设备和各类机具,它们构成了建筑设备安装工程或工业设备安装工程,形成完整的使用功能。二是指施工过程中使用的各类机具设备,简称施工机具设备,它们是施工生产的手段。机具设备对工程施工安全和质量有重要的影响。

4）方法

在工程施工中,施工方案是否合理、施工工艺是否先进、施工操作是否正确都将对工程质量产生重大的影响。

5）环境

环境即指环境条件。它是指对工程质量特性起重要作用的环境因素,包括工程技术环境、工程作业环境、工程管理环境、周边环境等。环境条件往往对工程质量产生特定的影响。

3.1.2　工程质量控制

3.1.2.1　工程质量控制的概念

工程质量控制是为了保证工程质量满足工程合同、设计文件和规范标准所采取的一系列措施、方法和手段。项目监理机构属于监控主体,它主要是受建设单位的委托,代表建设单位对工程实施全过程的质量监督和控制,包括勘察、设计阶段质量控制、施工阶段质量控制,以满足建设单位对工程质量的要求。

3.1.2.2　工程质量控制的原则

监理人员在工程质量控制过程中应遵循以下几条原则。

（1）坚持质量第一。

监理人员在进行投资、进度、质量三大目标控制时,在处理三者关系时,应坚持“百年大计、质量第一”,在工程建设中自始至终把“质量第一”作为对工程质量控制的基本原则。

（2）坚持以人为核心。

人是工程建设的决策者、组织者、管理者和操作者。在工程质量控制中,要以人为核心,重点控制人的素质和行为,充分发挥人的积极性和创造性,以人的工作质量来保证工程质量。

（3）坚持以预防为主。

工程质量控制要重点做好质量的事先控制和事中控制,以预防为主,加强过程和中间产品的质量检查和控制。

（4）坚持质量标准。

质量标准是评价产品质量的尺度,工程质量是否符合合同规定的质量标准要求,应通过质量检验并和质量标准对照,符合质量标准要求的才是合格,不符合质量标准要求的就是不合格,必须返工处理。

（5）坚持科学、公正、守法的职业道德规范。

在工程质量控制中,监理人员必须坚持科学、公正、守法的职业道德规范,要尊重科学,尊重事实,以数据资料为依据,客观、公正地进行质量问题处理。要坚持原则,遵纪守法,秉公监理。

3.1.2.3 项目监理机构的质量责任

项目监理机构应依照法律法规以及有关技术标准、设计文件和建设工程承包合同,与建设单位签订监理合同,代表建设单位对工程质量实施监理,并对工程质量承担监理责任。监理责任主要有违法责任和违约责任两个方面。如果项目监理机构故意弄虚作假,降低工程质量标准,造成质量事故的,要承担法律责任。若项目监理机构与承包单位串通,谋取非法利益,给建设单位造成损失的,应当与承包单位承担连带赔偿责任。如果项目监理机构在责任期内,不按照监理合同约定履行监理职责,给建设单位或其他单位造成损失的,属违约责任,应当向建设单位赔偿。

3.2 建设工程施工阶段的质量控制

3.2.1 施工质量控制的系统过程、依据

3.2.1.1 施工质量控制的系统过程

施工阶段的质量控制是一个由对投入的资源和条件进行生产过程及各环节的质量控制,直到完成的工程产出品质量达到检验标准的全过程系统控制过程。

按工程实体质量形成过程的时间阶段划分,施工阶段的质量控制可以分为以下三个环节。

(1)施工准备控制。它是指在各工程对象正式施工活动开始前,对各项准备工作及影响质量的各因素进行控制,这是确保施工质量的先决条件。

(2)施工过程控制。它是指在施工过程中对实际投入的生产要素质量及作业技术活动的实施状态和结果所进行的控制,包括作业者发挥技术能力过程的自控行为和来自有关管理者的监控行为。

(3)竣工验收控制。它是指对于通过施工过程所完成的具有独立的功能和使用价值的最终产品(单位工程或整个工程项目)及有关方面(例如质量文档)的质量进行控制。

按工程实体形成过程中物质形态转化的阶段划分。由于工程对象的施工是一项物质生产活动,所以施工阶段的质量控制系统过程也是一个经由以下三个阶段的系统控制过程。

(1)对投入的物质资源质量的控制。

(2)施工过程质量控制。即在使投入的物质资源转化为工程产品的过程中,对影响产品质量的各因素、各环节及中间产品的质量进行控制。

(3)对完成的工程产出品质量的控制与验收。

在上述三个阶段的前两个阶段对于最终产品质量的形成具有决定性的作用,质量控制的系统过程中,无论是对投入物质资源的控制,还是对施工及安装生产过程的控制,都应当对影响工程实体质量的人、材料、机械、方法、环境等五个重要因素进行全面的控制。

按工程项目施工层次划分的系统控制过程。

通常任何一个大中型工程建设项目可以划分为若干层次。例如,对于建筑工程项目,按照国家标准可以划分为单位工程、分部工程、分项工程、检验批等层次。施工作业过程的质量控制是最基本的质量控制,它决定了有关检验批的质量;而检验批的质量又决定了分项工程的质量。

3.2.1.2 施工质量控制的依据

施工阶段监理人员进行质量控制的依据有以下六类：

（1）工程合同文件（包括工程承包合同文件、委托监理合同文件等）。

（2）设计文件，经过批准的设计图纸和技术说明书等文件。

（3）国家及政府有关部门颁布的有关工程质量管理方面的法律、法规性文件。

（4）有关质量检验与控制的专门技术法规性文件概括说来，属于这类专门的技术法规性的依据主要有以下四类：

①工程项目施工质量验收标准《建筑工程施工质量验收统一标准》（GB 50300—2001）以及其他行业工程项目的质量验收标准。

②有关工程材料、半成品和构配件质量控制方面的专门技术法规性依据：

ⅰ.有关工程材料及其制品质量的技术标准。

ⅱ.有关材料或半成品等的取样、试验等方面的技术标准或规程等。

ⅲ.有关材料验收、包装、标识及质量证明书的一般规定等。

③控制施工作业活动质量的技术规程。

④凡采用新工艺、新技术、新材料的工程，事先应进行试验，并应有权威性技术部门的技术鉴定书及有关的质量数据、指标，在此基础上制定有关的质量标准和施工工艺规程，以此作为判断与控制质量的依据。

（5）经总监理工程师批准的施工组织设计。

（6）经总监理工程师批准的监理实施细则。

3.2.2 施工准备阶段的质量控制

3.2.2.1 承包单位资质的核查

1）施工承包单位资质的分类

施工企业按照其承包工程能力，划分为施工总承包、专业承包和劳务分包三个序列。

（1）施工总承包企业。获得施工总承包资质的企业，可以对工程实行施工总承包或者对主体工程实行施工承包，施工总承包企业可以将承包的工程全部自行施工，在施工合同允许的情况下也可以将非主体工程或者劳务作业分包给具有相应专业承包资质或者劳务分包资质的其他建筑业企业。施工总承包企业的资质按专业类别共分为12个资质类别，每一个资质类别又分成特级、一级、二级、三级。

（2）专业承包企业。获得专业承包资质的企业，可以承接施工总承包企业分包的专业工程或者建设单位按照规定发包的专业工程。专业承包企业可以对所承接的工程全部自行施工，也可以在合同允许范围内将劳务作业分包给具有相应劳务分包资质的劳务分包企业。专业承包企业资质按专业类别共分为60个资质类别，每一个资质类别又分为一、二、三级。

（3）劳务分包企业。获得劳务分包资质的企业，可以承接施工总承包企业或者专业承包企业分包的劳务作业。劳务承包企业有13个资质类别，如木工作业、砌筑作业、钢筋作业、架线作业等。有的资质类别分成若干级，有的则不分级，如木工、砌筑、钢筋作业劳务分包企业资质分为一、二级。油漆、架线等作业劳务分包企业则不分级。

2）监理人员对施工承包单位资质的审核

（1）招标投标阶段对承包单位资质的审查：

①根据工程的类型、规模和特点，对参与投标企业的资质等级提出意见。

②参与建设单位对投标承包企业的考核：

ⅰ.查对《营业执照》及《建筑业企业资质证书》并了解其实际的建设业绩、人员素质、管理水平、资金情况、技术装备等；

ⅱ.考核承包企业近期的表现，查对年检情况，资质升降级情况，了解其是否有工程质量、施工安全、现场管理等方面的问题，企业管理的发展趋势，质量是否是上升趋势，选择向上发展的企业；

ⅲ.查对近期承建工程，实地参观考核工程质量情况及现场管理水平。在全面了解的基础上，重点考核与拟建工程类型、规模和特点相似或接近的工程。优先选取创出名牌优质工程的企业。

（2）对中标进场施工的承包企业质量管理体系的核查：

①了解企业的质量意识、质量管理情况，重点了解企业质量管理的基础工作、工程项目管理和质量控制的情况。

②贯彻 ISO9000 标准、体系建立和通过认证的情况。

③企业领导班子的质量意识及质量管理机构落实、质量管理权限实施的情况等。

④审查承包单位现场项目经理部的质量管理体系。

承包单位健全的质量管理体系，对于取得良好的施工效果具有重要的作用，因此监理人员做好承包单位质量管理体系的审查，是搞好监理工作的重要环节，也是取得好的工程质量的重要条件。

ⅰ.承包单位向监理工程师报送项目经理部的质量管理体系的有关资料，包括组织机构、各项制度、管理人员、专职质检员、特种作业人员的资格证、上岗证、工地实验室。实施"贯标"的承包单位，应提交质量计划。

ⅱ.监理人员对报送的相关资料进行审核，并进行实地检查。

ⅲ.经审核，承包单位的质量管理体系满足工程质量管理的需要，总监理工程师予以确认；对于不合格人员，总监理工程师有权要求承包单位予以撤换，不健全、不完善之处要求承包单位尽快整改。

3.2.2.2 施工组织设计的审查

施工组织设计包含质量计划的主要内容，因此监理人员对施工组织设计的审查也同时包括对质量计划的审查。

1）施工组织设计审查程序

（1）在工程项目开工前约定的时间内，承包单位必须完成施工组织设计的编制及内部自审批准工作，填写《施工组织设计（方案）报审表》，报送项目监理机构。

（2）总监理工程师在约定的时间内，组织专业监理工程师审查，提出意见后，由总监理工程师审核签认。需要承包单位修改时，由总监理工程师签发书面意见，退回承包单位修改后再报审，总监理工程师重新审查。

（3）已审定的施工组织设计由项目监理机构报送建设单位。

（4）承包单位应按审定的施工组织设计文件组织施工。如需对其内容做较大的变更，应在实施前将变更内容书面报送项目监理机构审核。

（5）规模大、结构复杂或属新结构、特种结构的工程，项目监理机构对施工组织设计审查后,还应报送监理单位技术负责人审查,提出审查意见后由总监理工程师签发,必要时与建设单位协商,组织有关专业部门和有关专家会审。

(6)规模大、工艺复杂的工程、群体工程或分期出图的工程,经总监理工程师批准可分阶段报审施工组织设计;技术复杂或采用新技术的分项、分部工程,承包单位还应编制该分项、分部工程的施工方案,报项目监理机构审查。

2)审查施工组织设计时应掌握的原则

(1)施工组织设计的编制、审查和批准应符合规定的程序。

(2)施工组织设计应符合国家的技术政策,充分考虑承包合同规定的条件、施工现场条件及法规条件的要求,突出"安全第一、质量第一"的原则。

(3)施工组织设计的针对性:承包单位是否了解并掌握了本工程的特点及难点,施工条件是否分析充分。

(4)施工组织设计的可操作性:承包单位是否有能力执行并保证工期和质量目标,该施工组织设计是否切实可行。

(5)技术方案的先进性:施工组织设计采用的技术方案和措施是否先进适用,技术是否成熟。

(6)质量管理和技术管理体系,质量保证措施是否健全且切实可行。

(7)安全、环保、消防和文明施工措施是否切实可行并符合有关规定。

(8)在满足合同和法规要求的前提下,对施工组织设计的审查,应尊重承包单位的自主技术决策和管理决策。

3)施工组织设计审查的注意事项

(1)重要的分部、分项工程的施工方案,承包单位在开工前,向监理工程师提交详细说明,为完成该项工程的施工方法、施工机械设备及人员配备与组织、质量管理措施以及进度安排等,报请监理工程师审查认可后方能实施。

(2)在施工顺序上应符合先地下、后地上,先土建、后设备,先主体、后围护的基本规律。所谓先地下、后地上,是指地上工程开工前,应尽量把管道、线路等地下设施和土方与基础工程完成,以避免干扰,造成浪费,影响质量。此外,施工流向要合理,即平面和立面上都要考虑施工的质量保证与安全保证;考虑使用的先后和区段的划分,与材料、构配件的运输不发生冲突。

(3)施工方案与施工进度计划的一致性。施工进度计划的编制应以确定的施工方案为依据,正确体现施工的总体部署、流向顺序及工艺关系等。

(4)施工方案与施工平面图布置的协调一致。施工平面图的静态布置内容,如临时施工供水、供电、供热和供气管道、施工道路、临时办公房屋、物资仓库等,动态布置内容如施工材料模板、工具器具等,应做到布置有序,有利于各阶段施工方案的实施。因此,承包单位应向项目监理机构报送基础施工平面布置图、主体施工平面布置图和装饰装修、安装施工平面布置图。

3.2.2.3 现场施工准备的质量控制

1)工程定位及标高基准的控制

施工承包单位应对建设单位(或其委托的单位)给定的原始基准点、基准线和标高等测量控制点进行复核,并将复测结果报监理工程师审核,经批准后施工承包单位方能据以建立施工测量控制网,进行测量放线,并应对其正确性负责,同时做好基点的保护。

2)施工平面布置的控制

监理人员要检查施工现场总体布置是否合理,是否有利于保证施工正常、顺利地进行,是否有利于保证质量,特别是要对场区的道路、防洪排水、器材存放、给水及供电、混凝土供应及主要垂直运输机械设备布置等方面予以重视。

3)材料构配件采购订货的控制

(1)凡由承包单位负责采购的原材料、半成品或构配件,在采购订货前应向监理工程师申报;对于重要的材料,还应提交样品,供试验或鉴定,有些材料则要求供货单位提交理化试验单(如预应力钢筋的硫、磷含量等),经监理工程师审查并报建设单位认可后,方可进行订货采购。

(2)对于半成品或构配件,应按经过审批认可的设计文件和图纸要求采购订货,质量应满足有关标准和设计的要求,交货期应满足施工及安装进度安排的需要。

(3)供货厂家是制造材料、半成品、构配件的主体,所以通过考查优选合格的供货厂家,是保证采购、订货质量的前提。为此,大宗的器材或材料的采购应当采用招标采购的方式。

(4)对于半成品和构配件的采购、订货,监理人员应提出明确的质量要求、质量检测项目及标准,出厂合格证或产品说明书等质量文件的要求,以及是否需要权威性的质量认证等。

(5)某些材料,诸如瓷砖等装饰材料,订货时最好一次订齐和备足货源,以免由于分批而出现色泽不一的质量问题。

(6)供货厂方应向需方(订货方)提供质量文件,用以表明其提供的货物能够完全达到需方提出的质量要求。

4)施工机械配置的控制

(1)施工机械设备的选择,除应考虑施工机械的技术性能、工作效率,工作质量,可靠性及维修难易、能源消耗,以及安全、灵活等方面对施工质量的影响与保证外,还应考虑其数量配置对施工质量的影响与保证条件。此外,要注意设备型式应与施工对象的特点及施工质量要求相适应。在选择机械性能参数方面,也要与施工对象的特点及质量要求相适应。

(2)审查所需的施工机械设备是否按已批准的计划备妥,所准备的机械设备是否与监理工程师审查认可的施工组织设计或施工计划中所列者相一致,所准备的施工机械设备是否都处于完好的可用状态等。

5)分包单位资格的审核确认

(1)总包单位提交《分包单位资质报审表》。

总包单位选定分包单位后,应向监理工程师提交《分包单位资质报审表》,其内容一般应包括以下几个方面:

①关于拟分包工程的情况,说明拟分包工程名称(部位)、工程数量、拟分包合同额,以及分包工程占全部工程额的比例;

②关于分包单位的基本情况,包括该分包单位的企业简介、资质材料、技术实力、企业过去的工程经验与业绩、企业的财务资本状况等,以及施工人员的技术素质和条件;

③分包协议草案,包括总承包单位与分包单位之间责、权、利,分包项目的施工工艺,分包单位设备和到场时间,材料供应,以及总包单位的管理责任等。

（2）监理工程师审查总包单位提交的《分包单位资质报审表》。

审查时,主要是审查施工承包合同是否允许分包,分包的范围和工程部位是否可进行分包,分包单位是否具有按工程承包合同规定的条件完成分包工程任务的能力。审查、控制的重点一般是分包单位施工组织者、管理者的资格与质量管理水平,特殊专业工种和专业工种与关键施工工艺或新技术、新工艺、新材料等应用方面操作者的素质与能力。

（3）对分包单位进行调查。

调查的目的是核实总包单位申报的分包单位情况是否属实。项目监理机构应将调查结果报告建设单位进行确认。

6）设计交底与施工图纸的现场核对

施工阶段,设计文件是工程施工的依据。因此,监理人员应认真参加由建设单位主持的设计交底工作,以透彻地了解设计原则及质量要求。同时,要督促承包单位认真做好审核及图纸核对工作,对于审图过程中发现的问题,承包单位应编写会议纪要,经设计、监理检查无误后,报建设单位确认。

（1）监理人员参加设计交底应着重了解的内容。

①有关地形、地貌、水文气象、工程地质及水文地质等自然条件方面;

②主管部门及其他部门(如规划、环保、农业、交通、旅游等)对本工程的要求,设计单位采用的主要设计规范,市场供应的建筑材料情况等;

③设计意图方面:诸如设计思想、基础开挖及基础处理方案、结构设计意图、设备安装和调试要求、施工进度与工期安排等;

④施工应注意事项方面,如基础处理等要求、对建筑材料方面的要求、主体工程设计中采用新结构或新工艺对施工提出的要求、为实现进度安排而应采用的施工组织和技术保证措施。

（2）施工图纸的现场核对。施工图是工程施工的直接依据,为了使施工承包单位充分了解工程的特点、设计要求,减少图纸的差错,确保工程质量,减少工程变更,监理工程师应要求施工承包单位做好施工图的现场核对工作。施工图纸的现场核对主要包括以下几个方面:

①施工图纸合法性的认定:施工图纸是否经设计单位正式签署,是否按规定经有关部门审核批准,是否得到建设单位的同意。

②图纸与说明书是否齐全,如分期出图,图纸供应是否满足需要。

③地下构筑物、障碍物、管线是否探明并标注清楚。

④图纸中有无遗漏、差错或相互矛盾之处。

⑤工程及水文地质等基础资料是否充分、可靠,地形、地貌与现场实际情况是否相符。

⑥所需材料的来源有无保证,是否可替代;新材料、新技术的采用有无问题。

⑦所提出的施工工艺、方法是否合理,是否切合实际,是否存在不便于施工之处,能否保证质量要求。

⑧施工图或说明书中所涉及的各种标准、图册、规范、规程等,承包单位是否具备。对于存在的问题,要求承包单位以书面形式提出,在设计单位以书面形式进行解释或确认后,才能进行施工。

7)严把开工关

在总监理工程师向承包单位发出开工通知时,建设单位应及时按计划、保证质量地提供承包单位所需的场地和施工通道以及水电等供应条件,以保证及时开工,防止承担补偿工期和费用损失的责任。为此,监理人员应事先检查工程施工所需的场地征用,以及道路和水电是否开通;否则,应督促建设单位努力实现。

8)监理组织内部的监控准备工作

建立并完善项目监理机构的质量监控体系,做好监控准备工作,使之能适应工程项目质量监控的需要,这是监理工程师做好质量控制的基础工作之一。例如,针对分部、分项工程的施工特点拟定监理实施细则,配备相应人员,明确分工及职责,配备所需的监测仪器设备并使之能处于良好的工作状态,熟悉有关的检测方法和技术规程等。

3.2.3 施工过程的质量控制

施工过程体现在一系列的作业活动中,作业活动的效果将直接影响施工过程的施工质量。因此,监理人员质量控制工作应体现在对作业活动的控制上。

为确保施工质量,监理人员要对施工过程进行全过程和全方位的质量监督、控制与检查。就整个施工过程而言,可按事前、事中、事后进行控制。就一个具体作业而言,监理人员控制管理仍涉及事前、事中及事后。监理人员的质量控制主要围绕影响工程施工质量的因素进行。

3.2.3.1 施工准备状态的控制

施工准备状态,是指各项施工准备工作在正式开展作业活动前,是否按预先计划的安排落实到位的状况,包括配置的人员、材料、机具、场所环境、通风、照明、安全设施等。

作业技术准备状态的控制,应着重抓好以下环节的工作。

1)质量控制点的设置

A.质量控制点的概念

质量控制点是指为了保证作业过程质量而确定的重点控制对象、关键部位或薄弱环节。设置质量控制点是保证达到施工质量要求的必要前提,监理人员在拟定质量控制工作计划时,应予以详细地考虑,并以制度来保证落实。对于质量控制点,一般要事先分析可能造成质量问题的原因,再针对原因制订对策和措施进行预控。承包单位在工程施工前应根据施工过程质量控制的要求,列出质量控制点明细表,表中详细地列出各质量控制点的名称或控制内容、检验标准及方法等,提交监理工程师审查批准后,在此基础上实施质量预控。

B.选择质量控制点的一般原则

应当选择那些保证质量难度大的、对质量影响大的、发生质量问题时危害大的和质量通病严重的对象作为质量控制点。

(1)施工过程中的关键工序或环节以及隐蔽工程,例如预应力结构的张拉工序,钢筋混凝土结构中的钢筋架立。

(2)施工中的薄弱环节,或质量不稳定的工序、部位或对象,例如地下防水层施工。

(3)对后续工程施工、对后续工序质量或安全有重大影响的工序、部位或对象,例如预应力结构中的预应力钢筋质量、模板的支撑与固定等。

(4)采用新技术、新工艺、新材料的部位或环节。

（5）施工上无足够把握的、施工条件困难的或技术难度大的工序或环节,例如复杂曲线模板的放样等。

是否设置为质量控制点,主要是视其对质量特性影响的大小、危害程度以及其质量保证的难度大小而定。

C. 作为质量控制点重点控制的对象

（1）人员情况;

（2）主要材料和关键设备的质量与性能;

（3）关键的操作工艺;

（4）施工技术参数;

（5）施工顺序;

（6）技术间歇;

（7）新工艺、新技术、新材料的应用;

（8）产品质量不稳定、不合格率较高及易发生质量通病的工序;

（9）易对工程质量产生重大影响的施工方法;

（10）特殊地基或特种结构。

D. 质量预控对策的检查

工程质量预控是针对所设置的质量控制点或分项工程,事先分析施工中可能发生的质量问题和隐患,分析可能产生的原因,并提出相应的对策,采取有效的措施进行预先控制,以防在施工中发生质量问题。

质量预控及对策的表达方式主要有:

（1）文字表达;

（2）用表格形式表达;

（3）解析图形式表达。

2）施工技术交底的控制

承包单位做好技术交底,是取得好的施工质量的条件之一。为此,每一分项工程开始实施前均要进行交底。施工技术交底是对施工组织设计或施工方案的具体化,是更细致、明确、具体的技术实施方案,是工序施工或分项工程施工的具体指导文件。为做好技术交底,项目经理部必须安排主管技术人员编制技术交底书,并经项目总工程师批准。技术交底的内容包括施工方法、质量要求和验收标准,施工过程中需注意的问题,可能出现意外的措施及应急方案。技术交底要紧紧围绕和具体施工有关的操作者、机械设备、使用的材料、构配件、工艺、施工环境、具体管理措施等方面进行,交底中要明确做什么、谁来做、如何做、施工标准和要求、什么时间完成等。

关键部位或技术难度大、施工复杂的检验批、分项工程施工前,承包单位的技术交底书(作业指导书)要报监理工程师。经监理工程师审查后,如技术交底书不能保证施工活动的质量要求,承包单位要进行修改补充。没有做好技术交底的工序或分项工程,不得进入正式实施。

3）进场材料构配件的质量控制

（1）凡运到施工现场的原材料、半成品或构配件,进场前应向项目监理机构提交《工程材料/构配件/设备报审表》,同时附有产品出厂合格证及技术说明书,由承包单位按规定要求进行检验的检验报告或试验报告,经监理工程师审查并确认其质量合格后,方准进场。凡是没有产品出厂合格证明及检验不合格者,不得用于工程。

(2)进口材料的检查、验收,应会同国家商检部门进行。

(3)材料构配件存放条件的控制。质量合格的材料、构配件进场后,到其使用或安装时通常都要经过一定的时间间隔。在此时间内,如果对材料的存放、保管不良,可能导致质量状况的恶化,如损伤、变质、损坏,甚至不能使用。因此,监理人员对承包单位在材料、半成品、构配件的存放、保管条件及时间方面也应实行监控。

(4)对于某些当地材料及现场配制的制品,一般要求承包单位事先进行试验,达到要求的标准方准施工。

4)环境状态的控制

A.施工作业环境的控制

作为施工环境条件是指诸如水电或动力供应、施工照明、安全防护设备、施工场地空间条件和通道以及交通运输和道路条件等。这些条件是否良好,直接影响到施工能否顺利进行,以及施工质量。监理工程师应事先检查承包单位对施工作业环境条件方面的有关准备工作是否已做好安排和准备妥当,当确认其可靠、有效后,方准予施工。

B.施工质量管理环境的控制

施工质量管理环境是指承包单位的质量管理体系和质量控制自检系统是否处于良好的状态;系统的组织结构、管理制度、检测制度、检测标准、人员配备等方面是否完善和明确;质量责任制是否落实;监理人员做好承包单位施工质量管理环境的检查,并督促其落实,是保证作业效果的重要前提。

C.现场自然环境条件的控制

监理人员应检查施工承包单位,对于施工期间,自然环境条件可能出现对施工作业质量的不利影响时,是否事先已有充分的认识并已做好充足的准备和采取了有效措施与对策,以保证工程质量。

5)进场施工机械设备性能及工作状态的控制

保证施工现场施工机械设备的技术性能及工作状态,对施工质量有重要的影响。因此,监理人员要做好现场控制工作。不断检查并督促承包单位,只有状态良好,性能满足施工需要的机械设备才允许进入现场施工。

(1)施工机械设备的进场检查;

(2)机械设备工作状态的检查;

(3)特殊设备安全运行的审核;

(4)大型临时设备的检查。

6)施工测量及计量器具性能、精度的控制

A.实验室

承包单位应委托具有相应资质的专门实验室进行试验,经项目监理机构核查后报建设单位确认。

B.监理人员对实验室的检查

(1)工程施工开始前,承包单位应向项目监理机构报送实验室的资质证明文件,列出该实验室所开展的试验、检测项目、主要仪器、设备,法定计量部门对计量器具的标定证明文件,试验检测人员上岗资质证明,实验室管理制度等。

(2)监理人员应对承包单位报送的上述资料逐项核查后报建设单位确认。

C. 工地测量仪器的检查

施工测量开始前,承包单位应向项目监理机构提交测量仪器的型号、技术指标、精度等级,法定计量部门的标定证明,测量工的上岗证明,监理人员审核确认后,方可进行正式测量作业。在施工过程中,监理人员也应经常检查了解计量仪器和测量设备的性能、精度状况,使其处于良好的状态中。

7) 施工现场劳动组织及施工人员上岗资格的控制

A. 现场劳动组织的控制

劳动组织涉及从事施工活动的操作者及管理者,以及相应的各种管理制度。

(1)操作人员:从事施工活动的操作者数量必须满足施工活动的需要,相应工程配置能保证施工有序持续的进行,不能因人员数量及工种配置不合理而造成停顿。

(2)管理人员到位:施工活动的直接负责人(包括技术负责人)、专职质检人员、安全员,以及与施工活动有关的测量人员、材料员、试验员必须在岗。

(3)相关制度要健全:如管理层及作业层各类人员的岗位职责,施工活动现场的安全、消防规定,施工活动中的环保规定,实验室及现场试验检测的有关规定,紧急情况的应急处理规定等。同时要有相应措施及手段以保证制度、规定的落实和执行。

B. 施工人员上岗资格的控制

从事特殊作业的人员(如电焊工、电工、起重工、架子工、爆破工)必须持证上岗。监理人员要对其进行检查与核实。

3.2.3.2 施工过程的质量控制

施工质量是在施工过程中形成的,而不是最后检验出来的;施工过程是由一系列相互联系与制约的施工活动所构成的。因此,保证施工活动的效果与质量是施工过程质量控制的基础。

1)承包单位自检与专检工作的监控

A. 承包单位的自检系统

承包单位是施工质量的直接实施者和责任者。监理人员的质量监督与控制就是使承包单位建立起完善的质量自检体系并运转有效。

承包单位的自检系统表现在以下几点:

(1)施工活动的作业者在作业结束后必须自检;

(2)不同工序交接、转换必须互相交接检查;

(3)承包单位专职质检员的专检。

为实现上述三点,承包单位必须有整套的制度及工作程序,具有相应的试验设备及检测仪器,配备数量满足需要的专职质检人员及试验检测人员。

B. 监理人员的检查

监理人员的检查与验收是对承包单位施工活动质量的复核与确认,监理工程师的检查决不能代替承包单位的自检,而且监理人员的检查必须是在承包单位自检并确认合格的基础上进行的。专职质检员未检查或检查不合格不能报监理工程师,不符合上述规定,监理人员一律拒绝进行检查。

2）技术复核工作的监控

凡涉及施工作业技术活动标准和依据的技术工作，都应该严格进行专人负责的复核性检查，以避免标准失误给整个工程质量带来难以补救的或全局性的危害。技术复核是承包单位应履行的技术工作责任，其复核结果应报送监理人员复验确认后，才能进行后续相关的施工。监理工程师应把技术复验工作列入监理实施细则及质量控制计划中，并看作是一项经常性工作任务，贯穿于整个施工过程中。

常见的施工测量复核有：

（1）民用建筑的测量复核：包括建筑物定位测量、基础施工测量、墙体皮数杆检测、楼层轴线检测、楼层间高层传递检测等。

（2）工业建筑的测量复核：包括厂房控制网测量、桩基施工测量、柱模轴线与高程检测、厂房结构安装定位检测、动力设备基础与预埋螺栓检测。

（3）高层建筑的测量复核：包括建筑场地控制测量、基础以上的平面与高程控制、建筑物中垂准检测、建筑物施工过程中沉降变形观测等。

（4）管线工程的测量复核：包括管网或输配电线路定位测量、地下管线施工检测、架空管线施工检测、多管线交汇点高程检测等。

3）见证取样送检工作的监控

见证取样是指项目监理部见证员对工程项目使用的材料、半成品、构配件的现场取样以及工序活动效果的检查实施见证。

为确保工程质量，建设部规定，在市政工程及房屋建筑工程项目中，对工程材料、承重结构的混凝土试块、承重墙体的砂浆试块、结构工程的受力钢筋（包括接头）实行见证取样。

A. 见证取样的工作程序

（1）工程项目施工开始前，项目监理机构要督促承包单位尽快落实见证取样的送检实验室。对于承包单位提出的实验室，监理人员要进行实地考察。实验室一般是和承包单位没有行政隶属关系的第三方。实验室要具有相应的资质，经国家或地方计量、试验主管部门认证，试验项目满足工程需要，实验室出具的报告对外具有法定效果。

（2）项目监理机构要将选定的实验室报负责本项目的质量监督机构备案并得到认可，同时要将项目监理机构中负责见证取样的监理见证员在该质量监督机构备案。

（3）承包单位在对进场材料、试块、试件、钢筋接头等实施见证取样前要通知负责见证取样的监理工程师，在该监理工程师现场监督下，承包单位按相关规范的要求，完成材料、试块、试件等的取样过程。

（4）完成取样后，承包单位将送检样品装入木箱，由监理工程师加封。不能装入箱中的试件，如钢筋样品、钢筋接头，则贴上专用加封标志，然后送往实验室。

B. 实施见证取样的要求

（1）实验室要具有相应的资质并进行备案、认可。

（2）负责见证取样的监理见证员要具有材料、试验等方面的专业知识，且要取得从事监理工作的上岗资格。

（3）承包单位从事取样的人员一般应由实验室人员或专职质检人员担任。

（4）送往实验室的样品，要填写"送验单"，送验单要盖有"见证取样"专用章，并有见证取样监理见证员的签字。

（5）实验室出具的报告一式两份，分别由承包单位和项目监理机构保存，并作为归档材料，是工序产品质量评定的重要依据。

（6）见证取样的频率，国家或地方主管部门有规定的，执行相关规定；施工承包合同中如有明确规定的，执行施工承包合同的规定。见证取样的频率和数量，包括在承包单位自检范围内，一般所占比例为30%。

（7）见证取样的试验费用由承包单位支付。

（8）实行见证取样，绝不代替承包单位应对材料、构配件进场时必须进行的自检。自检频率和数量要按相关规范要求执行。

4）工程变更的监控

工程变更的要求可能来自建设单位、设计单位或承包单位。为确保工程质量，在不同情况下，工程变更的实施和设计图纸的澄清与修改具有不同的工作程序。

A.施工承包单位的要求及处理

在施工过程中承包单位提出的工程变更要求可能是：要求作某些技术修改，要求作设计变更。

（1）对技术修改要求的处理。

所谓技术修改，这里是指承包单位根据施工现场具体条件和自身的技术、经验和施工设备等条件，在不改变原设计图纸和技术文件的原则前提下，提出的对设计图纸和技术文件的某些技术上的修改要求，例如，对某种规格的钢筋采用替代规格的钢筋等。

承包单位提出技术修改的要求时，应向项目监理机构提交《工程变更单》，在该表中应说明要求修改的内容及原因或理由，并附图和有关文件。

技术修改问题一般可以由专业监理工程师组织承包单位和现场设计代表参加，经各方同意后签字并形成纪要，由设计单位出设计修改通知单，经总监理工程师批准后实施。

（2）工程设计变更的要求。

这种设计变更是指施工期间对于设计单位在设计图纸和设计文件中所表达的设计标准状态的改变和修改。

首先，承包单位应就要求变更的问题填写《工程变更单》，送交项目监理机构。总监理工程师根据承包单位的申请，经与设计单位、建设单位、承包单位研究并作出变更的决定后，签发《工程变更单》，并应附有设计单位提出的变更设计图纸。承包单位签收后按变更后的图纸施工。

如果变更涉及结构主体及安全，该工程变更还要按有关规定报送施工图原审查单位进行审批，否则变更不能实施。

B.设计单位提出变更的处理

（1）设计单位应先将《设计单位变更通知》及有关附件报送建设单位。

（2）建设单位会同监理单位、施工承包单位对设计单位提交的《设计单位变更通知》进行研究，必要时设计单位尚需提供进一步的资料，以便对变更作出决定。

（3）总监理工程师签发《工程变更单》并将设计单位发出的《设计单位变更通知》作为该《工程变更单》的附件，施工承包单位按新的变更图实施。

C.建设单位（监理工程师）要求变更的处理

（1）建设单位（监理工程师）将变更的要求通知设计单位，如果在要求中包括有相应的方案或建议,则应一并报送设计单位;否则,变更要求由设计单位研究解决。在提供审查的变更要求中,应列出所有受该变更影响的图纸、文件清单。

(2)设计单位对《工程变更单》进行研究。如果在"变更要求"中附有建议或解决方案时,设计单位应对建议或解决方案的所有技术方面进行审查,并确定它们是否符合设计要求和实际情况,然后书面通知建设单位,说明设计单位对该解决方案的意见,并将与该修改变更有关的图纸、文件清单返回给建设单位,说明自己的意见。如果该《工程变更单》未附有建议的解决方案,则设计单位应对该要求进行详细的研究,并提出自己对该变更的建议方案,提交建设单位。

(3)根据建设单位的授权,监理工程师研究设计单位所提交的建议设计变更方案或其对变更要求所附方案的意见,必要时会同有关的承包单位和设计单位一起进行研究,也可进一步提供资料,以便对变更作出决定。

(4)建设单位作出变更的决定后由设计单位出设计变更通知单,总监理工程师签发《工程变更单》,指示承包单位按变更的决定组织施工。

应当指出的是,监理工程师对于无论哪一方提出的现场工程变更要求,都应持十分谨慎的态度。除非是原设计不能保证质量要求,或确有错误,以及无法施工或非改不可之外,一般情况下即使变更要求可能在技术经济上是合理的,也应全面考虑,将变更以后所产生的效益(质量、工期、造价)与现场变更往往会引起承包单位的索赔等所产生的损失加以比较,权衡轻重后再作决定。因为往往这种变更并不一定能达到预期的愿望和效果。

5)见证点的实施控制

(1)承包单位应在某见证点施工之前一定时间,书面通知监理工程师,说明该见证点准备施工的日期与时间,请监理人员届时到达现场进行见证和监督。

(2)监理工程师收到通知后,应注明收到该通知的日期并签字。

(3)监理工程师应按规定的时间到现场见证。

(4)如果监理人员在规定的时间不能到场见证,承包单位可以认为已获监理工程师默认,有权进行该项施工。

(5)如果在此之前监理人员已到过现场检查,并将有关意见写在"施工记录"上,则承包单位应在该意见旁写明他根据该意见已采取的改进措施,或者写明他的某些具体意见。

在实际工程实施质量控制时,通常是由承包单位在分项工程施工前制订施工计划时就选定设置质量控制点,并在相应的质量计划中再进一步明确哪些是见证点。承包单位应将施工计划及质量计划提交监理工程师审批。如监理工程师对上述计划及见证点的设置有不同意见,应书面通知承包单位,要求予以修改,修改后再上报监理工程师审批后执行。

6)级配管理质量的监控

建设工程中,不同原材料的级配,配合及拌制后的产品对最终工程质量有重要的影响。因此,监理工程师要做好相关的质量控制工作。

A.拌和原材料的质量控制

使用的原材料除材料本身质量要符合规定要求外,材料本身的级配也必须符合相关规定。

B.材料配合比的审查

根据设计要求,承包单位先进行理论配合比设计,进行试配试验后,确认2~3个能满足要求的理论配合比提交监理工程师审查。监理工程师经审查后确认其符合设计及相关规范的要求后，予以批准。

C.现场施工的质量控制

（1）拌和设备状态及相关拌和料计量装置、称重衡器的检查。

（2）投入使用的原材料（如水泥、砂、外加剂、水、粉煤灰、粗骨料）的现场检查，是否与批准的配合比一致。

（3）现场施工实际配合比是否符合理论配合比。作业条件发生变化是否及时进行了调整。例如，混凝土工程中，雨后开盘生产混凝土，砂的含水率发生了变化，对水灰比是否及时进行调整等。

（4）对现场所作的调整应按技术复核的要求和程序执行。

（5）在现场实际投料拌制时，应做好看板管理。

7）计量工作的质量监控

计量是施工作业过程的基础工作之一，计量作业效果对施工质量有重大的影响。监理人员对计量工作的质量监控包括以下三方面内容：

（1）施工过程中使用的计量仪器、检测设备、称重衡器的质量控制。

（2）从事计量作业人员技术水平资质的审核，尤其是现场从事施工测量的测量工和从事试验、检验的试验工。

（3）现场计量操作的质量控制。作业者的实际作业质量直接影响作业效果，计量作业现场的质量控制主要是检查其操作方法是否得当。

8）质量记录资料的监控

质量资料是承包单位进行工程施工或安装期间，实施质量控制活动的记录，还包括监理工程师对这些质量控制活动的意见及承包单位对这些意见的答复，它详细地记录了工程施工阶段质量控制活动的全过程。因此，它不仅在工程施工期间对工程质量的控制有重要作用，而且在工程竣工和投入运行后，对于查询和了解工程建设的质量情况以及工程维修和管理也能提供大量有用的资料和信息。

质量记录资料包括以下三方面内容：

（1）施工现场质量管理检查记录资料。

它主要包括承包单位现场质量管理制度，质量责任制；主要专业工操作上岗证书；分包单位资质及总包单位对分包单位的管理制度；施工图审查核对资料（记录），地质勘察资料；施工组织设计、施工方案及审批记录；施工技术标准；工程质量检验制度；混凝土搅拌站（级配填料拌和站）及计量装置；现场材料、设备的存放与管理。

（2）工程材料质量记录资料。

它主要包括进场工程材料、半成品、构配件、设备的质量证明资料；各种试验检验报告（如力学性能试验、化学成分试验、材料级配试验等）；各种合格证；设备进场维修记录或设备进场运行试验记录。

（3）施工过程活动质量记录资料。

施工或安装过程可按分项工程、分部工程、单位工程建立相应的质量记录资料。施工质量记录资料应真实、齐全、完整，相关各方人员的签字齐备、字迹清楚、结论明确，与施工过程的进展同步。在对作业活动效果的验收中，如缺少资料和资料不全，监理工程师应拒绝验收。

9）工地例会的管理

工地例会是施工过程中参加建设项目各方沟通情况、解决分歧、形成共识、做出决定的主要渠道，也是监理人员进行现场质量控制的重要场所。

通过工地例会，监理工程师检查分析施工过程的质量状况，指出存在的问题，承包单位提出整改的措施，并做出相应的保证。

除例行的工地例会外，针对某些专门质量问题，监理工程师还应组织专题会议，集中解决重大或普遍存在的问题。实践证明，采用这样的方式比较容易解决问题，使质量状况得到了改善。

10）停、复工令的实施

A. 工程暂停指令的下达

根据委托监理合同中建设单位对监理工程师的授权，出现下列情况需要停工处理时，应下达停工指令：

（1）施工作业活动存在重大隐患，可能造成质量事故或已经造成质量事故。

（2）承包单位未经许可擅自施工或拒绝项目监理机构管理。

（3）在出现下列情况下，总监理工程师有权行使质量控制权，下达停工令，及时进行质量控制。

①施工中出现质量异常情况，经提出后，承包单位未采取有效措施，或措施不力，未能扭转异常情况者。

②隐蔽作业未经依法查验确认合格，而擅自封闭者。

③已发生质量问题而迟迟未按监理工程师的要求进行处理，或者是已发生质量缺陷或问题，如不停工，则质量缺陷或问题将继续发展的情况下。

④未经监理工程师审查同意，而擅自变更设计或修改图纸进行施工者。

⑤未经技术资质审查的人员或不合格人员进入现场施工。

⑥使用的原材料、构配件不合格或未经检查确认者，或擅自采用未经审查认可的代用材料者。

⑦擅自使用未经项目监理机构审查认可的分包单位进场施工。

总监理工程师在签发工程暂停令时，应根据停工原因的影响范围和影响程度确定工程项目停工范围。

B. 恢复施工指令的下达

承包单位经过整改具备恢复施工条件时，承包单位向项目监理机构报送复工申请及有关材料，证明造成停工的原因已消失，经监理工程师现场复查，认为已符合继续施工的条件，造成停工的原因确已消失，总监理工程师应及时签署工程复工报审表，指令承包单位继续施工。

总监理工程师下达停工令及复工指令，应事先向建设单位报告并获得肯定答复。

3.2.3.3 作业技术活动结果的控制

1）作业技术活动结果的控制内容

作业技术活动结果的控制是施工过程中间产品及最终产品质量控制的方式，只有作业活动的中间产品质量都符合要求，才能保证最终单位工程产品的质量，主要内容有以下几个方面。

A. 基槽(基坑)验收

基槽开挖是基础施工中的一项内容,由于其质量状况对后续工程质量影响大,故均作为一个关键工序或一个检验批进行质量验收。基槽开挖质量验收主要涉及地基承载力的检查确认,地质条件的检查确认,以及开挖边坡的稳定及支护状况的检查确认。由于部位的重要,基槽开挖验收均要有勘察设计单位的有关人员参加,并请当地或主管质量监督部门参加,经现场检查,测试(或平行检测)确认其地基承载力是否达到设计要求,地质条件是否与设计相符。如相符,则共同签署验收资料;如达不到设计要求或与勘察设计资料不符,则应采取措施进一步处理或工程变更,由原设计单位提出处理方案;经承包单位实施完毕后重新验收。

B. 隐蔽工程验收

隐蔽工程是指将被其后工程施工所隐蔽的分项、分部工程,在隐蔽前所进行的检查验收。它是对一些已完分项、分部工程质量的最后一道检查,由于检查对象就要被其他工程覆盖,给以后的检查整改造成障碍,故显得尤为重要,它是质量控制的一个关键过程。

(1)工作程序。

①隐蔽工程施工完毕,承包单位按有关技术规程、规范、施工图纸先进行自检,自检合格后,填写《报验申请表》,附上相应的工程检查证(或隐蔽工程检查记录)及有关材料证明、试验报告、复试报告等,报送项目监理机构。

②监理人员收到报验申请后首先对质量证明资料进行审查,并在合同规定的时间内到现场检查(检测或核查),承包单位的专职质检员及相关施工人员应随同一起到现场。

③经现场检查,如符合质量要求,监理工程师在《报验申请表》及工程检查证(或隐蔽工程检查记录)上签字确认,准予承包单位隐蔽、覆盖,进入下一道工序的施工。如经现场检查发现不合格,监理工程师签发"不合格项目通知",指令承包单位整改,整改后自检合格再报监理工程师复查。

(2)隐蔽工程检查验收的质量控制要点。

以工业及民用建筑为例,下述工程部位进行隐蔽检查时必须重点控制,防止出现质量隐患。①基础施工前对地基质量的检查,尤其要检测地基的承载力;②基坑回填土前对基础质量的检查;③混凝土浇筑前对钢筋的检查(包括模板检查);④混凝土墙体施工前,对敷设在墙内的电线管质量的检查;⑤防水层施工前对基层质量的检查;⑥建筑幕墙施工挂板之前对龙骨系统的检查;⑦屋面板与屋架(梁)埋件的焊接检查;⑧避雷引下线及接地引下线的连接的检查;⑨覆盖前对直埋于楼地面的电缆和封闭前对敷设于暗井道、吊顶、楼板垫层内的设备管道的检查;⑩易出现质量通病的部位的检查。

C. 工序交接验收

工序是指施工作业,作业方式的转换就是工序的转换。上道工序应满足下道工序的施工条件和要求。对相关专业工序之间也是如此。通过工序间的交接验收,使各工序间和相关专业工程之间形成一个有机整体。

D. 检验批、分项工程、分部工程的验收

检验批的质量应按主控项目和一般项目验收。

一个检验批(分项、分部工程)完成后,承包单位应先自行检查验收,确认符合设计文件、相关验收规范的规定,然后向监理工程师提交申请,由监理工程师予以检查、确认。如确认其质量符合要求,则予以确认验收。

E.联动试车或设备的试运转

设备安装单位认为达到试运行条件时,应向项目监理机构提出申请。经现场监理人员检查并确认满足设备试运行条件时,由总监理工程师批准设备安装承包单位进行设备试运行。试运行时,建设单位及设计单位应有代表参加。

F.单位工程或整个工程项目的竣工验收

在一个单位工程完工后或整个工程项目完成后,承包单位应先进行竣工自检,自检合格后,向项目监理机构提交《工程竣工报验单》,总监理工程师组织专业监理人员进行竣工初验,其主要工作包括以下几个方面:

(1)审查施工承包单位提交的竣工验收所需的文件资料,包括各种质量控制资料、试验报告以及各种有关的技术性文件。

(2)审核施工承包单位提交的竣工图,并与已完工程、有关的技术文件对照进行核查。

(3)总监理工程师组织专业监理人员对拟验收工程项目的现场进行检查,如发现质量问题,应指令承包单位进行处理。

(4)对拟验收项目初验合格后,总监理工程师对承包单位的《工程竣工报验单》予以签认,并上报建设单位,同时提出工程质量评估报告。工程质量评估报告是工程验收中的重要资料,它由项目总监理工程师和监理单位技术负责人签署,主要包括以下主要内容:①工程项目建设概况介绍,参加各方的单位名称、负责人。②工程检验批、分项工程、分部工程、单位工程的划分情况。③工程质量验收标准,各检验批、分项工程、分部工程质量验收情况。④地基与基础分部工程中,涉及桩基工程的质量检测结论,基槽承载力检测结论;涉及结构安全及使用功能的监测结论;建筑物沉降观测资料。⑤施工过程中出现的质量事故及处理情况,验收结论。⑥结论。本工程项目(单位工程)是否达到合同的约定、是否满足设计文件的要求、是否符合国家强制性标准及条款的规定。

(5)参加由建设单位组织的正式竣工验收。

G.不合格的处理

上道工序不合格,不准进入下道工序的施工;不合格的材料、构配件、半成品不准用于工程,已经进场的不合格品应及时做出标识、记录,指定专人看管,避免用错,并限期清除出现场;不合格的工序或工程产品,不予计价。

H.成品保护的一般措施

成品保护的一般措施有防护、包裹、覆盖、封闭,合理安排作业顺序。

2)作业技术活动成品保护的一般措施有结果检验程序与方法

A.检验程序

作业活动结束,应先由承包单位的作业人员按规定进行自检,自检合格后与下一工序的作业人员交检,如满足要求由承包单位专职质检员进行检查。以上自检、交检、专检均符合要求后则由承包单位向监理工程师提交《报验申请表》,监理工程师接到通知后,应在合同规定的时间内及时对其质量进行检查,确认其质量合格后予以签认验收。

B.质量检验的主要方法

对于现场所用原材料、半成品、工序过程或工程产品质量进行检验的方法一般可分为三类,即目测法、量测法以及试验法。

（1）目测法：即凭借感官进行检查,也可以叫作观感检验。这类方法主要是根据质量要求,采用看、摸、敲、照等手法对检查对象进行检查。

（2）量测法：就是利用量测工具或计量仪表,通过实际量测结果与规定的质量标准或规范的要求相对照,从而判断质量是否符合要求。量测的手法可归纳为靠、吊、量、套。

（3）试验法：指通过进行现场试验或实验室试验等理化试验手段,取得数据,分析判断质量情况。包括理化试验和无损测试或检验。

C. 质量检验程度的种类

按质量检验的程度,以及检验对象被检验的数量划分,可分为以下几类:

（1）全数检验。

全数检验也叫普遍检验。它主要是用于关键工序部位或隐蔽工程,以及那些在技术规程、质量检验验收标准或设计文件中有明确规定应进行全数检验的对象。总之,对于诸如规格、性能指标对工程的安全性、可靠性起决定作用的施工对象;质量不稳定的工序;质量水平要求高,对后继工序有较大影响的施工对象,不采取全数检验不能保证工程质量时,均需采取全数检验。

（2）抽样检验。

对于主要的建筑材料、半成品或工程产品等,由于数量大,通常采用抽样检验的方法。即从一批材料或产品中,随机抽取少量样品进行检验,并根据对其数据经统计分析的结果,判断该批产品的质量状况。与全数检验相比较,抽样检验具有如下优点:①检验数量少,比较经济;②适合于需要进行破坏性试验(如混凝土抗压强度)的检验项目;③检验所需时间较少。

（3）质量检验必须具备的条件。

监理单位对承包单位进行有效的质量监督控制是以质量检验为基础的,为了保证质量检验的工作质量,必须具备一定条件。

①监理机构要具有一定的检验技术力量。配备所需的具有相应水平和资格的质量检验人员。必要时,还应建立可靠的对外委托检验关系。

②监理机构应建立一套完善的管理制度,包括监理质量检验人员的岗位责任制、检验设备质量保证制度、检验人员技术核定与培训制度、检验技术规程与标准实施制度以及检验资料档案管理等方面。

③配备一定数量符合标准及满足检验工作需要的经验和检测手段。

④质量检验所需的技术标准,如国际标准、国家标准、行业及地方标准以及企业标准等。

D. 质量检验计划

工程项目的质量检验工作具有流动性、分散性和复杂性的特点。为使监理人员能有效地实施质量检验工作和对承包单位进行有效的质量监控,项目监理机构应当制订质量检验计划,通过质量检验计划这种书面文件,可以清楚地向有关人员通报应当检验的对象,应当如何检验,检验的评价标准,以及其他要求等。

质量检验计划的内容可以包括:

（1）分部分项工程名称及检验部位;

（2）检验项目,即应检验的性能特征,以及其重要性级别;

（3）检验程度和抽样方案；

（4）应采用的检验方法和手段；

（5）检验所依据的技术标准和评价标准；

（6）认定合格的评价条件；

（7）质量检验合格与否的处理；

（8）对检验记录及签发检验报告的要求；

（9）检验程序或检验项目实施的顺序。

3.2.3.4 施工过程质量控制手段

1）审核技术文件、报告和报表

审核技术文件、报告和报表是对工程质量进行全面监督、检查与控制的重要手段。审核的主要内容包括：

（1）审查进入施工现场的分包单位的资质证明文件，控制分包单位的质量。

（2）审批施工承包单位的开工申请书，检查、核实与控制其施工准备工作质量。

（3）审批承包单位提交的施工方案、质量计划、施工组织设计或施工计划，控制工程施工质量应有可靠的技术措施保障。

（4）审批承包单位提交的有关材料、半成品和构配件质量证明文件（出厂合格证、质量检验或试验报告等），确保工程质量有可靠的物质基础。

（5）审核承包单位提交的反映工序施工质量的动态统计资料或管理图表。

（6）审核承包单位提交的有关工序产品质量的证明文件（检验记录及试验报告）、工序交接检查（自检）、隐蔽工程检查、分部分项工程质量检查报告等文件与资料，以确保和控制施工过程的质量。

（7）审批有关工程变更、修改设计图纸等，确保设计及施工图纸的质量。

（8）审核有关应用新技术、新工艺、新材料、新结构等的技术鉴定书，审批其应用申请报告，确保新技术应用的质量。

（9）审批有关工程质量问题或质量问题的处理报告，确保质量问题或质量问题处理的质量。

（10）审核与签署现场有关质量技术签证、文件等。

2）指令文件与一般管理文书

指令文件是监理工程师运用指令控制权的具体形式。所谓指令文件，是指表达监理工程师对承包单位提出指示或命令的书面文件，属要求强制性执行的文件。监理工程师的各项指令都应是书面的或有文件记载方为有效，并作为技术文件资料存档。一般管理文书，如监理工程师函、备忘录、会议纪要、发布有关信息、通报等，主要是对承包商的工作状态和行为提出建议、希望和劝阻等，不属强制性要求执行，仅供承包单位自主决策参考。

3）现场监督检查

A. 现场监督检查的内容

（1）开工前的检查。主要是检查开工前准备工作的质量，能否保证正常施工及工程施工质量。

（2）工序施工中的跟踪监督、检查与控制。主要是监督、检查在工序施工过程中人员、施工机械设备、材料、施工方法及工艺或操作以及施工环境条件等是否均处于良好的状态，是否符合保证工程质量的要求,若发现有问题,及时纠偏和加以控制。

（3）对于重要的和对工程质量有重大影响的工序与工程部位,还应在现场进行施工过程的旁站监督与控制,确保使用材料及工艺过程质量。

B. 现场监督检查的方式

（1）旁站与巡视。

旁站是指在关键部位或关键工序施工过程中由监理人员在现场进行的监督活动。旁站的部位或工序要根据工程特点,也应根据承包单位内部质量管理水平及技术操作水平决定。一般而言,混凝土灌注、预应力张拉过程及压浆、基础工程中的软基处理、复合地基施工(如搅拌桩、悬喷桩、粉喷桩)、路面工程的沥青拌和料摊铺、沉井过程、桩基的打桩过程、防水施工、隧道衬砌施工中超挖部分的回填、边坡喷锚打锚杆等要实施旁站。

巡视是指监理人员对正在施工的部位或工序现场进行的定期或不定期的监督活动。巡视是一种"面"上的活动,它不限于某一部位或过程,而旁站则是"点"的活动,它是针对某一部位或工序。

（2）平行检验。

监理人员利用一定的检查或检测手段在承包单位自检的基础上,按照一定的比例独立进行检查或检测的活动。

4）规定质量监控工作程序

规定双方必须遵守的质量监控工作程序,按规定的程序进行工作,这也是进行质量监控的必要手段。

5）利用支付手段

这是国际上较通用的一种重要的控制手段,也是建设单位或合同中赋予监理工程师的支付控制权。所谓支付控制权,就是对施工承包单位支付任何已完成的合格工程款项,均需由总监理工程师审核签认支付证书,没有总监理工程师签署的支付证书,建设单位不得向承包单位支付工程款。

3.3　工程施工质量验收方法和评定标准

3.3.1　施工质量验收的概念和现行标准、规范体系

3.3.1.1　施工质量验收的概念

施工质量验收是工程建设质量控制的一个重要环节,它包括工程施工质量的中间验收和工程的竣工验收两个方面。通过对工程建设中间产出品和最终产品的质量验收,从过程控制和终端把关两个方面进行工程项目的质量控制,以确保达到建设单位所要求的使用价值,实现建设投资的经济效益和社会效益。工程项目的竣工验收是项目建设程序的最后一个环节,是全面考核项目建设成果、检查设计与施工质量、确认项目能否投入使用的重要步骤。

3.3.1.2　施工质量验收统一标准、规范体系的构成

建筑工程施工质量验收统一标准、规范体系由《建筑工程施工质量验收统一标准》(GB 50300—2001)和各专业验收规范共同组成,在使用过程中必须配套使用。各专业验收规范

主要包括：

（1）《建筑地基基础工程施工质量验收规范》（GB 50202—2009）；

（2）《砌体工程施工质量验收规范》（GB 50203—2011）；

（3）《混凝土结构工程施工质量验收规范》（GB 50204—2011）；

（4）《钢结构工程施工质量验收规范》（GB 50205—2001）；

（5）《木结构工程施工质量验收规范》（GB 50206—2012）；

（6）《屋面工程质量验收规范》（GB 50207—2012）；

（7）《地下防水工程质量验收规范》（GB 50208—2011）；

（8）《建筑地面工程施工质量验收规范》（GB 50209—2010）；

（9）《建筑装饰装修工程质量验收规范》（GB 50210—2001）；

（10）《建筑给水排水及采暖工程施工质量验收规范》（GB 50242—2002）；

（11）《通风与空调工程施工质量验收规范》（GB 50243—2002）；

（12）《建筑电气工程施工质量验收规范》（GB 50303—2011）；

（13）《电梯工程施工质量验收规范》（GB 50310—2002）；

（14）《智能建筑工程质量验收规范》（GB 50339—2003）；

（15）《自动喷水灭火系统施工及验收规范》（GB 50261—2005）；

（16）《综合布线系统工程验收规范》（GB 50312—2007）；

（17）《建筑节能工程施工质量验收规范》（GB 50411—2007）。

3.3.2 施工质量验收的有关术语和基本规定

3.3.2.1 施工质量验收的有关术语

《建筑工程施工质量验收统一标准》（GB 50300—2001）中一共给出了 17 个术语，这些术语对规范有关建筑工程施工质量验收活动中的用语，加深对标准条文的理解是十分必要的。下面列出一些常用的术语。

1）建筑工程质量

建筑工程质量反映建筑工程满足相关标准规定或合同约定的要求，包括其在安全、使用功能及其在耐久性能、环境保护等方面所有明显的隐含能力的特性总和。

2）验收

验收是指建筑工程在承包单位自行质量检查评定的基础上，参与建设活动的有关单位共同对检验批、分项工程、分部工程、单位工程的质量进行抽样复验，根据相关标准以书面形式对工程质量达到合格与否做出确认。

3）检验批

检验批是指按同一的生产条件或按规定的方式汇总起来供检验用的，由一定数量样本组成的检验体。

4）检验

检验是指对检验项目中的性能进行量测、检查、试验等，并将结果与标准规定要求进行比较，以确定每项性能是否合格所进行的活动。

5）见证取样检测

见证取样检测是指在监理单位或建设单位的监督下，由承包单位有关人员现场取样，并送至具备相应资质的检测单位所进行的检测。

6）主控项目

主控项目是指建筑工程中的对安全、卫生、环境保护和公众利益起决定性作用的检验项目。

7）一般项目

一般项目是指除主控项目以外的检验项目。

8）抽样检验

抽样检验是指按照规定的抽样方案，随机地从进场的材料、构配件、设备或建筑工程检验项目中，按检验批抽取一定数量的样本所进行的检验。

9）抽样方案

抽样方案是指根据检验项目的特性所确定的抽样数量和方法。

10）观感质量

观感质量是指通过观察和必要的量测所反映的工程外在质量。

11）返修

返修是指对工程不符合标准规定的部位采取整修等措施。

12）返工

返工是指对不合格的工程部位采取的重新制作、重新施工等措施。

3.3.2.2 施工质量验收的基本规定

（1）施工现场质量管理应有相应的施工技术标准，健全的质量管理体系、施工质量检验制度和综合施工质量水平评价考核制度，并做好施工现场质量管理检查记录。

（2）建筑工程应按下列规定进行施工质量控制：

①建筑工程采用的主要材料、半成品、成品、建筑构配件、器具和设备应进行现场验收。凡涉及安全、功能的有关产品，应按各专业工程质量验收规范的规定进行复验，并应经监理工程师（建设单位技术负责人）检查认可。

②各工序应按施工技术标准进行质量控制，每道工序完成后，应进行检查。

③相关各专业工种之间应进行交接检验，并形成记录，并经监理工程师（建设单位技术负责人）检查认可。

（3）建筑工程施工质量应按下列要求进行验收：

①建筑工程施工质量应符合本标准和相关专业验收规范的规定。

②建筑工程施工应符合工程勘察、设计文件的要求。

③参加工程施工质量验收的各方人员应具备规定的资格。

④工程质量的验收均应在承包单位自行检查评定的基础上进行。

⑤隐蔽工程在隐蔽前应由承包单位通知有关单位进行验收，并应形成验收文件。

⑥涉及结构安全的试块、试件以及有关材料，应按规定进行见证取样检测。

⑦检验批的质量应按主控项目和一般项目验收。

⑧对涉及结构安全和使用功能的重要分部工程应进行抽样检测。

⑨承担见证取样检测及有关结构安全检测的单位应具有相应资质。

⑩工程的观感质量应由验收人员通过现场检查，并应共同确认。

3.3.3 施工质量验收的层次划分

建筑工程质量验收应划分为单位(子单位)工程、分部(子分部)工程、分项工程和检验批。随着经济的发展和施工技术的进步,自改革开放以来,又涌现了大量建筑规模较大的单体工程和具有综合使用功能的综合性建筑物,几万平方米的建筑物比比皆是,十万平方米以上的建筑物也不少。这些建筑物的施工周期一般较长,受多种因素的影响,例如后期建设资金不足,部分停、缓建,已建成可使用部分需投入使用,以发挥投资效益等;投资者为追求最大的投资效益,在建设期间,需要将其中一部分提前建成使用;规模特别大的工程,一次性验收也不方便等。因此,验收统一标准规定,可将此类工程划分为若干个子单位工程进行验收。同时,随着生产、工作、生活条件要求的提高,建筑物的内部设施也越来越多样化;建筑物相同部位的设计也呈多样化;新型材料大量涌现;加之施工工艺和技术的发展,使分项工程越来越多,按建筑物的主要部位和专业来划分分部工程已不适应要求,因此在分部工程中,按相近工作内容和系统划分若干子分部工程。每个子分部工程中包含若干个分项工程。每个分项工程中包含若干个检验批,检验批是工程施工质量验收的最小单位。这样有利于正确评价建筑工程质量,有利于进行验收。

3.3.3.1 单位工程的划分

单位工程的划分应按下列原则确定:

(1)具备独立施工条件并能形成独立使用功能的建筑物及构筑物为一个单位工程。如一个学校的一栋学生宿舍楼,某工厂的一个烟囱等。

(2)建筑规模较大的单位工程,可将其能形成独立使用功能的部分为一个子单位工程。子单位工程的划分一般可根据工程的建筑设计分区、使用功能的显著差异、结构缝的设置等实际情况,在施工前由建设单位、监理单位、承包单位自行确定,并据此收集整理施工技术资料和组织验收。

(3)室外工程可根据专业类别和工程规模划分单位(子单位)工程。

3.3.3.2 分部工程的划分

分部工程的划分应按下列原则确定:

(1)分部工程的划分应按专业性质、建筑部位确定。如建筑工程划分为地基与基础、主体结构、建筑装饰装修、建筑屋面、建筑给水和排水及采暖工程、建筑电气、智能建筑、通风与空调、电梯等9个分部工程。

(2)当分部工程较大或较复杂时,可按材料种类、施工特点、施工程序、专业系统及类别等划分为若干分部工程。如建筑屋面分部工程可划分为卷材防水、涂膜防水、刚性防水、瓦、隔热屋面等5个子分部工程。

3.3.3.3 分项工程的划分

分项工程应按主要工种、材料、施工工艺、设备类别等进行划分。如混凝土结构工程中按主要工种划分为模板工程、钢筋工程、混凝土工程等分项工程,按施工工艺又分为预应力、现浇结构、装配式结构等分项工程。

3.3.3.4 检验批的划分

分项工程可由一个或若干个检验批组成,检验批可根据施工及质量控制和专业验收需要按楼层、施工段、变形缝等进行划分。

分项工程划分成检验批进行验收有利于及时纠正施工中出现的质量问题,确保工程的质量,也符合施工实际的需要。多层及高层建筑工程中主体分部的分项工程可按楼层或施工段来划分检验批,单层建筑工程的分项工程可按变形缝等划分检验批;地基基础分部工程中的分项工程一般划分为一个检验批,有地下层的基础工程可按不同地下层划分检验批;屋面分部工程中的分项工程不同楼层屋面可划分为不同的检验批;其他分部工程中的分项工程一般按楼面划分检验批;对于工程量较少的分项工程可统一划分为一个检验批。安装工程一般按一个设计系统或设备组别划分为一个检验批。室外工程统一划分为一个检验批。散水、台阶、明沟等含在地面检验批中。

3.3.4 建筑工程施工质量验收的内容

3.3.4.1 检验批的质量验收

检验批合格质量验收应符合下列规定:

(1)主控项目和一般项目的质量经抽样检验合格。

(2)具有完整的施工操作依据和质量检查记录。

检验批是工程验收的最小单位,是分项工程乃至整个建筑工程质量验收的基础。检验批是施工过程中条件相同并有一定数量的材料、构配件或安装项目,由于其质量要求基本一致,因此可以作为检验的基础单位,并按批验收。

检验批质量合格的条件共有两个:资料检查和主控项目、一般项目的检验。

质量控制资料反映了检验批从原材料到最终验收的各施工工序的操作依据、检查情况以及保证质量所必需的管理制度等。对其完整性的检查,实际是对过程控制的确认,这是检验批合格的前提。

为了使检验批的质量符合安全和功能的基本要求,以达到保证建筑工程质量的目的,各专业工程质量验收规范应对各检验批的主控项目、一般项目的子项合格质量给予明确的规定。

检验批的合格质量主要取决于对主控项目和一般项目的检验结果。主控项目是对检验批的基本质量起决定性影响的检验项目,因此必须全部符合有关专业工程验收规范的规定。这意味着主控项目不允许有不符合要求的检验结果,即这种项目的检查具有否决权。鉴于主控项目对基本质量的决定性影响,从严要求是必须的。

3.3.4.2 分项工程的质量验收

分项工程质量验收合格应符合下列规定:

(1)分项工程所含的检验批均应符合合格质量的规定。

(2)分项工程所含的检验批的质量验收记录应完整。

分项工程的验收是在检验批的基础上进行的。一般情况下,两者具有相同或相近的性质,只是批量的大小不同而已。因此,将有关的检验批汇集构成分项工程。分项工程质量合格的条件比较简单,只要构成分项工程的各检验批的验收资料文件完整,并且均已验收合格,则分项工程验收合格。

3.3.4.3 分部(子分部)工程的质量验收

分部(子分部)工程质量验收合格应符合下列规定:

(1)分部(子分部)工程所含分项工程的质量均应验收合格。

(2)质量控制资料应完整。

(3)地基与基础、主体结构和设备安装等分部工程有关安全及功能的检验和抽样检测结果应符合有关规定。

(4)观感质量验收应符合要求。

分部工程的验收是在其所含各分项工程验收的基础上进行的。首先，分部工程的各分项工程必须已验收合格且相应的质量控制资料文件必须完整，这是验收的基本条件。此外，由于各分项工程的性质不尽相同，因此作为分部工程不能简单地组合而加以验收，尚须增加以下两类检查项目。

涉及安全和使用功能的地基基础、主体结构、有关安全及重要使用功能的安装分部工程应进行有关见证取样送样试验或抽样检测。关于观感质量验收，这类检查往往难以定量，只能以观察、触摸或简单量测的方式进行，并由各人的主观印象判断，检查结果并不给出"合格"或"不合格"的结论，而是综合给出质量评价。对于"差"的检查点，应通过返修处理来补救。

3.3.4.4 单位（子单位）工程的质量验收

单位（子单位）工程质量验收合格应符合下列规定：

(1)单位（子单位）工程所含分部（子分部）工程的质量均应验收合格。

(2)质量控制资料应完整。

(3)单位（子单位）工程所含分部工程有关安全和功能的检测资料应完整。

(4)主要功能项目的抽查结果应符合相关专业质量验收规范的规定。

(5)观感质量验收应符合要求。

单位工程质量验收也称质量竣工验收，是建筑工程投入使用前的最后一次验收，也是最重要的一次验收。验收合格的条件有五个，除构成单位工程的各分部工程应该合格，并且有关的资料文件应完整外，还须进行以下三个方面的检查：

涉及安全和使用功能的分部工程应进行检验资料的复查。不仅要全面检查其完整性（不得有漏检缺项），而且对分部工程验收时补充进行的见证抽样检验报告也要复核。这种强化验收的手段体现了对安全和主要使用功能的重视。

此外，对主要使用功能还须进行抽查。使用功能的检查是对建筑工程和设备安装工程最终质量的综合检验，也是用户最为关心的内容。因此，在分项工程、分部工程验收合格的基础上，竣工验收时再做全面检查。抽查项目是在检查资料文件的基础上由参加验收的各方人员商定，并由计量、计数的抽样方法确定检查部位。检查要求按有关专业工程施工质量验收标准要求进行。

最后，还须由参加验收的各方人员共同进行观感质量检查。检查的方法、内容、结论等已在分部工程的相应部分中阐述，最后共同确定是否验收。

3.3.4.5 工程施工质量不符合要求时的处理

当建筑工程质量不符合要求时，应按下列规定进行处理：

(1)经返工重做或更换器具、设备的检验批，应重新进行验收。

(2)经有资质的检测单位检测鉴定能够达到设计要求的检验批，应予以验收。

(3)经有资质的检测单位检测鉴定达不到设计要求、但经原设计单位核算认可能够满足结构安全和使用功能的检验批，可予以验收。

（4）经返修或加固处理的分项工程、分部工程，虽然改变外形尺寸但仍能满足安全使用要求，可按技术处理方案和协商文件进行验收。

一般情况下，不合格现象在最基层的验收单位——检验批时就应发现并及时处理，否则将影响后续检验批和相关的分项工程、分部工程的验收。因此，所有质量隐患必须尽快消灭在萌芽状态，这也是《建筑工程施工质量验收统一标准》（GB 50300—2001）以强化验收、促进过程控制原则的体现。非正常情况的处理分以下四种情况：

第一种情况是指在检验批验收时，其主控项目不能满足验收规范或一般项目超过偏差限值的子项不符合检验规定的要求时，应及时进行处理的检验批。其中，严重的缺陷应推倒重来；一般的缺陷通过翻修或更换器具、设备予以解决，应允许承包单位在采取相应的措施后重新验收。如能够符合相应的专业工程质量验收规范，则应认为该检验批合格。

第二种情况是指个别检验批发现试块强度不满足要求等问题，难以确定是否验收时，应请具有资质的法定检测单位检测。当鉴定结果能够达到设计要求时，该检验批仍应认为通过验收。

第三种情况是指如经检测鉴定达不到设计要求，但经原设计单位核算，仍能满足结构安全和使用功能的情况，该检验批可以予以验收。一般情况下，规范标准给出了满足安全和功能的最低限度要求，而设计往往在此基础上留有一些余量。不满足设计要求和符合相应规范标准的要求，两者并不矛盾。

第四种情况是指更为严重的缺陷或者超过检验批的更大范围内的缺陷，可能影响结构的安全性和使用功能。若经法定检测单位检测鉴定以后认为达不到规范标准的相应要求，即不能满足最低限度的完全储备和使用功能，则必须按一定的技术方案进行加固处理，使之能保证其满足安全使用的基本要求。这样会造成一些永久性的缺陷，如改变结构外形尺寸，影响一些次要的使用功能等。为了避免社会财富更大的损失，在不影响安全和主要使用功能的条件下可按处理技术方案和协商文件进行验收，责任方应承担经济责任，但不能作为轻视质量而回避责任的一种出路，这是应该特别注意的。

（5）通过返修或加固处理仍不能满足安全使用要求的分部工程、单位（子单位）工程，严禁验收。

3.3.5　建筑工程施工质量验收的程序和组织

3.3.5.1　检验批和分项工程的验收程序及组织

检验批和分项工程是建筑工程质量的基础，因此所有检验批和分项工程均应由专业监理工程师组织验收。验收前，承包单位先填好《检验批和分项工程质量验收记录》（有关监理记录和结论不填），并由项目专业质量检验员和项目专业技术负责人分别在《检验批和分项工程质量检验记录》中相关栏目签字，然后由专业监理工程师组织，严格按规定程序进行验收。

3.3.5.2　分部工程的验收程序及组织

分部工程应由总监理工程师组织建设单位项目负责人、承包单位的项目负责人和项目技术与质量负责人、设计单位专业负责人及有关人员进行验收。因地基基础、主体结构的主要技术资料和质量问题归技术部门和质量部门掌握，所以规定承包单位的技术部门、质量部门负责人必须参加验收。

由于地基基础、主体结构技术性能要求严格，技术性强，关系整个工程的安全，因此规定这些分部工程的勘察单位、设计单位工程项目负责人也应参加相关分部工程的质量验收。

分部工程验收必须通知工程质量监督机构的监督人员参加。

3.3.5.3　消防系统检测

消防系统验收前应进行消防系统检测，消防系统检测前，总监理工程师应组织消防系统预验收，整个系统检查合格后，还要进行联动检查。消防验收是竣工验收的前提，总监理工程师应对所有承包单位进行总动员，及时进行协调。监理人员应按总监理工程师的安排认真完成自己承担的任务。

3.3.5.4　单位工程的验收程序及组织

单位工程完成后，承包单位首先要依据质量标准、设计图纸等组织有关人员进行自检，并对检查结果进行评定，符合要求后向建设单位提交工程验收报告和完整的质量资料，请建设单位组织验收。

单位(子单位)工程质量验收应由建设单位的负责人或项目负责人组织，由于设计单位、承包(含分包)单位、项目监理机构都是责任主体，因此设计单位、承包单位的负责人或项目负责人及承包单位的技术、质量负责人和监理机构的总监理工程师均应参加验收(勘察单位虽然也是责任主体，但已经参加了地基验收，故单位工程验收时，可以不参加)。单位工程验收必须通知工程质量监督机构的监督人员参加。

在一个单位工程中，对满足生产要求或具备使用条件，承包单位已预验，监理工程师已初验通过的子单位工程，建设单位可组织进行验收。由几个承包单位负责施工的单位工程，当其中的承包单位所负责的子单位工程已按设计完成，并经自行检验，也可按规定的程序组织正式验收，办理交工手续。在整个单位工程进行全部验收时，已验收的子单位工程验收资料应作为单位工程验收的附件。

单位工程有分包单位施工时，分包单位对所承包的工程按规定的标准检查评定，总包单位应派人参加。分包工程完成后，应将工程的有关资料交总包单位。

由于《建设工程承包合同》的双方主体是建设单位和总承包单位，总承包单位应按照承包合同的权利和义务对建设单位负责。分包单位对总承包单位负责，也应对建设单位负责。因此，分包单位对承建的项目进行检验时，总包单位应参加，检验合格后，分包单位应将工程的有关资料移交总包单位，待建设单位组织单位工程质量验收时，分包单位负责人应参加验收。

当参加验收各方对工程质量验收意见不一致时，可请当地建设行政主管部门或工程质量监督机构协调处理。

单位工程质量验收合格后，建设单位应在规定的时间内将工程竣工验收报告和有关文件报建设行政管理部门备案。建设工程竣工验收备案制度是加强政府监督管理，防止不合格工程流向社会的一个重要手段。建设单位应依据《建设工程质量管理条例》和建设部的有关规定，到县级以上人民政府建设行政主管部门或其他有关部门备案。否则，不允许投入使用。

3.3.6　住宅工程分户验收

住宅工程涉及千家万户，住宅工程质量的好坏直接关系广大人民群众的切身利益。为进一步加强住宅工程质量管理,落实住宅工程参建各方主体质量责任,提高住宅工程质量的水平,中华人民共和国住房和城乡建设部于2009年发布了建质[2009]291号《关于做好住宅工程质量分户验收工作的通知》。

3.3.6.1　住宅工程分户验收的概念

住宅工程质量分户验收(简称分户验收)是指建设单位组织施工、监理等单位,在住宅工程各检验批、分项工程、分部工程验收合格的基础上,在住宅工程竣工验收前,根据国家有关工程质量验收标准,对每户住宅及相关公共部位的观感质量和使用功能等进行检查验收,并出具验收合格证明的活动。

3.3.6.2　分户验收的内容

分户验收的内容主要包括:

(1)地面、墙面和顶棚质量;

(2)门窗质量;

(3)栏杆、护栏质量;

(4)防水工程质量;

(5)室内主要空间尺寸;

(6)给水、排水系统安装质量;

(7)室内电气工程安装质量;

(8)建筑节能和采暖工程质量;

(9)有关合同中规定的其他内容。

3.3.6.3　分户验收依据

分户验收依据为国家现行有关工程建设标准,主要包括住宅建筑规范、混凝土结构工程施工质量验收、砌体工程施工质量验收、建筑装饰装修工程施工质量验收、建筑地面工程施工质量验收、建筑给水排水及采暖工程施工质量验收、建筑电气工程施工质量验收、建筑节能工程施工质量验收、智能建筑工程质量验收、屋面工程质量验收、地下防水工程质量验收和电梯安装质量验收等标准规范,以及经审查合格的施工图设计文件。

3.3.6.4　分户验收的程序

分户验收应当按照以下程序进行:

(1)根据分户验收的内容和住宅工程的具体情况确定检查部位、数量;

(2)按照国家现行有关标准规定的方法,以及分户验收的内容适时进行检查;

(3)每户住宅和规定的公共部位验收完毕,应填写《住宅工程质量分户验收表》,建设单位和承包单位项目负责人、监理机构项目总监理工程师分别签字;

(4)分户验收合格后,建设单位必须按户出具《住宅工程质量分户验收表》,并作为《住宅质量保证书》的附件,一同交给住户。

分户验收不合格,不能进行住宅工程整体竣工验收。同时,住宅工程整体竣工验收前,承包单位应制作工程标牌,将工程名称、竣工日期和建设单位、勘察单位、设计单位、施工单位、监理单位全称镶嵌在该建筑工程外墙的显著部位。

3.3.6.5　分户验收的组织实施

分户验收由承包单位提出申请,建设单位组织实施,承包单位项目负责人、监理单位项目总监理工程师及相关质量、技术人员参加,对所涉及的部位、数量按分户验收的内容进行检查验收。已经预选物业公司的项目,物业公司应当派人参加分户验收。

　　建设单位、承包单位、项目监理机构等单位应严格履行分户验收职责,对分户验收的结论进行签认,不得简化分户验收程序。对于经检查不符合要求的,承包单位应及时进行返修,监理单位负责复查。返修完成后重新组织分户验收。

　　工程质量监督机构要加强对分户验收工作的监督检查,发现问题及时监督有关方面认真整改,确保分户验收工作质量。对在分户验收中弄虚作假、降低标准或将不合格工程按合格工程验收的,应依法对有关单位和责任人进行处罚,并纳入不良行为记录。

思考题

1. 什么是工程质量控制? 简述监理工程师进行工程质量控制应遵循的原则。
2. 什么是质量控制点? 选择质量控制点的原则是什么?
3. 施工准备、施工过程的质量控制分别包括哪些主要内容?
4. 监理工程师审查施工组织设计有哪些原则和注意事项?
5. 建筑工程施工质量验收有哪些基本规定?
6. 建筑工程质量不符合要求时应如何进行处理?
7. 怎样组织住宅工程分户验收工作?

第4章 建设工程监理的投资控制

4.1 建设工程投资控制的基本概念和方法

4.1.1 建设工程投资控制的概念

4.1.1.1 建设工程总投资控制的基本概念

建设工程总投资一般是指进行某项工程建设所花费的全部费用。生产性建设工程总投资包括建设投资和铺底流动资金两部分;非生产性建设工程总投资则只包括建设投资。我国现行建设工程总投资构成如图4-1所示。

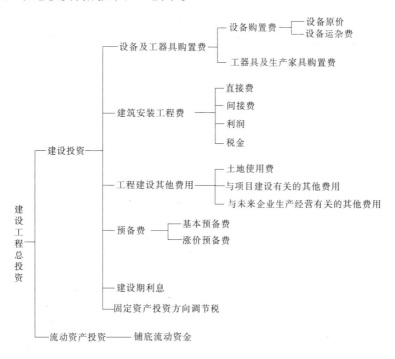

图4-1 我国现行建设工程总投资构成

建设投资可分为静态投资和动态投资两部分。静态投资部分由建筑安装工程费、设备及工器具购置费、工程建设其他费用和基本预备费组成;而动态投资部分则包括建设期利息、固定资产投资方向调节税、涨价预备费。

(1)设备及工器具购置费。指按照建设项目设计文件的要求,建设单位(或其委托单位)购置或自制达到固定资产标准的设备和新建、扩建项目配套的首套工器具及生产家具所需的费用。它由设备原价、工器具及生产家具购置费和设备运杂费(包括设备成套公司服务费)组成。

（2）建筑安装工程费。指建设单位用于建筑和安装工程方面的投资,它由建筑工程费和安装工程费两部分组成。其构成如图4-2所示。

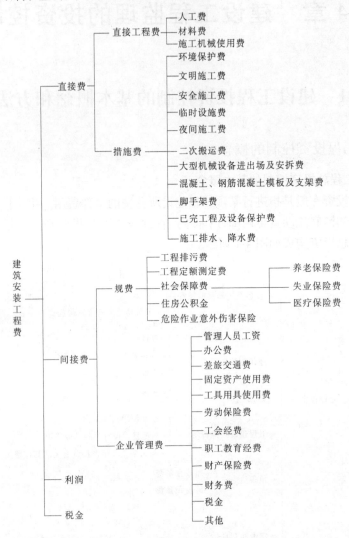

图4-2 建筑安装工程费构成

（3）工程建设其他费用。指未纳入以上两项的,根据设计文件要求和国家规定应由项目投资支付的为保证工程建设顺利完成和交付使用后能够正常发挥效用而发生的一些费用。工程建设其他费用可分为三类:第一类是土地使用费,包括土地征用及迁移补偿费和土地使用权出让金;第二类是与项目建设有关的费用,包括建设单位管理费、勘察设计费、研究试验费等;第三类是与未来企业生产经营有关的费用,包括联合试运转费、生产准备费、办公和生活家具购置费等。

（4）预备费。包括基本预备费和涨价预备费。基本预备费是指在项目实施中可能发生难以预料的支出,需要事先预留的费用,又称不可预见费,主要指设计变更及施工中可能增加工程量的费用。涨价预备费是指建设工程在建设期由于价格等引起投资增加,需要事先预留的费用。

（5）建设期利息。指项目借款在建设期内发生并计入固定资产的利息。

（6）固定资产投资方向调节税。指根据国家产业政策而征收的税费。

（7）铺底流动资金。指生产性建设工程为保证生产和经营正常进行,用于购买原材料、燃料,支付工资及其他经营费用等所需的周转资金。

4.1.1.2　建设工程投资控制的概念

所谓建设工程投资控制,就是在投资决策阶段、设计阶段、发包阶段、施工阶段以及竣工阶段,把建设工程投资控制在批准的投资限额以内,随时纠正发生的偏差,以保证项目投资管理目标的实现,以求在建设工程中能合理使用人力、物力、财力,取得较好的投资效益和社会效益。

4.1.2　建设工程投资的确定依据

一般而言,在建设工程开始施工之前,应预先对建设工程投资进行计算和确定。建设工程投资在不同阶段的具体表现形式为投资估算、设计概算、施工图预算、招标工程标底、投标报价、工程合同价等。建设工程投资表现形式多种多样,但确定的基本原理是相同的。采用何种建设工程投资的计算方法和表现形式主要取决于对建设工程的了解程度,应与建设工程和建设工作的深度相适应。建设工程投资的计算方法和表现形式不同,所需的确定依据也就不同。建设工程投资确定的依据是指进行建设工程投资确定所必需的基础数据和资料,主要包括工程定额、工程量清单、要素市场价格信息、工程技术文件、环境条件与工程建设实施组织和技术方案等。

4.1.2.1　建设工程定额

定额,即规定的额度,是人们根据不同的需要,对某一事物规定的数量标准。建设工程定额,即规定的消耗量标准,是指按照国家有关规定的产品标准、设计规范和施工验收规范、质量评定标准,并参考行业、地方标准以及有代表性的工程设计、施工资料确定的工程建设过程中完成规定计量单位产品所消耗的人工、材料、机械等消耗量的标准。这种规定的额度所反映的是在一定的社会生产力发展水平下,完成某项工程建设产品与各种生产消耗之间的特定的数量关系,考虑的是正常的施工条件,目前大多数施工企业的技术装备程度、施工工艺和劳动组织,反映的是一种社会平均消耗水平。

4.1.2.2　工程量清单

1）工程量清单的概念

为了适应我国社会主义市场经济发展的需要,规范建设工程工程量清单计价行为,统一建设工程工程量的编制和计价方法,维护招标人和投标人的合法权益,根据《中华人民共和国招标投标法》、《建设工程施工发包与承包计价管理办法》（建设部令第 107 号）及其他有关法律、法规,国家建设部与国家质量监督检验检疫总局在 2003 年联合发布了国家标准《建设工程工程量清单计价规范》（GB 50500—2003）,并在 2008 年进行了修订完善,制定了《建设工程工程量清单计价规范》（GB 50500—2008）（以下简称《计价规范》）。

工程量清单是依据建设工程设计图纸、工程量计算规则、一定的计量单位、技术标准等计算所得的构成工程实体各分部分项的、可供编制标底和投标报价的实物工程量的汇总清单表。工程量清单是体现招标人要求投标人完成的工程项目及其相应工程实体数量的列表,反映全部工程内容以及为实现这些内容而进行的其他工作。

《计价规范》明确,工程量清单是表现拟建工程的分部分项工程项目、措施项目、其他项目、规费项目和税金项目的名称和相应数量等的明细清单(《计价规范》第2.0.1条)。工程量清单应由分部分项工程量清单、措施项目清单、其他项目清单、规费项目清单、税金项目清单组成(《计价规范》第3.1.4条)。

《计价规范》包括规范条文和附录两部分,二者具有同等效力。

规范条文共5章,分为总则、术语、工程量清单编制、工程量清单计价、工程量清单计价表格。

规范条文就《计价规范》的适用范围、遵循的原则、工程量清单编制的规则、工程量清单计价的规则、工程量清单计价表格等作了明确规定。

附录共有6个,分别是:

附录A 建筑工程工程量清单项目及计算规则

附录B 装饰装修工程工程量清单项目及计算规则

附录C 安装工程工程量清单项目及计算规则

附录D 市政工程工程量清单项目及计算规则

附录E 园林绿化工程工程量清单项目及计算规则

附录F 矿山工程工程量清单项目及计算规则

附录就建筑工程、装饰装修工程、安装工程、市政工程、园林绿化工程、矿山工程等工程量清单的项目编码、项目名称、项目特征、计量单位、工程量计算规则和工程内容等作了明确规定。

2)工程量清单的作用

工程量清单是在发包方与承包方之间,从工程招标投标开始,直至竣工结算为止,双方进行经济核算、处理经济关系、进行工程管理等活动不可缺少的工程内容及数量依据。

工程量清单的主要作用有以下四个方面:

(1)工程量清单为投标人的投标竞争提供了一个平等和共同的基础。

工程量清单使所有投标人均是在拟完成相同的工程项目、相同的工程实体数量和质量要求的条件下进行公平竞争,每一个投标人所掌握的信息和受到的待遇是客观、公正和公平的。

(2)工程量清单是建设工程计价的依据。

在招标投标的过程中,招标人根据工程量清单编制招标工程的标底价格;投标人按照工程量清单所表述的内容,根据企业定额计算投标价格,自主填报工程量清单所列项目的单价与和价。

(3)工程量清单是工程付款和结算的依据。

在施工阶段,发包人根据承包人是否完成工程量清单规定的内容及投标时在工程量清单中所报的单价作为支付工程进度款和进行结算的依据。工程结算时,发包人按照工程量清单计价表中的序号对已实施的分部分项工程或计价项目,按清单单价和相关的合同条款计算应支付给承包人的工程款项。

(4)工程量清单是调整工程量、进行工程索赔的依据。

在发生工程变更、索赔、增加新的工程项目等情况时,可以选用或者参照工程量清单中的分部分项工程或计价项目单价来确定变更项目或索赔项目的单价和相关费用。

4.1.2.3 其他确定依据

1）工程技术文件

反映建设工程项目的规模、内容、标准、功能等文件是工程技术文件。只有根据工程技术文件，才能对工程的分部组合即工程结构作出分解，得到计算的基本子项。只有依据工程技术文件及其反映的工程内容和尺寸，才能测算或计算出工程实物量，得到分部分项的实物数量。因此，工程技术文件是建设工程投资确定的重要依据。

2）要素市场价格信息

构成建设工程投资的要素包括人工、材料、施工机械等，要素价格是影响建设工程投资的关键因素，要素价格是由市场形成的。建设工程投资采用的基本子项所需资源的价格来自市场，随着市场的变化，要素价格亦随之发生变化。因此，建设工程投资必须随时掌握市场价格信息，了解市场价格行情，熟悉市场上各类资源的供求变化及价格动态。这样，得到的建设工程投资才能反映市场，反映工程建造所需的真实费用。

3）建设工程环境和条件

建设工程所处的环境和条件也是影响建设工程投资的重要因素。环境和条件的差异或变化会导致建设工程投资大小的变化。工程的环境和条件包括工程地质条件、气象条件、现场环境与周边条件，也包括工程建设的实施方案、组织方案、技术方案等。例如，国际工程承包，承包商在进行投标报价时，需通过充分的现场环境和条件调查，了解和掌握对工程价格产生影响的内容和方法，如工程所在国的政治、经济、法律情况，交通、运输、通信情况，生产要素、市场情况，历史、文化、宗教情况；气象资料、水文资料、地质资料等自然条件，工程现场地形地貌、周围道路、临近建筑物、市政设施等施工条件，其他条件等；工程建设单位情况、设计单位情况、咨询单位情况、竞争对手情况等。只有在掌握了工程的环境和条件以后，才能作出准确的报价。

4）其他

国家对建设工程费用计算的有关规定，按国家税法规定须计取的相关税费等，都构成了建设工程投资确定的依据。

4.1.3 建设工程投资控制的方法

4.1.3.1 投资控制的目标

建设工程投资控制工作，必须有明确的控制目标，并且在不同的控制阶段设置不同的控制目标。投资估算是设计方案选择和进行初步设计的投资控制目标；设计概算是进行技术设计和施工图设计的投资控制目标。施工图预算或建筑安装工程承包合同价是施工阶段控制建筑安装工程投资的目标。这些有机联系的阶段目标相互制约、相互补充，前者控制后者，后者补充前者，共同组成项目投资控制的目标系统。

建设项目投资不是单一的目标控制。控制项目投资目标，必须兼顾质量目标和进度目标。在保证质量、进度合理的前提下，把实际投资控制在目标值以内。

4.1.3.2 投资控制的动态原理

监理工程师进行投资控制的基本原理是把计划投资额作为投资控制的目标值，在项目进行过程中，定期进行投资实际值与目标值的比较，通过比较发现并找出实际支出额和投资目标值之间的偏差，然后分析产生偏差的原因，采取有效措施加以控制，以确保投资控制目标的实现。这种控制贯穿于项目建设的全过程,是动态的控制过程。

4.1.3.3　投资控制的重点

投资控制贯穿于项目建设的全过程,但项目建设各阶段对投资控制的影响程度不同。影响项目投资最大的阶段,是约占工程项目建设周期 1/4 的技术设计结束前的工作阶段。根据国内外统计,在初步设计阶段,影响项目投资的可能性为 75% ~95%;在技术设计阶段,影响项目投资的可能性为 35% ~75%;在施工图设计阶段,影响项目投资的可能性则为 5% ~35%。很显然,项目投资控制的重点在于施工以前的投资决策和设计阶段,而在项目做出投资决策后,控制项目投资的关键就在于设计。由于目前我国的监理工作在工程建设投资决策阶段、勘察设计招标投标与勘察设计阶段尚不够成熟,需要进一步探索完善,在施工招标投标方面国家已有比较系统完整的规定和办法,而在施工阶段(包括设备采购与制造和工程质量保修)的监理工作已经摸索总结出一套比较成熟的经验和做法,因而建设工程监理投资控制目前仅限于建设工程施工阶段。

4.1.3.4　投资控制的措施

要有效地控制项目投资,应从组织、技术、经济、合同与信息管理等方面采取措施。从组织上采取措施,包括明确项目组织机构,明确项目投资控制及其任务,以使项目投资控制有专人负责,明确管理职能分工;从技术上采取措施,包括重视设计多方案选择,严格审查监督初步设计、技术设计、施工图设计、施工组织设计,深入研究技术领域节约投资的可能性;从经济上采取措施,包括动态地比较项目投资的实际值和计划值,严格审查各种费用支出,采取节约投资的奖励措施等;从合同上采取措施,包括参与处理索赔事件,参与合同修改、补充工作等。

技术与经济相结合是控制项目投资的有效手段,但是长期以来,在我国工程建设领域,技术与经济相分离的现象比较普遍。虽然我国技术人员在技术水平、工作能力、知识面等方面并不低于国外同行,但缺乏经济观念,设计思想保守。国外的技术人员时刻考虑如何降低项目投资,而我国技术人员把如何降低项目投资看成与己无关,认为是财会人员的职责。而财会、概预算人员的主要责任是根据财务制度办事,他们往往不熟悉工程知识,也较少了解工程进展中的各种关系和问题,往往单纯地从财务制度角度审核费用开支,难以有效地控制工程项目投资。为此,当前迫切需要解决的是以提高项目投资收益为目的,在工程建设过程中把技术与经济有机结合,要通过技术比较、经济分析和效果评价,正确处理技术先进与经济合理两者之间的对立统一关系,力求在技术先进条件下的经济合理,在经济合理基础上的技术先进,把控制工程项目投资观念渗透到各阶段之中。

4.2　建设工程投资控制的范围和任务

4.2.1　建设工程投资控制的范围

在我国的建设工程监理制度中,监理的工作范围包括两个方面:一是工程类别,其范围确定为土木工程、建筑工程、线路管道工程、设备安装工程和装修工程等;二是工程建设阶段,其范围确定为工程建设投资决策阶段、勘察设计招标与勘察设计阶段、施工招标投标阶段与施工阶段(包括设备采购与制造和工程质量保修等)。在各种工程类别和各个工程建设阶段都应该依据建设单位的委托进行投资控制。

4.2.2 建设工程投资控制的任务

建设工程投资控制是我国建设工程监理的一项重要任务,投资控制贯穿于工程建设的各个阶段,也贯穿于监理工作的各个环节。

4.2.2.1 建设前期阶段

在建设前期阶段进行工程项目的机会研究、初步可行性研究、编制项目建议书,进行可行性研究,对拟建项目进行市场调查和预测,编制投资估算,进行环境影响评价、财务评价、国民经济评价和社会评价。

4.2.2.2 设计阶段

在设计阶段,协助建设单位提出设计要求,组织设计方案竞赛或设计招标,用技术经济方法组织评选设计方案。协助设计单位开展限额设计工作,编制本阶段资金使用计划,并进行付款控制。进行设计挖潜,用价值工程等方法对设计进行技术经济分析、比较、论证,在保证功能的前提下进一步寻找节约投资的可能性。审查设计概预算,尽量使概算不超估算,预算不超概算。

4.2.2.3 施工招标阶段

在施工招标阶段,准备与发送招标文件,编制工程量清单和招标工程标底;协助评审投标书,提出评标建议;协助建设单位与承包单位签订承包合同。

4.2.2.4 施工阶段

在施工阶段,依据施工合同有关条款和施工图对工程项目造价目标进行风险分析,并制定防范性对策。从造价、项目的功能要求、质量和工期方面审查工程变更的方案,并在工程变更实施前与建设单位、承包单位协商确定工程变更的价款。按施工合同约定的工程量计算规则和支付条款进行工程量计算和工程款支付。建立月完成工程量和工作量统计表,对实际完成量与计划完成量进行比较、分析,制订调整措施。收集、整理有关的施工和监理资料,为处理费用索赔提供证据。按施工合同的有关规定进行竣工结算,对竣工结算的价款总额与建设单位和承包单位进行协商。

因监理工作过失而造成重大事故的监理单位,要对事故的损失承担一定的经济补偿责任,补偿办法由监理合同事先约定。

4.2.3 施工阶段投资控制的措施

建设工程的投资主要发生在施工阶段,因此精心地组织施工,挖掘各方面潜力,节约资源消耗,可以达到节约投资的效果。对施工阶段的投资控制,仅靠控制工程款的支付是不够的,应从组织、经济、技术、合同等方面采取措施,严格控制项目投资。

4.2.3.1 组织措施

组织措施包括在项目管理机构中落实投资控制人员,从投资控制角度进行施工跟踪;编制施工阶段投资控制工作计划和详细实施步骤。

4.2.3.2 经济措施

经济措施包括编制资金使用计划,确定、分解投资控制目标;对工程项目造价目标进行风险分析,并制订防范性对策;进行工程计量;复核工程付款账单,签发付款证书;在施工过程中进行投资跟踪控制,定期地进行投资实际产出值与计划目标值的比较;发现偏差,分析偏差产生的原因,采取纠偏措施;协商确定工程变更的价款;审核竣工结算;对工程施工过程中的投资产出做好分析与预测,经常或定期地向建设单位提交项目投资控制及其存在问题的报告。

4.2.3.3 技术措施

技术措施包括对设计变更进行技术经济比较,严格控制设计变更;继续寻找通过设计挖潜节约投资的可能性;审核承包单位编制的项目管理实施规划(施工组织设计),对主要的施工方案进行技术经济分析。

4.2.3.4 合同措施

合同措施包括做好工程施工记录,保存各种文件图纸,特别是注有实际施工变更情况的图纸,注意积累素材,为正确处理可能发生的索赔提供依据;参与处理索赔事件,参与合同修改、补充工作,着重考虑对投资控制的影响。

4.2.4 工程计量的程序、依据和方法

4.2.4.1 工程计量的程序

1)施工合同(示范文本)约定的程序

按照建设工程施工合同(GF—2012—0201)中关于工程量的确认条款规定,工程计量的一般程序是:承包人应按专用条款约定的时间,向工程师提交已完工程量的报告,工程师接到报告后7天内按设计图纸核实已完工程数量,并在计量前24小时通知承包人,承包人为计量提供便利条件并派人参加。承包人收到通知后不参加计量,计量结果有效,作为工程价款支付的依据。工程师收到承包人报告后7天内未进行计量,从第8天起,承包人报告中开列的工程量即视为被确认,作为工程价款支付的依据。工程师不按约定时间通知承包方,使承包人不能参加计量,计量结果无效。对承包人超出设计图纸范围和因承包人原因造成返工的工程量,工程师不予计量。

2)建设工程监理规范规定的程序

(1)承包单位统计经专业监理工程师质量验收合格的工程量,按施工合同的约定填报工程量清单和工程款支付申请表;

(2)专业监理工程师进行现场计量,按施工合同的约定审核工程量清单和工程款支付申请表,并报总监理工程师审定;

(3)总监理工程师签署工程款支付证书,并报建设单位。

3)FIDIC施工合同约定的工程计量程序

按照FIDIC施工合同约定,当工程师要求测量工程的任何部分时,应向承包商代表发出合理通知,承包商代表应做到以下两点:

(1)及时亲自或另派合格代表,协助工程师进行测量;

(2)提供工程师要求的任何具体材料。

如果承包商未能到场或派代表,工程师(或其代表)所做测量应作为准确予以认可。

除合同另有规定外,凡需根据记录进行测量的任何永久工程,此类记录应由工程师准备。承包商应根据约定或被提出要求时,到场与工程师对记录进行检查和协商,达成一致后应在记录上签字。如承包商未到场,应认为该记录准确,予以认可。如果承包商检查后不同意该记录,和(或)不签字表示同意,承包商应向工程师发出通知,说明认为该记录不准确的

部分。工程师收到通知后,应审查该记录,进行确认或更改。如果承包商被要求检查记录,14 天内没有发出此类通知,该记录应作为准确予以认可。

4.2.4.2　工程计量的依据

计量依据一般有质量合格证书,工程量清单前言,技术规范中的"计量支付"条款和设计图纸。也就是说,计量时必须以这些资料为依据。

1）质量合格证书

对于承包商已完的工程,并不是全部进行计量,而只是质量达到合同标准的已完工程才予以计量。所以,工程计量必须与质量监理紧密配合,经过专业工程师检验,工程质量达到合同规定的标准后,由专业工程师签署报验申请表(质量合格证书),只有质量合格的工程才予以计量。所以说,质量监理是计量的基础,计量又是质量监理的保障,通过计量支付,强化承包商的质量意识。

2）工程量清单前言和技术规范

工程量清单前言和技术规范是确定计量方法的依据。因为工程量清单前言和技术规范的"计量支付"条款规定了清单中每一项工程的计量方法,同时还规定了按规定的计量方法确定的单价所包括的工作内容和范围。

3）设计图纸

单价合同以实际完成的工程量进行结算,但被工程师计量的工程数量,并不一定是承包商实际施工的数量。计量的几何尺寸要以设计图纸为依据,工程师对承包商超出设计图纸要求增加的工程量和自身原因造成返工的工程量不予计量。

4.2.4.3　工程计量的方法

工程师一般只对三方面的工程项目进行计量:工程量清单中的全部项目、合同文件中规定的项目和工程变更项目。

根据 FIDIC 合同条件的规定,一般可按照以下方法进行计量。

1）均摊法

所谓均摊法,就是对清单中某些项目的合同价款,按合同工期平均计量。

2）凭据法

所谓凭据法,就是按照承包商提供的凭据进行计量支付。如建筑工程险保险费、第三方责任险保险费、履约保证金等项目,一般按凭据法进行计量支付。

3）图纸法

在工程量清单中,许多项目采取按照设计图纸所示的尺寸进行计量,如混凝土构筑物的体积、钻孔桩的桩长等。

4）分解计量法

所谓分解计量法,就是将一个项目根据工序或部位分解为若干子项。对完成的各子项进行计量支付。这种计量方法主要是为了解决一些包干项目或较大的工程项目的支付时间过长,影响承包商的资金流动等问题。

4.2.5　项目监理机构对工程变更的管理

4.2.5.1　项目监理机构处理工程变更的程序

项目监理机构应按下列程序处理工程变更:

（1）设计单位对原设计存在的缺陷提出的工程变更，应编制设计变更文件。建设单位或承包单位提出的工程变更，应提交总监理工程师，由总监理工程师组织专业监理工程师审查。审查同意后，应由建设单位转交原设计单位编制设计变更文件。当工程变更涉及安全、环保等内容时，应按规定经有关部门审定。

（2）项目监理机构应了解实际情况和收集与工程变更有关的资料。

（3）总监理工程师必须根据实际情况、设计变更文件和其他有关资料，按照施工合同的有关条款，在指定专业监理工程师完成下列工作后，对工程变更的费用和工期作出评估：

①确定工程变更项目与原工程项目之间的类似程度和难易程度；

②确定工程变更项目的工程量；

③确定工程变更的单价或总价。

（4）总监理工程师应就工程变更的费用及工期的评估情况与承包单位和建设单位进行协调。

（5）总监理工程师签发工程变更单。

工程变更单应包括工程变更要求、工程变更说明、工程变更费用和工期、必要的附件等内容，有设计变更文件的工程变更应附设计变更文件。

（6）项目监理机构应根据工程变更单督促承包单位实施。

4.2.5.2　项目监理机构处理工程变更的要求

项目监理机构处理工程变更应符合下列要求：

（1）项目监理机构在工程变更的质量、费用和工期方面取得建设单位授权后，总监理工程师应按施工合同规定与承包单位进行协商，经协商达成一致后，总监理工程师应将协商结果向建设单位通报，并由建设单位与承包单位在变更文件上签字。

（2）项目监理机构未能就工程变更的质量、费用和工期方面取得建设单位授权时，总监理工程师应协助建设单位和承包单位进行协商，并达成一致。

（3）建设单位和承包单位未能就工程变更的费用等方面达成协议时，项目监理机构应提出一个暂定的价格，作为临时支付工程进度款的依据。该项工程款最终结算时，应以建设单位和承包单位达成的协议为依据。

（4）在总监理工程师签发工程变更单之前，承包单位不得实施工程变更。

（5）未经总监理工程师审查同意而实施的工程变更，项目监理机构不得予以计量。

思考题

1. 建设工程投资确定的依据有哪些？
2. 工程计量的依据和方法有哪些？
3. 项目监理机构怎样处理工程变更？

第5章 建设工程监理的进度控制

5.1 建设工程进度控制概述

5.1.1 建设工程进度控制的概念

5.1.1.1 建设工程进度控制的含义

建设工程的进度控制是指对工程建设各建设阶段的工作内容、工作程序、持续时间和衔接关系编制计划,将该计划付诸实施,在实施的过程中经常检查实际进度是否按计划要求进行,对出现的偏差分析原因,采取补救措施或调整、修改原计划,直至工程竣工交付使用,从而确保项目进度目标的实现。

进度控制与质量控制、投资控制有着相互依赖和相互制约的关系:进度加快,需要增加投资,但工程提前使用就可以提高投资收益;进度加快,有可能影响工程质量,而质量控制严格,则有可能影响进度,但如因质量的严格控制而不致返工又会加快进度。因此,进度不仅仅是单纯从进度考虑,而且应同时考虑质量和投资对进度的影响。

5.1.1.2 影响建设工程进度的因素

影响建设工程进度的因素有很多,如人为因素,技术因素,设备、材料及构配件因素,机具因素,资金因素,水文、地质与气象因素,以及其他自然与社会环境等方面的因素。其中,人为因素是最大的干扰因素。从产生的根源看,有的来源于建设单位及其上级主管部门,有的来源于勘察设计、施工及材料、设备供应单位,有的来源于政府、建设主管部门、有关协作单位和社会,有的来源于各种自然条件,也有的来源于建设监理单位本身。在工程建设过程中,常见的影响因素如下:

(1)建设单位因素。如建设单位使用要求改变而进行设计变更,应提供的施工场地条件不能及时提供或所提供的场地不能满足工程正常需要,不能及时向施工承包单位或材料供应商付款等。

(2)勘察设计因素。如勘察资料不准确,特别是地质资料错误或遗漏;设计内容不完善,规范应用不恰当,设计有缺陷或错误;设计对施工的可能性未考虑或考虑不周;施工图纸供应不及时、不配套,或出现重大差错等。

(3)施工技术因素。如施工工艺错误、不合理的施工方案、施工安全措施不当、不可靠技术的应用等。

(4)自然环境因素。如复杂的工程地质条件,不明的水文气象条件,地下埋藏文物的保护、处理,洪水、地震、台风等不可抗力等。

(5)社会环境因素。如外单位临近工程施工干扰,节假日交通、市容整顿的限制,临时停水、停电、断路,以及在国外常见的法律及制度变化,经济制裁,战争、骚乱、罢工、企业倒闭等。

（6）组织管理因素。如向有关部门提出各种申请审批手续的延误；合同签订时遗漏条款、表达失当；计划安排不周密，组织协调不力，导致停工待料、相关作业脱节；领导不力，指挥失当，使参加工程建设的各个单位、各个专业、各个施工过程之间交接、配合上发生矛盾等。

（7）材料、设备因素。如材料、构配件、机具、设备供应环节的差错，品种、规格、质量、数量、时间不能满足工程的需要；特殊材料及新材料的不合理使用；施工设备不配套，选型失当，安装失误，有故障等。

（8）资金因素。如有关方拖欠资金，资金不到位，资金短缺，汇率浮动和通货膨胀等。

5.1.1.3 进度控制的措施

为了实施进度控制，监理工程师必须根据建设工程的具体情况，认真制订进度控制措施，以确保建设工程进度控制目标的实现。进度控制的措施应包括组织措施、技术措施、经济措施及合同措施。

1）组织措施

进度控制的组织措施主要包括：

（1）建立进度控制目标体系，明确建设工程现场监理组织机构中进度控制人员及其职责分工；

（2）建立工程进度报告制度及进度信息沟通网络；

（3）建立进度计划审核制度和进度计划实施中的检查分析制度；

（4）建立进度协调会议制度，包括协调会议举行的时间、地点，协调会议的参加人员等；

（5）建立图纸审查、工程变更和设计变更管理制度。

2）技术措施

进度控制的技术措施主要包括：

（1）审查承包商提交的进度计划，使承包商能在合理的状态下施工；

（2）编制进度控制工作细则，指导监理人员实施进度控制；

（3）采用网络计划技术及其他科学适用的计划方法，并结合电子计算机的应用，对建设工程进度实施动态控制。

3）经济措施

进度控制的经济措施主要包括：

（1）及时办理工程预付款及工程进度款支付手续；

（2）对应急赶工给予优厚的赶工费用；

（3）对工期提前给予奖励；

（4）对工程延误收取误期损失赔偿金。

4）合同措施

进度控制的合同措施主要包括：

（1）推行 CM 承发包模式，对建设工程实行分段设计、分段发包和分段施工；

（2）加强合同管理，协调合同工期与进度计划之间的关系，保证合同中进度目标的实现；

（3）严格控制合同变更，对各方提出的工程变更和设计变更，监理工程师应严格审查后再补入合同文件之中；

（4）加强风险管理，在合同中应充分考虑风险因素及其对进度的影响，以及相应的处理方法；

（5）加强索赔管理，公正地处理索赔。

5.1.1.4　建设工程施工阶段进度控制的主要任务

（1）审核施工总进度计划，并控制其执行；

（2）审核单位工程施工进度计划，并控制其执行；

（3）审核工程年、季、月实施计划，并控制其执行。

为了有效地控制建设工程进度，在施工阶段，监理工程师不仅要审查承包单位提交的进度计划，还要结合施工总进度计划、单位工程进度计划和年、季、月施工计划，编制施工进度监理计划，以确保进度控制目标的实现。

5.1.2　建设工程进度计划的表示方法及应用

5.1.2.1　建设工程进度计划的表示方法

建设工程进度计划的表示方法有多种，常用的有横道图和网络图两种表示方法。

1）横道图

横道图也称甘特图，是以美国人甘特（Gantt）的名字命名的。由于其形象、直观，且易于编制和理解，因而长期以来被广泛应用于建设工程进度控制中。

用横道图表示的建设工程进度计划一般包括两个部分，即左侧的工作名称及工作的持续时间等基本数据部分和右侧的横道线部分。

利用横道图表示工程进度计划，存在以下缺点：

（1）不能明确地反映出各项工作之间错综复杂的相互关系，因而在计划的执行过程中，当某些工作的进度由于某种原因提前或拖延时，不便于分析其对其他工作及总工期的影响程度，不利于建设工程进度的动态控制。

（2）不能明确地反映出影响工期的关键工作和关键线路，也就无法反映出整个工程项目的关键所在，因而不便于进度控制人员抓住主要矛盾。

（3）不能反映出工作所具有的机动时间，看不到计划的潜力所在，无法进行最合理的组织和指挥。

（4）不能反映工程费用与工期之间的关系，因而不便于缩短工期和降低工程成本。

由于横道计划存在上述不足之处，给建设工程进度控制工作带来很大不便。即使进度控制人员在编制计划时已充分考虑了各方面的问题，在横道图上也不能全面地反映出来，特别是当工程项目规模大、工艺关系复杂时，横道图就很难充分暴露矛盾。而且在横道计划的执行过程中，对其进行调整也是十分烦琐和费时的。由此可见，利用横道计划控制建设工程进度有较大的局限性。

2）网络图

建设工程进度计划用网络图来表示，可以使建设工程进度得到有效的控制。国内外实践证明，网络计划技术是用于控制建设工程进度的有效工具。无论是建设工程设计阶段的进度控制，还是施工阶段的进度控制，均可使用网络计划技术。作为建设工程监理工程师，必须掌握和应用网络计划技术。

与横道计划相比,网络计划具有以下特点:

(1)网络图能够明确表达各项工作之间的逻辑关系。

(2)通过网络图时间参数的计算,可以找出关键线路和关键工作。

(3)通过网络图时间参数的计算,可以明确各项工作的机动时间。

(4)网络图可以利用电子计算机进行计算、优化和调整。

5.1.2.2　横道图和网络图在建设工程施工阶段的实际应用

由于横道图和网络图自身所固有的一些特点,它们均有其常用的用途。在建设工程施工阶段进度计划的编制中,横道图常常适用于阶段性进度计划的编制,比如月进度计划、周进度计划的编制等,主要原因在于阶段性进度计划的分项工程较少,逻辑关系相对简单;网络图适用于单位工程总进度计划乃至整个建设工程项目进度计划的编制。

5.2　建设工程进度计划实施中的监测和调整方法

5.2.1　实际进度监测与调整的系统过程

确定建设工程进度目标,编制一个科学、合理的进度计划是监理工程师实现进度控制的首要前提。但在工程项目的实施过程中,由于某些因素的干扰,往往造成实际进度与计划进度产生偏差。因此,在项目进度计划的执行过程中,必须采取有效的监测手段对进度计划的实施过程进行监控,以便及时发现问题,并运用行之有效的进度调整方法来解决问题。

5.2.1.1　进度监查的系统过程

进度监查的系统过程主要包括以下工作:

(1)进度计划执行中的跟踪检查。

跟踪检查的主要工作是定期收集反映实际进度的有关数据。为了全面准确地了解进度计划的执行情况,监理工程师必须认真做好三方面的工作:定期地收集进度报表资料;派监理人员常驻现场,检查进度计划的实际执行情况;定期召开现场会议,了解实际进度情况。

(2)整理、统计和分析收集的数据。

对收集的数据进行整理、统计和分析,形成与计划具有可比性的数据。例如,根据本期检查实际完成量确定的累计完成量、本期完成的百分比和累计完成的百分比等数据。

(3)实际进度与计划进度对比。

将实际进度的数据与计划进度的数据进行比较,从而得出实际进度比计划进度是超前、滞后还是一致。

5.2.1.2　进度调整的系统过程

在建设工程项目实施进度监测过程中,一旦发现实际进度偏离计划进度,即出现进度偏差时,必须认真分析产生偏差的原因及其对后续工作和总工期的影响,必要时采取合理、有效的进度计划调整措施,确保进度总目标的实现。具体过程如下:

(1)分析产生偏差的原因。

通过实际进度与计划进度的比较,发现进度偏差时,应采取有效措施调整进度计划,比如深入现场进行调查,分析产生进度偏差的原因。

(2)分析进度偏差对后续工作和总工期的影响。

当查明进度偏差产生的原因之后,要分析进度偏差对后续工作和总工期的影响程度,以确定是否采取措施调整进度计划。

(3)确定后续工作和总工期的限制条件。

当出现的进度偏差影响后续工作或总工期而需要采取进度调整措施时,应当先确定可调整进度的范围,主要指关键节点、后续工作的限制条件以及总工期允许变化的范围。这些限制条件往往与合同条件有关,需要认真分析后确定。

(4)采取措施调整进度计划。

采取进度调整措施,应以后续工作和总工期的限制条件为依据,确保要求的进度目标得到实现。

(5)实施调整后的进度计划。

进度计划调整之后,应采取相应的组织、经济、技术措施,并继续监测进度计划的执行情况。

5.2.2 实际进度与计划进度的比较方法

实际进度与计划进度的比较是建设工程进度监测的主要环节。常用的进度比较方法有横道图和前锋线。

5.2.2.1 横道图比较法

横道图比较法是将在项目实施中检查实际进度所收集的信息,经调整后直接用横道线并列标于原计划的横线处,进行直观比较的方法。

5.2.2.2 前锋线比较法

前锋线比较法主要适用于时标网络计划。该方法是从检查时刻的时标点出发,首先联结与其相邻的工作箭线的实际进度点,由此再去联结与该箭线相邻工作箭线的实际进度点,依次类推,将检查时刻正在进行的工作实际进度点都依次联结起来,组成一条一般为折线的前锋线。按前锋线与箭线交点的位置判断工作实际进度与计划进度的偏差(见图5-1)。

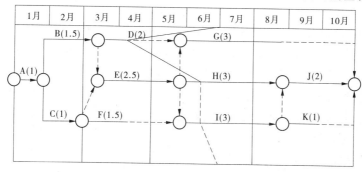

图 5-1 前锋线比较法检查进度计划

前锋线比较法的步骤如下:

第一步:绘制早时标网络计划图。工程实际进度的前锋线在早时标网络计划上标志。为了反映清楚,需要在图面上方和下方各设一时间坐标。

第二步:绘制前锋线。一般从上方时间坐标的检查日画起,依次联结相邻工作箭线的实际进度,最后于下方坐标的检查日联结。

第三步:比较实际进度与计划进度。

前锋线明显地反映出检查日有关工作实际进度与计划进度的关系,有以下三种情况:

(1)工作实际进度点位置与检查日时间坐标相同,则该工作实际进度与计划进度一致;

(2)工作实际进度点位置在检查日时间坐标右侧,则该工作实际进度超前,超前天数为二者之差;

(3)工作实际进度点位置在检查日时间坐标左侧,则该工作实际进度拖后,拖后天数为二者之差。

5.2.3 进度计划实施中的调整方法

5.2.3.1 分析进度偏差对后续工作及总工期的影响

在工程项目实施过程中,通过实际进度与计划进度的比较,发现有进度偏差时,需要分析该偏差对后续工作及总工期的影响,从而采取相应的调整措施对原进度计划进行调整,以确保工期目标的顺利实现。进度偏差的大小及其所处的位置不同,对后续工作和总工期的影响程度是不同的,分析时需要利用网络计划中工作总时差和自由时差的概念进行判断。分析步骤如下:

(1)分析出现进度偏差的工作是否为关键工作。

如果出现进度偏差的工作位于关键线路上,即该工作为关键工作,则无论其偏差有多大,都将对后续工作和总工期产生影响,必须采取相应的调整措施;如果出现偏差的工作是非关键工作,则需要根据进度偏差值与总时差和自由时差的关系作进一步分析。

(2)分析进度偏差是否超过总时差。

如果工作的进度偏差大于该工作的总时差,则此进度偏差必将影响其后续工作和总工期,必须采取相应的调整措施;如果工作的进度偏差未超过该工作的总时差,则此进度偏差不影响总工期。至于对后续工作的影响程度,还需要根据偏差值与其自由时差的关系作进一步分析。

(3)分析进度偏差是否超过自由时差。

如果工作的进度偏差大于该工作的自由时差,则此进度偏差将对其后续工作产生影响,此时应根据后续工作的限制条件确定调整方法;如果工作的进度偏差未超过该工作的自由时差,则此进度偏差不影响后续工作,因此原进度计划可以不作调整。

通过分析,进度控制人员可以根据进度偏差的影响程度,制订相应的纠偏措施进行调整,以获得符合实际进度情况和计划目标的新进度计划。

5.2.3.2 进度计划的调整方法

进度计划的调整方法主要有两种。

(1)改变某些工作间的逻辑关系。

当工程项目实施中产生的进度偏差影响总工期,且有关工作的逻辑关系允许改变时,可以改变关键线路和超过计划工期的非关键线路上的有关工作之间的逻辑关系,以达到缩短工期的目的。例如,将顺序进行的工作改为平行作业、搭接作业以及分段组织流水作业等,都可以有效地缩短工期。

(2)缩短某些工作的持续时间。

这种方法是不改变工程项目中各项工作之间的逻辑关系,而通过采取增加资源投入、提高劳动效率等措施来缩短某些工作的持续时间,使工程进度加快,以保证按计划工期完成该工程项目。这些被压缩持续时间的工作是位于关键线路和超过计划工期的非关键线路上的工作。同时,这些工作又是其持续时间可被压缩的工作。这种调整方法通常可以在网络图上直接进行,其调整方法一般可分为以下两种情况:

(1)当网络计划中某项工作进度拖延的时间在该项工作的总时差范围内和自由时差以外时不会对总工期产生影响。因此,在进行调整前,须确定后续工作允许拖延的时间限制,并以此作为进度调整的限制条件。当后续工作由多个平行的分包单位负责实施时,后续工作在时间上的拖延可能使合同不能正常履行而使受损的一方提出索赔。因此,监理工程师应注意寻找合理的调整方案,把对后续工作的影响减小到最低程度。

(2)当网络计划中某项工作进度拖延的时间在该项工作的总时差以外时,不管该工作是否为关键工作,这种拖延都对后续工作和总工期产生影响,其进度计划的调整方法又可分为以下三种情况:

①项目总工期不允许拖延。这时只能通过缩短关键线路上后续工作的持续时间来保证总工期目标的实现。

②项目总工期允许拖延。此时可用实际数据代替原始数据,并重新计算网络计划有关参数即可。

③项目总工期允许拖延的时间有限。此时可以总工期的限制时间作为规定工期,并对未实施的网络计划进行工期优化,通过压缩网络计划中某些工作持续时间,来使总工期满足规定工期的要求。

当由于某些工作的超前,致使资源的使用发生变化,打乱了原计划对资源的合理安排,特别是当采用多个平行分包单位进行施工时若出现进度超前的情况,进度控制人员必须综合分析对后续工作的影响,提出合理的进度调整方案。

5.3　建设工程施工阶段的监理进度控制

5.3.1　施工阶段进度控制目标的确定

5.3.1.1　施工进度控制目标体系

保证工程项目按期建成交付使用,是建设工程施工阶段进度控制的最终目的。为了有效地控制施工进度,首先将施工进度总目标从不同角度进行层层分解,形成施工进度控制目标体系,从而作为实施进度控制的依据。

建设工程施工进度控制目标体系如图 5-2 所示。

5.3.1.2　施工进度控制目标的确定

为了提高进度目标的预见性和进度控制的主动性,在确定施工进度计划的目标时,必须全面细致地分析与建设工程进度有关的各种有利因素和不利因素。只有这样,才能制定出一个科学、合理的进度控制目标。确定施工进度控制目标的主要依据有:建设工程总进度目标对施工工期的要求,工期定额、类似工程项目的实际进度,工程难易程度和工程条件的落实情况等。

在确定施工进度分解目标时,还要考虑以下几个方面:

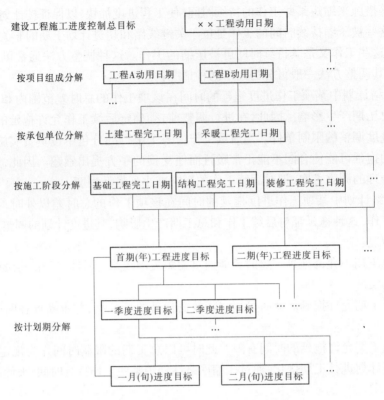

图 5-2　建设工程施工进度控制目标体系

（1）对于大型建设工程项目，应根据尽早提供可动用单元的原则，集中力量分期分批建设，以便尽早投入使用，尽快发挥投资效益。

（2）合理安排土建与设备的综合施工。

（3）结合本工程的特点，参考同类建设工程的经验来确定施工进度目标。

（4）做好资金供应能力、施工力量配备、物资（材料、构配件、设备）供应能力与施工进度的平衡工作，确保工程进度目标的要求而不使其落空。

（5）考虑外部协作条件的配合情况。

（6）考虑工程项目所在地区地形、地质、水文、气象等方面的限制条件。

5.3.2　施工阶段进度控制的内容

建设工程施工进度控制工作从审核承包单位提交的施工进度计划开始，直至建设工程保修期满，其工作内容主要有编制施工进度控制工作细则与编制或审核施工进度计划，具体内容如下。

5.3.2.1　编制施工进度控制工作细则

施工进度控制工作细则是在建设工程监理规划的指导下，由项目监理班子中进度控制部门的监理工程师负责编制的更具有实施性和操作性的监理业务文件。其主要内容包括：

（1）监理进度控制目标分解图；

（2）监理进度控制的主要工作内容和深度；

（3）监理进度控制人员的职责分工；

（4）与监理进度控制有关各项工作的时间安排及工作流程；

（5）监理进度控制的方法（包括进度检查周期、数据采集方式、进度报表格式、统计分析方法等）；

（6）监理进度控制的具体措施（包括组织措施、技术措施、经济措施及合同措施等）；

（7）监理进度控制目标实现的风险分析；

（8）尚待解决的有关问题。

5.3.2.2　编制或审核施工进度计划

为了保证建设工程的施工任务按期完成，监理工程师必须审核承包单位提交的施工进度计划。对于大型建设工程，由于单位工程较多、施工工期长，且采取分期分批发包又没有一个负责全部工程的总承包单位时，就需要监理工程师编制施工总进度计划；或者当建设工程由若干个承包单位平行承包时，监理工程师也有必要编制施工总进度计划。

当建设工程有总承包单位时，监理工程师只需对总承包单位提交的施工总进度计划进行审核即可。而对于单位工程施工进度计划，监理工程师只负责审核而不需要编制。

施工进度计划审核的内容主要有：

（1）进度安排是否符合工程项目建设总进度计划中总目标和分目标的要求，是否符合施工合同中开工、竣工日期的规定。

（2）施工总进度计划中的项目是否有遗漏，分期施工是否满足分批动用的需要和配套动用的要求。

（3）施工顺序的安排是否符合施工工艺的要求。

（4）劳动力、材料、构配件、设备及施工机具、水、电等生产要素的供应计划是否能保证施工进度计划的实现，供应是否均衡、需求高峰期是否有足够能力实现计划供应。

（5）总包、分包单位分别编制的各项单位工程施工进度计划之间是否相协调，专业分工与计划衔接是否明确合理。

（6）对于建设单位负责提供的施工条件（包括资金、施工图纸、施工场地、采供的物资等），在施工进度计划中安排得是否明确、合理，是否有造成因建设单位违约而导致工程延期和费用索赔的可能存在。

如果监理工程师在审查施工进度计划的过程中发现问题，应及时向承包单位提出书面修改意见，其中重大问题应及时向建设单位汇报。

应当说明，编制和实施施工进度计划是承包单位的责任。承包单位之所以将施工进度计划提交给监理工程师审查，是因为听取监理工程师的建设性意见。因此，监理工程师对施工进度计划的审查或批准，并不解除承包单位对施工进度计划的任何责任和义务。此外，对监理工程师来讲，其审查施工进度计划的主要目的是防止承包单位计划不当，以及为承包单位保证实现合同规定的进度目标提供帮助。不能强制地干预承包单位的进度安排，或支配施工中所需劳动力、设备或材料。

尽管承包单位向监理工程师提交施工进度计划是为了听取建设性意见，但施工进度计划一经监理工程师确认，即应当视为合同文件的一部分。它是以后处理承包单位提出的工程延期或者费用索赔的一个重要依据。

5.3.2.3　按年、季、月编制工程综合计划

在按计划期编制的进度计划中，监理工程师应着重解决各承包单位施工进度计划之间、

施工进度计划与资源保障计划之间及外部协作条件的延伸性计划之间的综合平衡与相互衔接问题,并根据上期计划的完成情况对本期计划作必要的调整,从而作为承包单位近期执行的指令性计划。

5.3.2.4 下达工程开工令

监理工程师应根据承包单位和建设单位双方关于工程开工的准备情况,选择合适的时机发布工程开工令。工程开工令的发布,要尽可能及时,因为从发布工程开工令之日算起,加上合同工期后即为工程竣工日期。如果开工令发布拖延,就等于推迟了竣工时间,甚至可能引起承包单位的索赔。

为了检查双方的准备情况,监理工程师应参加由建设单位组织召开的第一次工地会议。建设单位应当按照合同规定,做好征地拆迁工作,及时提供施工用地。同时还应当完成法律及财务方面的手续,以便能及时向承包单位支付工程预付款。承包单位应当将开工所需要的人力、材料及设备准备好,同时还要按照合同规定为监理工程师提供各种条件。

5.3.2.5 协助承包单位实施进度计划

监理工程师要随时了解施工进度计划执行过程中存在的问题,并帮助承包单位予以解决,特别是承包单位无力解决的内外关系协调问题。

5.3.2.6 监督施工进度计划的实施

这是工程项目施工阶段进度控制的经常性工作。监理工程师不仅要及时检查承包单位报送的施工进度表和分析资料,同时还要进行必要的现场实地检查,核实所报送的已完项目时间及工程量,杜绝虚报现象。

在对工程实际进度资料进行整理的基础上,监理工程师应将其与计划进度相比较,以判定实际进度是否出现偏差。如果出现进度偏差,监理工程师应进一步分析此偏差对进度控制目标的影响程度及其产生的原因,以便研究对策、提出纠偏措施。必要时还应对后期工程进度计划作适当的调整。

5.3.2.7 组织现场协调会

监理工程师应每月、每周定期组织召开不同层级的现场协调会议,以解决工程施工过程中的相互协调配合问题。

在平行、交叉承包单位多,工序交接频繁且工期紧迫的情况下,现场协调会甚至需要每日召开。在会上通报和检查当天的工程进度,确定薄弱环节,部署当天的赶工任务,以便为次日正常施工创造条件。

对于某些未曾预料的突发变故或问题,监理工程师还可以通过发布紧急协调指令,督促有关单位采取应急措施维护施工的正常秩序。

5.3.2.8 签发工程进度款支付凭证

监理工程师应对承包单位申报的已完分项工程量进行核实,在其质量通过检查验收后签发工程进度款支付凭证。

5.3.2.9 审批工程延期

造成工程进度拖延的原因有两个方面:一是由于承包单位自身的原因,二是由于承包单位以外的原因。前者所造成的进度拖延称为工程延误,而后者所造成的进度拖延称为工程延期。

1）工程延误

当出现工期延误时，监理工程师有权要求承包单位采取有效措施加快施工进度。如果经过一段时间后，实际进度没有明显改进，仍然拖后于计划进度，而且显然影响工程按期竣工时，监理工程师应要求承包单位修改进度计划，并提交给监理工程师重新确认。

监理工程师对修改后的施工进度计划的确认，并不是对工程延期的批准，只是要求承包单位在合理的状态下施工。因此，监理工程师对进度计划的确认，并不能解除承包单位应负的一切责任，承包单位需要承担赶工的全部额外开支和误期损失赔偿。

2）工程延期

如果由于承包单位以外的原因造成工期拖延，承包单位有权提出延长工期的申请。监理工程师应根据合同规定，审批工程延期时间。经监理工程师核实批准的工程延期时间，应纳入合同工期，作为合同工期的一部分。即新的合同工期应等于原定的合同工期加上监理工程师批准的工程延期时间。

监理工程师对于施工进度的拖延是否批准为工程延期，对承包单位和建设单位都十分重要。如果承包单位得到监理工程师批准的工程延期，不仅可以不赔偿由于工期延长而支付的误期损失费，而且要由建设单位承担由于工期延长所增加的费用。因此，监理工程师应按照合同的有关规定，公正地区分工程延误和工程延期，并合理地批准工程延期时间。

5.3.2.10 向建设单位提供进度报告

监理工程师应随时整理进度资料，并做好工程记录，定期向建设单位提交工程进度报告。

5.3.2.11 督促承包单位整理技术资料

监理工程师要根据工程进展情况，督促承包单位及时整理有关技术资料。

5.3.2.12 签署工程竣工报验单、提交质量评估报告

当单位工程达到竣工验收条件后，承包单位在自行预验的基础上提交工程竣工报验单，申请竣工验收。监理工程师在对竣工资料及工程实体进行全面检查、验收合格后，签署工程竣工报验单，并向建设单位提交质量评估报告。

5.3.2.13 整理工程进度资料

在工程完工以后，监理工程师应将工程进度资料收集起来，进行归类、编目和建档，以便为今后其他类似工程项目的进度控制提供参考。

5.3.2.14 工程移交

监理工程师应督促承包单位办理工程移交手续，颁发工程移交证书。在工程移交后的保修期内，还要处理验收后质量问题的原因及责任等争议问题，并督促责任单位及时修理。当保修期结束且再无争议时，建设工程进度控制的任务即告完成。

5.3.3 单位工程施工进度计划的审查

单位工程施工进度计划是在既定施工方案的基础上，根据规定的工期和各种资源供应条件，对单位工程中的各分部分项工程的施工顺序、施工起止时间及衔接关系进行合理安排的计划。其编制的主要依据有：施工总进度计划、单位工程施工方案、合同工期或定额工期、施工定额、施工图和施工预算、施工现场条件、资源供应条件、气象资料等。

5.3.3.1 单位工程施工进度计划的编制程序

单位工程施工进度计划的编制程序如图5-3所示。

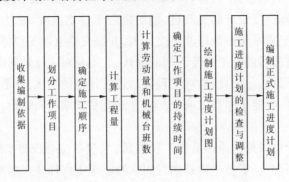

图5-3 单位工程施工进度计划的编制程序

5.3.3.2 单位工程施工进度计划的审查方法

1) 确定工作项目

工作项目是包括一定工作内容的施工过程,它是施工进度计划的基本组成单元。工作项目内容的多少,划分的粗细程度,应该根据计划的需要来决定。对于大型建设工程,经常需要编制控制性施工进度计划,此时工作项目可以划分得粗一些,一般只明确到分部工程即可。在一般情况下,单位工程施工进度计划中的工作项目应明确到分项工程或更具体,以满足指导施工作业、控制施工进度的要求。

由于单位工程中的工作项目较多,应在熟悉施工图纸的基础上,根据建筑结构的特点及已确定的施工方案,重点审查结构方案中的工作项目是否按施工顺序逐项列出,以防止漏项或重项。凡是与工程对象施工直接有关的内容均应列入计划,而不属于直接施工的辅助性项目和服务性项目则不必列入。

另外,有些分项工程在施工顺序上和时间安排上是相互穿插进行的,或者是由同一专业施工队完成的,为了简化进度计划的内容,应尽量将这些项目合并,以突出重点。

2) 确定施工顺序

确定施工顺序是为了按照施工的技术规律和合理的组织关系,解决各工作项目之间在时间上的先后和搭接问题,以达到保证质量、安全施工、充分利用空间、争取时间、实现合理安排工期的目的。

不同的工程项目,其施工顺序不同。即使是同一类工程项目,其施工顺序也难以做到完全相同。因此,在确定施工顺序时,必须根据工程的特点、技术组织要求以及施工方案等进行研究,不能拘泥于某种固定的顺序。

3) 核算工程量

工程量的核算应根据施工图和工程量计算规则,针对主要工作项目进行。计算工程量时应注意以下问题:

(1) 工程量的计算单位应与现行定额手册中所规定的计量单位相一致,以便计算劳动力、材料和机械数量时直接套用定额,而不必进行换算。

(2) 要结合具体的施工方法和安全技术要求计算工程量。

(3) 应结合施工组织的要求,按已划分的施工段分层分段进行计算。

4)确定工作项目的持续时间

根据工作项目所需要的劳动量或机械台班数,以及该工作项目每天安排的工人数或配备的机械台数,即可按公式(5-1)计算出主要工作项目的持续时间。

$$D = \frac{P}{RB} \tag{5-1}$$

式中:P 为工作项目所需要的劳动量(工日)或机械台班数(台班);R 为每班安排的工人数或施工机械台数;B 为每天工作班数。

5)审核施工进度计划图

目前,常用来表达建设工程施工进度计划的方法有横道图和网络图两种形式。横道图比较简单,而且非常直观,多年来被人们广泛地用于表达施工进度计划,并以此作为控制工程进度的主要依据。但是,采用横道图控制工程进度具有一定的局限性。随着计算机的广泛应用,网络计划技术日益受到人们的青睐。当施工进度计划初始方案编制好后,需要对其进行检查与调整,以便使进度计划更加合理。进度计划检查的主要内容包括:

(1)各工作项目的施工顺序、平行搭接和技术间歇是否合理。

(2)总工期是否满足合同规定。

(3)主要工种的工人是否能满足连续、均衡施工的要求。

(4)主要机具、材料等的利用是否均衡和充分。

在上述四个方面中,首要的是前两方面的检查,如果不满足要求,必须进行调整。只有在前两个方面均达到要求的前提下,才能进行后两个方面的检查与调整。前者是解决可行与否的问题,而后者则是优化的问题。

5.3.4　施工进度计划实施中的检查与调整

5.3.4.1　施工进度的动态检查

1)施工进度的检查方式

在建设工程施工过程中,监理工程师可以通过以下方式获得其实际进展情况:

(1)定期地、经常地收集由承包单位提交的进度报表资料。

工程施工进度报表资料不仅是监理工程师实施进度控制的依据,同时也是核对工程进度款的依据。在一般情况下,进度报表格式由监理单位提供给施工承包单位,施工承包单位按时填写完后提交给监理工程师核查。报表的内容根据施工对象及承包方式的不同而有所区别,但一般应包括工作的开始时间、完成时间、持续时间、逻辑关系、实物工程量和工作量,以及工作时差的利用情况等。承包单位若能准确地填报进度报表,监理工程师就能从中了解建设工程的实际进展情况。

(2)由监理人员跟踪检查工程的实际进展情况。

为了避免施工承包单位超报已完工程量,驻地监理人员有必要进行现场实地检查和监督。至于每隔多长时间检查一次,应视建设工程的类型、规模、监理范围及施工现场的条件等多方面的因素而定。可以每月或每半个月检查一次,也可每旬或每周检查一次。如果在某一施工阶段出现不利情况,甚至需要每天检查。

除上述两种方式外,由监理工程师定期组织现场施工负责人召开现场会议,也是获得建设工程实际进展情况的一种方式,通过这种面对面的交谈,监理工程师可以从中了解施工过程中的潜在问题,以便及时采取相应的措施加以预防。

2)施工进度的检查方法

施工进度检查的主要方法是对比法。即利用第四章所述的方法将经过整理的实际进度数据与计划进度数据进行比较,从中发现是否出现进度偏差以及进度偏差的大小。

通过检查分析,如果进度偏差比较小,应在分析其产生原因的基础上采取有效措施,解决矛盾,排除障碍,继续执行原进度计划。如果经过努力,确实不能按原计划实现,再考虑对原计划进行必要的调整。即适当延长工期,或改变施工速度。计划的调整一般是不可避免的,但应当慎重,尽量减少变更计划性的调整。

5.3.4.2 施工进度计划的调整

通过检查分析,如果发现原有进度计划已不能适应实际情况,为了确保进度控制目标的实现或需要确定新的计划目标,就必须对原有进度计划进行调整,以形成新的进度计划,作为进度控制的新依据。

施工进度计划的调整方法主要有两种:一是通过压缩关键工作的持续时间来缩短工期,二是通过组织搭接作业或平行作业来缩短工期。在实际工作中,应根据具体情况选用上述方法进行进度计划的调整。

在压缩关键工作的持续时间时,通常需要采取一定的措施来达到目的。具体措施包括以下几方面。

1)组织措施

(1)增加工作面,组织更多的施工队伍;

(2)增加每天的施工时间(如采用三班制等);

(3)增加劳动力和施工机械的数量。

2)技术措施

(1)改进施工工艺和施工技术,缩短工艺技术间歇时间;

(2)采用更先进的施工方法,以减少施工过程的数量(如将现浇框架方案改为预制装配方案);

(3)采用更先进的施工机械。

3)经济措施

(1)实行包干奖励;

(2)提高奖金数额;

(3)对所采取的技术措施给予相应的经济补偿。

4)其他配套措施

(1)改善外部配合条件;

(2)改善劳动条件;

(3)实施强有力的调度等。

一般来说,不管采取哪种措施,都会增加费用。因此,在调整施工进度计划时,应利用费用优化的原理选择费用增加量最小的关键工作作为压缩对象。

组织搭接作业或平行作业来缩短工期这种方法的特点是不改变工作的持续时间,而只改变工作的开始时间和完成时间。

5.3.5 工程延期

5.3.5.1 工程延期的申报与审批

1）申报工程延期的条件

由于以下原因导致工程拖期的,承包单位有权提出延长工期的申请,监理工程师应按合同规定,批准工程延期时间。

（1）监理工程师发出工程变更指令而导致工程量增加;

（2）合同所涉及的任何可能造成工程延期的原因,如延期交图、工程暂停、对合格工程的剥离检查及不利的外界条件等;

（3）异常恶劣的气候条件;

（4）由建设单位造成的任何延误、干扰或障碍,如未及时提供施工场地、未及时付款等;

（5）除承包单位自身以外的其他任何原因。

2）工程延期的审批程序

工程延期的审批程序如图5-4所示。

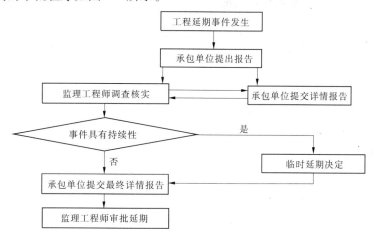

图 5-4　工程延期的审批程序

当工程延期事件发生后,承包单位应在合同规定的有效期内以书面形式通知监理工程师(即工程延期意向通知),以便于监理工程师尽早了解所发生的事件,及时作出一些减少延期损失的决定。随后,承包单位应在合同规定的有效期内(或监理工程师可能同意的合理期限内)向监理工程师提交详细的申述报告(延期理由及依据)。监理工程师收到该报告后应及时进行调查核实,准确地确定出工程延期时间。

当延期事件具有持续性,承包单位在合同规定的有效期内不能提交最终详细的申述报告时,应先向监理工程师提交阶段性的详情报告。监理工程师应在调查核实阶段性详情报告的基础上,尽快作出延长工期的临时决定。临时决定的延期时间不宜太长,一般不超过最终批准的延期时间。

待延期事件结束后,承包单位应在合同规定的期限内向监理工程师提交最终的详情报告。监理工程师应复查详情报告的全部内容,然后确定该延期事件所需要的延期时间。

如果遇到比较复杂的延期事件,监理工程师可以成立专门小组进行处理。对于一时难以作出结论的延期事件,即使不属于持续性的事件,也可以采用先作出临时延期的决定,然后作出最后决定的办法。这样既可以保证有充足的时间处理延期事件,又可以避免由于处理不及时而造成的损失。

监理工程师在作出临时工程延期批准或最终工程延期批准之前,均应与建设单位和承包单位进行协商。

3)工程延期的审批原则

监理工程师在审批工程延期时应遵循以下原则。

A.合同条件

监理工程师批准的工程延期必须符合合同条件。也就是说,导致工期拖延的原因确实属于承包单位自身以外的,否则不能批准为工程延期。这是监理工程师审批工程延期的一条根本原则。

B.延长时间

发生延期事件的工程部位,无论其是否处在施工进度计划的关键线路上,只有当所延长的时间超过其相应的总时差时,才能批准工程延期。如果延期事件发生在非关键线路上,且延长的时间并未超过总时差,即使符合批准为工程延期的合同条件,也不能批准工程延期。

应当说明,建设工程施工进度计划中的关键线路并非固定不变,它会随着工程的进展和情况的变化而转移。监理工程师应以承包单位提交的、经自己审核后的施工进度计划(不断调整后)为依据来决定是否批准工程延期。

C.实际情况

批准的工程延期必须符合实际情况。为此,承包单位应对延期事件发生后的各类有关细节进行详细记载,并及时向监理工程师提交详细报告。与此同时,监理工程师也应对施工现场进行详细考察和分析,并做好有关记录,以便为合理确定工程延期时间提供可靠依据。

5.3.5.2　工程延期的控制

发生工程延期事件,不仅影响工程的进展,而且会给建设单位带来损失。因此,监理工程师应做好以下工作,以减少或避免工程延期事件的发生。

(1)选择合适的时机下达工程开工令。

监理工程师在下达工程开工令之前,应充分考虑建设单位的前期准备工作是否充分。特别是征地、拆迁问题是否已解决,设计图纸能否及时提供,以及付款方面有无问题等,以避免由于上述问题缺乏准备而造成工程延期。

(2)提醒建设单位履行施工承包合同中所规定的职责。

在施工过程中,监理工程师应经常提醒建设单位履行自己的职责,提前做好施工场地及设计图纸的提供工作,并能及时支付工程进度款,以减少或避免由此而造成的工程延期。

(3)妥善处理工程延期事件。

当延期事件发生以后,监理工程师应根据合同规定进行妥善处理。既要尽量减少工程延期时间及其损失,又要在详细调查研究的基础上合理批准工程延期时间。

此外,建设单位在施工过程中应尽量减少干预、多协调,以避免由于建设单位的干扰和阻碍而导致延期事件的发生。

5.3.5.3　工期延误的处理

如果由于承包单位自身的原因造成工期拖延,而承包单位又未按照监理工程师的指令改变延期状态时,通常可以采用以下手段进行处理。

1)拒绝签署付款凭证

当承包单位的施工活动不能使监理工程师满意时,监理工程师有权拒绝承包单位的支付申请。因此,当承包单位的施工进度拖后,且又不采取积极措施时,监理工程师可以采取停止付款的手段制约承包单位。

2)误期损失赔偿

拒绝签署付款凭证一般是监理工程师在施工过程中制约承包单位延误工期的手段,而误期损失赔偿则是当承包单位未能按合同规定的工期完成合同范围的工作时对其的处罚。如果承包单位未能按合同规定的工期和条件完成整个工程,则承包单位应向建设单位支付投标书附件中规定的金额,作为该项违约的损失赔偿费。

3)取消承包资格

如果承包单位严重违反合同,而又不采取补救措施,则建设单位为了保证合同工期有权取消承包资格。例如,承包单位接到监理工程师的开工通知后,无正当理由推迟开工时间,或在施工过程中无任何理由要求延长工期,施工进度缓慢,又无视监理工程师的书面警告等,都有可能受到取消承包资格的处罚。

取消承包资格是对承包单位违约的严厉制裁。因为建设单位一旦终止了对承包单位的承包资格,承包单位不但要被驱逐出施工现场,而且要承担由此而造成的建设单位的损失费用。这种惩罚措施一般不轻易采用,而且在作出这项决定前,建设单位必须事先通知承包单位,并要求其在规定的期限内做好辩护准备。

5.3.6 物资供应进度控制

5.3.6.1 物资供应进度控制的含义

建设工程物资供应进度控制是指在一定的资源(人力、物力、财力)条件下,为实现工程项目一次性特定目标而对物资的需求进行计划、组织、协调和控制的过程。其中,计划是将建设工程所需物资的供给纳入计划轨道,进行预测、预控,使整个供给有序地进行;组织是划清供给过程中诛方的责任、权利和利益,通过一定的形式和制度,建立高效率的组织保证体系,确保物资供应计划的顺利实施;协调主要是针对供应的不同阶段,沟通主要是针对不同单位和部门之间的情况,协调其步调,使物资供应的整个过程均衡而有节奏地进行;控制是对物资供应过程的动态管理,需要经常地、定期地将实际供应情况与计划进行对比,发现问题,及时进行调整,使物资供应计划的实施始终处在动态循环控制过程中,以确保建设工程所需物资按时供给,最终实现供应目标。

5.3.6.2 监理工程师控制物资供应进度的工作内容

项目监理机构受建设单位的委托,对建设工程投资、进度和质量三大目标进行控制的同时,需要对物资供应进行控制和管理。根据物资供应的方式不同,监理工程师的主要工作内容也有所不同,其基本内容包括以下几部分。

1)协助建设单位进行物资供应的决策

(1)根据设计图纸和进度计划确定物资供应要求。

(2)提出物资供应分包方式及分包合同清单,并获得建设单位认可。

(3)与建设单位协商提出对物资供应单位的要求以及在财务方面应负的责任。

2)协助建设单位组织物资供应招标工作

(1)组织编制物资供应招标文件。

招标文件的内容一般包括:①投标须知;②招标物资清单和技术要求及图纸;③主要合同条款;④规定的投标书格式;⑤包装及运输方面的要求。

(2)受理物资供应单位的投标文件。

①对投标文件进行技术评价。监理工程师可受建设单位的委托参与投标文件的技术评价。

②对投标文件进行商务评价。监理工程师也可受建设单位的委托对物资供应单位的投标文件进行商务评价。商务评价一般应考虑以下因素:材料、设备价格,包装费及运费,关税,价格政策(固定价格还是变动价格),付款条件,交货时间,材料、设备的重量和体积。

(3)协助建设单位确定物资供应单位。

①投标文件评审后,监理工程师可将评标委员会推选的物资供应单位报给建设单位,经其认可后即可发包。

②监理工程师协助建设单位召开物资供应单位的协商会议,进行有关合同的谈判工作。

③在协商谈判的基础上,监理工程师协助建设单位拟定正式合同条文,建设单位与物资供应单位双方签字生效后,付诸实施。

3)审核和控制物资供应计划

(1)审核物资供应计划。

监理工程师协助业主审核由建设单位负责的物资供应计划,并控制其执行。

(2)审批物资供应计划。

物资供应单位或施工承包单位编制的物资供应计划必须经总监理工程师审批,并报建设单位认可后才能执行。

物资供应计划审核的主要内容包括:

①供应计划是否能按建设工程施工进度计划的需要及时供应材料和设备;

②物资的库存量安排是否经济、合理;

③物资采购在时间上和数量上安排是否经济、合理;

④由于物资供应紧张或不足而使施工进度拖延现象发生的可能性。

(3)监督检查订货情况,协助办理有关事宜。

①监督、检查物资订货情况;

②协助办理物资的海运、陆运、空运以及进出口许可证等有关事宜。

(4)控制物资供应计划的实施。

①掌握物资供应全过程的情况。监理工程师要监测从材料、设备订货到材料、设备到达现场的整个过程,及时掌握动态,分析是否存在潜在的问题。

②采取有效措施保证急需物资的供应。监理工程师对可能导致建设工程拖期的急需材料、设备采取有效措施,促使其及时运到施工现场。

③审查和签署物资供应情况分析报告。在物资供应过程中,监理工程师要审查和签署物资供应单位的材料设备供应情况分析报告。

④协调各有关单位的关系。在物资供应过程中,由于某些干扰因素的影响,要进行有关计划的调整。监理工程师要协调涉及的建设、设计、材料供应和施工等单位之间的关系。

思考题

1. 什么是建设工程进度控制？影响建设工程进度的因素有哪些？
2. 建设工程进度计划的常用表示方法有哪些？各自的特点是什么？
3. 进度计划的调整方法有哪些？如何进行调整？
4. 监理工程师施工阶段进度控制的内容有哪些？
5. 工程延期事件的处理程序、原则和方法分别是什么？
6. 监理工程师控制物资供应进度的工作内容包括哪些？

第6章 建设工程安全监理

6.1 建设工程安全监理的基本概念

6.1.1 安全监理的概述

6.1.1.1 概述

1998年3月1日施行的《中华人民共和国建筑法》，以法律形式正式推行建设工程监理制度，并规定了实施强制监理的建设工程范围。2001年5月1日国家又颁布并施行了《建设工程监理规范》（GB 50319—2000），对工程监理的企业和监理工程师从现场监理的组织机构、岗位职责、监理工作内容和程序、合同和法律责任等方面作了详细的规范和要求，为监理行业的健康发展奠定了法律基础。

在工程监理制度建立初始阶段，监理工作的内容主要是"三控制、两管理、一协调"，即质量、进度和投资控制，合同和信息管理，施工现场组织协调。在现场监理工作中，不包括安全监理。

2000年前后，随着市场经济的迅速发展，我国的建筑业也得到了飞速的发展。在取得可喜成绩的同时，全国各地也相继发生了多起特大施工安全事故。为此，2004年2月1日国务院以第393号令颁布并施行了《建设工程安全生产管理条例》。在条例中增加了安全监理的工作要求，简要指明了安全监理的工作标准和工作职责。

为进一步明确建设安全监理工作的职责，建设部出台了《建筑工程安全生产监督管理工作导则》（建设部建质〔2005〕184号），规定建设行政主管部门对工程监理单位安全生产监督检查的具体内容。要求工程监理单位要编制含有安全生产管理内容的监理规划和制定有对承包单位安全技术措施检查方面的监理细则。对有关人员的证件进行审查，审查施工组织设计及施工方案，并定期巡视检查危险性较大工程的作业情况，发现隐患要认真履行《建设工程安全生产管理条例》第十四条规定的职责。监理单位应当查验承包单位安全生产许可证和有关"三类人员"安全生产考核合格证书持证情况，发现其持证情况不符合规定或施工现场降低安全生产条件的，应当要求其立即整改。承包单位拒不整改的，工程监理单位应当向建设单位报告。

近几年，国家和河南省又先后出台了一系列相关政策、规定和管理办法，进一步明确了监理单位和监理人员的安全监理职责，规定了安全监理的主要内容、工作程序和监理单位落实安全生产监理责任的主要工作内容。

6.1.1.2 安全监理的定义

建设工程安全监理，是指监理单位按照《建设工程安全生产管理条例》（简称《安全条例》）及有关法律法规和工程建设强制性标准的规定，对施工现场安全生产实施监督管理的活动。

6.1.1.3　安全监理的意义

建筑施工是危险性较大的施工过程,要求建设单位、承包单位、勘察设计单位、监理单位及其他有关单位要认真履行安全职责。《中华人民共和国安全生产法》、《安全条例》等有关法律法规对各责任主体单位的职责都进行了具体规定。特别是《安全条例》第十四条和第五十七条对监理单位和监理人员的安全监理职责和法律责任进行了具体规定。明确了安全监理的责任,同时也给广大监理人员赋予了神圣的安全职责,体现了"安全第一、预防为主、综合治理"的国家安全生产方针,执行了"管生产必须管安全"的原则。所以,抓好建筑安全监理工作具有极其重要的意义。

以往,监理工作任务多、责任大,多数监理单位和监理人员的工作重点是质量控制、进度控制和投资控制,而且特别注重质量监理,忽视了施工安全。随着国家政策对建筑安全监理工作的规范化和法制化,使广大监理人员感到了工作的压力。但监理人员对安全方面的监理工作仍然不够重视,程序不能履行,工作不到位,致使对事故发生负有责任的监理人员进行了停止执业的处罚,还严重追究了刑事责任。所以抓好安全监理工作,对广大监理人员执业生涯的稳定具有重要的意义。

监理人员要做好安全监理工作,必须掌握一定的建筑安全技术,掌握必备的安全监理知识。同时要逐步培养安全监理的能力,锻炼与有关责任主体单位的协调能力。特别是在施工过程中一旦发现安全隐患,应要求承包单位立即整改,对整改不到位或拒不整改的应及时向建设单位进行汇报,并做好跟踪监理。必要时,及时向建设行政主管部门汇报。所以,要求监理人员具备一定的协调能力。

总之,抓好建筑安全监理工作对建筑业安全生产管理具有重大的意义。

6.1.2　安全监理的特点

安全监理推行时间不长,总体上来说,还处于培育、探索、发展过程,目前对安全监理的认识在工作实践中不断加以深化。

安全监理不同于承包单位自己管理施工安全。因为法规非常明确的规定了施工现场安全由承包单位负责。因此,承包单位必须通过组织、经济、技术等一系列手段,控制施工现场安全,发现隐患,及时排除,保障工程安全、保障作业人员安全,《安全条例》中只有1条是监理单位的安全责任,而承包单位的安全责任则有19条之多。

安全监理也不同于安全中介机构的工作。安全中介机构是专门为安全生产提供技术服务,是受生产经营单位的委托,承担安全评价、认证、监测和检验。目前,监理尚不具备这样的专业能力,且监理单位接受的是建设单位对工程施工阶段的监理委托。

安全监理又不同于安全监管部门的工作。安全监管部门的工作是行政执法,是监督检查和处罚。监理没有代表政府进行纵向监管的权力和手段。

要对安全监理有一个完整的认识,安全监理的特点主要体现在责任体系、工作内容和方法手段等三方面。充分认识、灵活运用这些特点,安全监理对防止重大事故发生就会起到卓有成效的作用。否则,就会成为承包单位安全生产的补充或部分替代,如果承包单位对安全监理有了依赖,缺失了预控和主动管理,安全事故的后果就会更加严重。

6.1.2.1　安全监理的责任体系

《安全条例》第十四条对监理的安全责任提出了明确的要求,监理单位作为工程建设参与方之一,其责任是由监理单位和项目监理机构共同承担。首先,监理单位法定代表人对本单位监理项目的安全监理全面负责,要任命总监理工程师具体组织实施,应督促项目监理机构建立健全必要的管理制度,对重要的施工方案审核和监理规划的编制,单位技术负责人应把关。

安全监理的责任体系是:从监理单位到项目监理机构,从总监理工程师到每一个监理人员都有相应的安全监理责任,充分贯彻"安全生产、人人有责"的原则。由于监理人员资历、能力不同,承担什么职责,承担多少职责,是否需要配置专职安全监理人员等,都需要总监理工程师根据《安全条例》规定的监理职责,结合工程及项目监理机构的实际情况予以确定。这是总监理工程师的重要职责,是项目监理机构正常开展安全监理工作的基础。

总之,有健全的责任体系是安全监理的第一特点。

6.1.2.2 安全监理的工作内容

安全监理的工作内容即安全监理做什么,《安全条例》第十四条已经提出,但讲得比较原则。建设部建市[2006]248号文《关于落实建设工程安全监理责任的若干意见》较为详细地提到了安全监理的主要工作内容,包括施工准备阶段的安全监理工作和施工阶段的安全监理工作。

安全监理的工作内容,性质上与监理的三方面责任有关,即法律责任、合同责任和社会责任,首先是法律责任,即法规规定的责任。目前,规定监理安全责任的最高法规是《安全条例》,在《安全条例》第十四条中,监理工作内容也是很明确的,至少可以反映出不是涉及全部施工安全工作。在这一点上,各方面的认识差异是很大的,有的监管部门认为,安全监理什么都要管,这样理解显然是不正确的。从《安全条例》要求看,安全监理工作的主要内容就是抓住一个重点和两个关键。一个重点就是抓危险性较大的分部分项工程;两个关键就是方案审核和实施监督必须符合强制性条文和督促承包单位落实安全生产管理体系,目的是促进承包单位自己管好自己。尽管建设部《关于落实建设工程安全监理责任的若干意见》中的安全监理工作内容有所扩大,但应从监理的社会责任角度来理解。特别是2007年国家颁发的《建设工程监理与相关服务收费管理规定》的施行,明确界定了安全监理是一项"监督管理"的内容,不是控制内容。

总之,安全监理的特点之二,就在于工作内容有特指、有依据,不是想当然地认为安全监理对所有施工安全工作都要管。

6.1.2.3 安全监理的方法和手段

《安全条例》明确了监理单位对安全生产承担监理责任,要求监理单位发现安全隐患后需提出整改要求、停工报告,在施工方案审核和实施过程中,强调要符合工程建设强制性标准。《安全条例》中没有要求监理单位控制施工现场的安全和主动排除隐患。所以,安全监理的特点也应在安全监理的方法和手段上得到体现。

安全监理必须从承包单位的安全管理体系审查入手,这是安全监理的关键。如果承包单位没有安全生产许可证,就根本不能让其进入施工现场,承包单位必须有完整的安全生产规章制度,必须配置专职安全生产管理人员和特种作业人员,项目经理必须持证上岗,安全监理人员要督促承包单位自己管理。

监理对专项施工方案的审查,第一强调的是符合性审查,即方案是否符合强制性标准,这是监理人员的重要职责。第二是程序性审查,施工方案必须先经承包单位技术负责人审查。危险性较大的工程,达到一定规模的必须经专家论证,这些程序都必须按规定执行,这应是现场监理关注的重点。方案实施的现场监督,安全监理与承包单位安全管理也不尽相同,法规要求承包单位专职安全生产管理人员进行现场监督,并没有要求监理人员旁站监督,而是定期巡视检查,对承包单位的自查进行抽查。监理单位应主动参与承包单位的安全培训和安全生产管理活动,从而提高全员安全意识和管理水平。第三是针对性审核,审查安全技术措施和专项方案应针对本工程特点、施工部位、所处环境、使用设备、施工管理模式和现场实际情况,具有较强的可操作性。

把握好安全监理的方法和手段,既是监理单位履行职责的需要,也是安全监理有效性的体现,要利用监理的特殊地位,针对建设工程安全事故多发的现场,抓住重点和关键点,采取积极的态度,与承包单位共同努力,使施工现场始终处于受控状态,杜绝安全事故发生,顺利实现项目建设的各项目标。

6.1.3 安全监理的岗位及职责

6.1.3.1 安全监理的岗位

(1)监理单位行政负责人对本企业监理项目的安全监理工作全面负责,并在企业内建立健全安全监理管理保证体系、各项规章制度和各级人员安全监理责任制。

(2)项目总监理工程师对工程项目的安全监理工作负总责,完善安全监理管理制度,并根据工程项目的特点,确定施工现场专职(或兼职)安全监理人员,明确其工作职责。

(3)安全监理人员在总监理工程师的领导下,从事施工现场日常安全监督检查工作,并对各自承担的安全监理工作负责。

(4)监理单位和监理工程师按照法律、法规和工程建设强制性标准实施安全监理,并对建设工程安全生产承担监理责任。

6.1.3.2 安全监理的职责

在工程项目的安全监理工作上,实行的是总监理工程师负责制。根据目前国家及河南省的相关规定,其主要职责包括以下几个方面。

1)监理单位法定代表人的安全监理责任

(1)全面负责本企业所监理工程项目的安全监理工作。

(2)贯彻落实国家安全生产有关法律法规,落实有关安全监理方面的政策和文件。

(3)组织制定本企业安全监理制度,落实安全监理审核、检查教育、例会、验收制度、监理请销假制度、资料归档制度等安全监理规章制度。

(4)组织监理人员进行安全培训教育。

(5)组织对发生安全事故的工程监理部的安全监理责任进行调查处理,并认真执行"四不放过"的原则。

(6)组织对监理人员进行业务考核。

(7)对监理部上报的停工报告,必要时监督其向建设行政主管部门及时上报。

2)监理单位总工程师的安全监理责任

(1)对工程项目的安全监理技术负责,并根据工程项目的特点,对总监理工程师审核的施工组织设计和施工方案进行监理单位级审批。

(2)对总监理工程师上报的专家论证方案进行监理单位级审查。

（3）组织各监理部认真编制安全监理规划和实施细则。

（4）负责对监理人员的安全技术培训。

（5）参与编制安全监理规章制度。

（6）参与对发生安全事故的监理部的调查处理工作。

3）总监理工程师的安全监理责任

（1）对监理的工程项目安全监理负总责，并根据工程项目的特点，对施工组织设计和施工方案进行审批，并签署具体审批意见。

（2）对于需要组织专家论证的专项施工方案，参加专家论证会，并监督承包单位根据专家论证结论，修改专项施工方案，审核后上报建设单位项目负责人批准，组织实施和监督检查。

（3）负责对监理人员的安全技术培训。

（4）组织编制工程安全监理规划和细则。

（5）负责组织召开安全监理例会。

（6）负责对承包单位项目部人员的证件进行审核。

（7）负责对所监理工地的安全设施及设备进行验收。

（8）负责安排安全监理旁站工作。

（9）负责组织对工程进行全面的安全检查，发现隐患，要求承包单位立即整改；情况严重的，应当要求承包单位暂时停止施工，并及时报告建设单位。承包单位拒不整改或者不停止施工的，应当及时向有关主管部门报告。

4）监理工程师的安全监理责任

（1）对本人分管项目的安全监理负责，根据工程项目的特点，对施工组织设计和施工方案进行审核，并签署审核意见。

（2）对需要组织专家论证的施工方案进行审核，并将审核意见报总监理工程师参考。

（3）参加编制工程安全监理规划和细则。

（4）参加安全监理例会。

（5）参与对所监理工地的安全设施及设备进行验收。

（6）负责安全监理旁站工作。

（7）参加安全检查工作，对发现的隐患，及时汇报，并要求承包单位立即整改；情况严重的，及时报告总监理工程师，要求承包单位立即停止施工，由总监理工程师及时报告建设单位。

5）安全监理工程师的安全监理责任

（1）对所监理项目的安全监理负责，并根据工程项目的特点，对施工组织设计和施工方案进行审核。

（2）参与对组织专家论证的施工方案进行审核。

（3）参与编制工程安全监理规划和细则。

（4）参加安全监理例会。

（5）参与对所监理工地的安全设施及设备进行验收。

（6）做好安全监理旁站工作。

（7）负责对工程进行全面的安全检查，发现隐患，立即向专业监理工程师和总监理工师汇报。要求承包单位立即整改,及时报告总监理工程师,情况严重的,要求承包单位立即停止施工,由总监理工程师及时报告建设单位。

6)监理员的安全监理责任

(1)在专业工程师的指导下,做好施工现场的安全检查工作。

(2)关注所管专业范围内的施工安全,发现隐患及时报告。

(3)参加安全监理例会。

(4)参与对现场的安全设施和设备进行验收。

(5)做好安全监理旁站工作。

6.2 安全监理的法律法规及主要相关政策

6.2.1 《安全条例》规定的安全监理法律责任

为加强建设工程安全生产监督管理,保障人民群众生命和财产安全,根据《中华人民共和国建筑法》、《中华人民共和国安全生产法》,国务院以中华人民共和国国务院令第393号颁布本条例,自2004年2月1日起施行。

《安全条例》第十四条规定:

工程监理单位应当审查施工组织设计中的安全技术措施或者专项施工方案是否符合工程建设强制性标准。

工程监理单位在实施监理过程中,发现存在安全事故隐患的,应当要求承包单位整改;情况严重的,应当并下书面通知要求承包单位暂时停止施工,并及时报告建设单位。承包单位拒不整改或者不停止施工的,工程监理单位应当及时向有关主管部门报告。

工程监理单位和监理工程师应当按照法律法规和工程建设强制性标准实施监理,并对建设工程安全生产承担监理责任。

《安全条例》第五十七条规定:

违反本条例的规定,工程监理单位有下列行为之一的,责令限期改正;逾期未改正的,责令停业整顿,并处10万元以上30万元以下的罚款;情节严重的,降低资质等级,直至吊销资质证书;造成重大安全事故,构成犯罪的,对直接责任人员,依照刑法有关规定追究刑事责任;造成损失的,依法承担赔偿责任:

(1)未对施工组织设计中的安全技术措施或者专项施工方案进行审查的;

(2)发现安全事故隐患未及时要求承包单位进行整改或者暂时停止施工的;

(3)承包单位拒不整改或者不停止施工,未及时向有关主管部门报告的;

(4)未依照法律、法规和工程建设强制性标准实施监理的。

在工程施工过程中,监理单位和监理人员违反条例规定应承担的法律责任归纳起来为:

(1)行政法律责任。

①责令限期改正;

②逾期未改正的,责令停业整顿,并处10万元以上30万元以下的罚款;

③情节严重的,降低资质等级,直至吊销资质证书。

(2)刑事法律责任。

造成重大安全事故,构成犯罪的,对直接责任人员,依照刑法有关规定追究刑事责任。

(3)民事法律责任。

由于监理原因给工程造成损失的,依照相关法律法规和规定承担赔偿责任。

6.2.2 《建设工程监理与相关服务收费管理规定》界定的安全监理的性质

《安全条例》中,没有明确界定安全监理的性质是监理的一项控制内容还是管理内容,所以在执行过程中,各省市理解不同,有的作为控制内容,有的作为管理内容,给安全监理工作的规范和统一管理造成诸多不便。

2007 年 5 月 1 日,国家发展和改革委员会与建设部以"发改价格〔2007〕670 号"颁布并实施了《建设工程监理与相关服务收费管理规定》。在本规定中,国家第一次将安全监理界定为"安全生产监督管理"内容,为现场监理工作的顺利开展和安全事故责任的界定提供了法规依据。

6.2.3 《关于落实建设工程安全生产监理责任的若干意见》的安全监理责任

为认真贯彻《安全条例》,指导和督促监理单位落实安全生产监理责任,做好建设工程安全生产的监理工作,切实加强建设工程安全生产管理,国家建设部制定了《关于落实建设工程安全生产监理责任的若干意见》(建市〔2006〕248 号),其中规定的主要监理责任为:

(1)监理单位应对施工组织设计中的安全技术措施或专项施工方案进行审查,未进行审查的,监理单位应承担《安全条例》第五十七条规定的法律责任。

施工组织设计中的安全技术措施或专项施工方案未经监理单位审查签字认可,承包单位擅自施工的,监理单位应及时下达工程暂停令,并将情况及时书面报告建设单位。监理单位未及时下达工程暂停令并报告的,应承担《安全条例》第五十七条规定的法律责任。

(2)监理单位在监理巡视检查过程中,发现存在安全事故隐患的,应按照有关规定及时下达书面指令要求承包单位进行整改或停止施工。监理单位发现安全事故隐患没有及时下达书面指令要求承包单位进行整改或停止施工的,应承担《安全条例》第五十七条规定的法律责任。

(3)承包单位拒绝按照监理单位的要求进行整改或者停止施工的,监理单位应及时将情况向当地建设主管部门或工程项目的行政建设单位主管部门报告。监理单位未及时报告的,应承担《安全条例》第五十七条规定的法律责任。

(4)监理单位未依照法律法规和工程建设强制性标准实施监理的,应当承担《安全条例》第五十七条规定的法律责任。

监理单位履行了上述规定的职责,承包单位未执行监理指令继续施工或发生安全事故的,应依法追究监理单位以外的其他相关单位和人员的法律责任。

《关于落实建设工程安全生产监理责任的若干意见》还明确指出了落实安全生产监理责任的主要工作有:

(1)健全监理单位安全监理责任制。监理单位法定代表人应对本企业监理工程项目的安全监理全面负责。总监理工程师要对工程项目的安全监理负责,并根据工程项目的特点,明确监理人员的安全监理职责。

(2)完善监理单位安全生产管理制度。在健全审查核验制度、检查验收制度和督促整改制度的基础上,完善工地例会制度及资料归档制度。定期召开工地例会,针对薄弱环节,提出整改意见,并督促落实;指定专人负责监理内业资料的整理、分类及立卷归档。

(3)建立监理人员安全生产教育培训制度。总监理工程师和安全监理人员需经安全生产教育培训后方可上岗,其教育培训情况计入个人继续教育档案。

6.2.4 《危险性较大的分部分项工程安全管理办法》的监理要点

为加强对危险性较大的分部分项工程的安全管理,明确安全专项施工方案编制内容,规范专家论证程序,确保安全专项施工方案的实施,积极防范和遏制建筑施工生产安全事故的发生,依据《安全条例》及相关安全生产法律法规,国家建设部以"建质[2009]87号"文发布本办法。

(1)危险性较大的分部分项工程是指建筑工程在施工过程中存在的、可能导致作业人员群死群伤或造成重大不良社会影响的分部分项工程。

(2)危险性较大的分部分项工程安全专项施工方案,是指承包单位在编制施工组织(总)设计的基础上,针对危险性较大的分部分项工程单独编制的安全技术措施文件。

(3)建设单位在申请领取施工许可证或办理安全监督手续时,应当提供危险性较大的分部分项工程清单和安全管理措施。承包单位、监理单位应当建立危险性较大的分部分项工程安全管理制度。

(4)承包单位应当在危险性较大的分部分项工程施工前编制专项方案;对于超过一定规模的危险性较大的分部分项工程,承包单位应当组织专家对专项方案进行论证。

(5)建筑工程实行施工总承包的,专项方案应当由施工总承包单位组织编制。其中,起重机械安装拆卸工程、深基坑工程、附着式升降脚手架等专业工程实行分包的,其专项方案可由专业承包单位组织编制。

(6)专项方案应当由承包单位技术部门组织本单位施工技术、安全、质量等部门的专业技术人员进行审核。经审核合格的,由承包单位技术负责人签字。实行施工总承包的,专项方案应当由总承包单位技术负责人及相关专业承包单位技术负责人签字。

不需专家论证的专项方案,经承包单位审核合格后报监理单位,由项目总监理工程师审核签字。

(7)超过一定规模的危险性较大的分部分项工程专项方案应当由承包单位组织召开专家论证会。实行施工总承包的,由施工总承包单位组织召开专家论证会。

①下列人员应当参加专家论证会:

ⅰ.专家组成员;

ⅱ.建设单位项目负责人或技术负责人;

ⅲ.监理单位项目总监理工程师及相关人员;

ⅳ.承包单位分管安全的负责人、技术负责人、项目负责人、项目技术负责人、专项方案编制人员、项目专职安全生产管理人员;

ⅴ.勘察、设计单位项目技术负责人及相关人员。

②专家组成员应当由5名及以上符合相关专业要求的专家组成。

③本项目参建各方的人员不得以专家身份参加专家论证会。

④专家论证的主要内容:

ⅰ.专项方案内容是否完整、可行；

ⅱ.专项方案计算书和验算依据是否符合有关标准规范；

ⅲ.安全施工的基本条件是否满足现场实际情况。

⑤专项方案经论证后，专家组应当提交论证报告，对论证的内容提出明确的意见，并在论证报告上签字。该报告作为专项方案修改完善的指导意见。

⑥承包单位应当根据论证报告修改完善专项方案，并经承包单位技术负责人、项目总监理工程师、建设单位项目负责人签字后，方可组织实施。

⑦专项方案经论证后需作重大修改的，承包单位应当按照论证报告修改，并重新组织专家进行论证。

⑧承包单位应当严格按照专项方案组织施工，不得擅自修改、调整专项方案。如因设计、结构、外部环境等因素发生变化确需修改的，修改后的专项方案应当按本办法第八条重新审核。对于超过一定规模的危险性较大工程的专项方案，承包单位应当重新组织专家进行论证。

(8)监理单位应当将危险性较大的分部分项工程列入监理规划和监理实施细则，应当针对工程特点、周边环境和施工工艺等，制订安全监理工作流程、方法和措施。

(9)监理单位应当对专项方案实施情况进行现场监理；对不按专项方案实施的，应当责令整改，承包单位拒不整改的，应当及时向建设单位报告；建设单位接到监理单位报告后，应当立即责令承包单位停工整改，承包单位仍不停工整改的，建设单位应当及时向住房和城乡建设主管部门报告。

(10)危险性较大的分部分项工程范围。

①基坑支护、降水工程：开挖深度超过 3 m(含 3 m)或虽未超过 3 m 但地质条件和周边环境复杂的基坑(槽)支护、降水工程。

②土方开挖工程：开挖深度超过 3 m(含 3 m)的基坑(槽)的土方开挖工程。

③模板工程及支撑体系：

ⅰ.各类工具式模板工程：包括大模板、滑模、爬模、飞模等工程；

ⅱ.混凝土模板支撑工程：搭设高度 5 m 及以上，搭设跨度 10 m 及以上，施工总荷载 10 kN/m² 及以上，集中线荷载 15 kN/m 及以上，高度大于支撑水平投影宽度且相对独立无联系构件的混凝土模板支撑工程；

ⅲ.承重支撑体系：用于钢结构安装等满堂支撑体系。

④起重吊装及安装拆卸工程：

ⅰ.采用非常规起重设备、方法，且单件起吊重量在 10 kN 及以上的起重吊装工程；

ⅱ.采用起重机械进行安装的工程；

ⅲ.起重机械设备自身的安装、拆卸。

⑤脚手架工程：

ⅰ.搭设高度 24 m 及以上的落地式钢管脚手架工程；

ⅱ.附着式整体和分片提升脚手架工程；

ⅲ.悬挑式脚手架工程；

ⅳ.吊篮脚手架工程；

ⅴ.自制卸料平台、移动操作平台工程；

ⅵ.新型及异型脚手架工程。

⑥拆除、爆破工程：

ⅰ.建筑物、构筑物拆除工程；

ⅱ.采用爆破拆除的工程。

⑦其他工程：

ⅰ.建筑幕墙安装工程；

ⅱ.钢结构、网架和索膜结构安装工程；

ⅲ.人工挖扩孔桩工程；

ⅳ.地下暗挖工程、顶管工程及水下作业工程；

ⅴ.预应力工程；

ⅵ.采用新技术、新工艺、新材料、新设备及尚无相关技术标准的危险性较大的分部分项工程。

(11)超过一定规模的危险性较大的分部分项工程范围。

①深基坑工程：

ⅰ.开挖深度超过 5 m(含 5 m)的基坑(槽)的土方开挖、支护、降水工程。

ⅱ.开挖深度虽未超过 5 m,但地质条件、周围环境和地下管线复杂,或影响毗邻建(构)筑物安全的基坑(槽)的土方开挖、支护、降水工程。

②模板工程及支撑体系：

ⅰ.工具式模板工程:包括滑模、爬模、飞模工程。

ⅱ.混凝土模板支撑工程:搭设高度 8 m 及以上;搭设跨度 18 m 及以上,施工总荷载 15 kN/m^2 及以上;集中线荷载 20 kN/m 及以上。

ⅲ.承重支撑体系:用于钢结构安装等满堂支撑体系,承受单点集中荷载 700 kg 以上。

③起重吊装及安装拆卸工程：

ⅰ.采用非常规起重设备、方法,且单件起吊重量在 100 kN 及以上的起重吊装工程。

ⅱ.起重量 300 kN 及以上的起重设备安装工程,高度 200 m 及以上内爬起重设备的拆除工程。

④脚手架工程：

ⅰ.搭设高度 50 m 及以上的落地式钢管脚手架工程。

ⅱ.提升高度 150 m 及以上的附着式整体和分片提升脚手架工程。

ⅲ.架体高度 20 m 及以上的悬挑式脚手架工程。

⑤拆除、爆破工程：

ⅰ.采用爆破拆除的工程。

ⅱ.码头、桥梁、高架、烟囱、水塔或拆除中容易引起有毒有害气(液)体或粉尘扩散、易燃易爆事故发生的特殊建筑物及构筑物的拆除工程。

ⅲ.可能影响行人、交通、电力设施、通信设施或其他建筑物及构筑物安全的拆除工程。

ⅳ.文物保护建筑、优秀历史建筑或历史文化风貌区控制范围的拆除工程。

⑥其他工程：

ⅰ.施工高度 50 m 及以上的建筑幕墙安装工程。

ⅱ.跨度大于 36 m 及以上的钢结构安装工程,跨度大于 60 m 及以上的网架和索膜结构安装工程。

ⅲ. 开挖深度超过 16 m 的人工挖孔桩工程。

ⅳ. 地下暗挖工程、顶管工程、水下作业工程。

ⅴ. 采用新技术、新工艺、新材料、新设备及尚无相关技术标准的危险性较大的分部分项工程。

6.2.5 《河南省建设工程安全监理导则》的指导意义

为进一步加强对全省建设工程安全监理工作的指导,完善安全监理制度,规范安全监理行为,提高工程安全监理工作水平,河南省住房和城乡建设厅根据有关法律、法规和安全监理工作实际,以"豫建建[2009]70 号"制定本导则。

6.2.5.1 《河南省建设工程安全监理导则》出台的背景

2003 年底,国务院以第 393 号令颁布了《安全条例》,自 2004 年 2 月 1 日起施行。

《安全条例》第一次明确了监理单位和监理人员的安全监理责任,其中与安全监理直接相关的共有 4 条:第十四条指出了安全监理工作的主要内容和要求;第二十六条明确了危险性较大的分部分项工程需编制专项施工方案,经项目总监理工程师签字后实施;第五十七、五十八条分别规定了监理单位和监理人员违反本条例应承担的法律责任。

为贯彻《安全条例》,各省市相继出台了一些地方性法规或通知。但是,上述政策性条例和法规主要是对监理工作的总体要求和责任。对于监理单位和现场监理人员来说,由于法规对安全监理的性质界定不明确,怎么执行、如何管理、管理的深度等理解各不相同,现场监理人员比较迷茫,深感责任重大。许多省市为强化施工现场安全管理,将安全监理作为一项"控制"内容,把监理的现场工作定位成"四控制、二管理、一协调",并直接与监理单位的年度考核挂钩;施工现场一旦发现安全隐患或发生安全事故,不论监理是否有责任,轻则通报批评,重则降低资质等级、罚款,个别项目由于监理单位没有向建筑主管部门汇报,承担刑事责任。

为此,河南省建设厅、省监理协会非常重视,2005 年上半年,会同其他几个兄弟省市监理协会,与建设部和国家监理协会沟通,建议建设部能够配套出台一些相关政策,界定安全监理的性质,明确监理责任。同时,河南省建设厅、监理协会组织编制了《河南省建设工程安全监理导则(试行)》,自 2005 年 12 月 1 日起实施,为现场安全监理工作提供相应的政策支持。

在各方的共同努力下,通过几年的现场安全监理的工作实践,2007 年国家发展和改革委员会与建设部在《建设工程监理与相关服务收费标准》中,正式明确界定安全监理为"建设工程施工阶段的安全生产监督管理",从此安全监理摆脱了作为"控制"内容的困境,成为"程序性、符合性、针对性"的监督管理工作。

2009 年上半年,根据国家和河南省近几年陆续颁发的关于安全监理的有关文件精神,特别是住房和城乡建设部"建质[2009]87 号"《危险性较大的分部分项工程安全管理办法》的施行,省住房和城乡建设厅和监理协会又组织有关专家对监理导则进行了修订和细化,并以"正式版"颁布,自 2009 年 7 月 1 日起施行,进一步界定和明确了安全监理工作的内容、原则、程序、安全监理文件和资料的编制和管理、监理单位和监理人员的安全责任等,为做好施工现场安全监理工作提供了较为完备的支持和保障。

6.2.5.2 《河南省建设工程安全监理导则》编制的依据

《河南省建设工程安全监理导则》依据《中华人民共和国安全生产法》、《中华人民共和国建筑法》、《建设工程安全生产管理条例》(国务院令第 393 号)、建设部《关于落实建设工程安全生产监理责任的若干意见》(建市[2006]248 号)以及《危险性较大的分部分项工程安全管理办法》(建质[2009]87 号),参考河南省近几年出台的有关安全监理的文件和规定,并结合河南省建筑业的实施情况而编制。

6.2.5.3 《河南省建设工程安全监理导则》编制的目的

(1)全面贯彻落实《中华人民共和国建筑法》、《建设工程安全生产管理条例》等国家有关法律法规、部门规章、地方性法规及相关政策。

(2)为监理单位和现场监理人员提供安全施工监理工作的指导性意见,作为现场监理部编制《安全监理作业指导书》的依据,提高现场的可操作性。

(3)提高河南省建设工程安全文明施工的管理水平,促进河南省安全监理工作的规范化、程序化和标准化管理。

6.2.6 《河南省建设工程重大危险源登记建档管理办法》的监理要点

为及时准确地掌握建设工程重大危险源的数量和分布状况,强化重大危险源的管理,提高控制和防范风险的能力,杜绝重大生产事故的发生,根据《河南省建设工程重大危险源安全监控管理暂行办法》,河南省建设厅以"豫建建[2008]66 号"制定本办法。

(1)建设工程重大危险源。建设工程重大危险源是指存在重大施工危险的分部分项工程,主要包括:

①国家住房和城乡建设部"建质[2009]87 号"《危险性较大的分部分项工程安全管理办法》中所指分部分项工程;

②《河南省建设工程重大危险源安全监控管理暂行办法》中明确的存在重大施工危险的分部分项工程;

③施工现场存在的符合国家标准《重大危险源辨识》(GB 18218—2000)重大危险源分类中规定的重大危险源。

(2)承包单位在列入重大危险源的危险性较大工程施工前,应单独编制专项施工方案,并按规定程序进行审核、审批或论证。

(3)承包单位应建立重大危险源安全管理档案和台账,并建立重大危险源公示制度,在施工现场醒目位置设立建设工程重大危险源公示牌,向有关人员公示施工中不同阶段及不同时段的重大危险源名称、施工部位、可能发生的事故、防护措施和责任人等内容。

(4)列入重大危险源的危险性较大工程施工前 5 天,承包单位应填写《危险性较大工程施工告知单》,并报送当地建设行政主管部门或建设工程安全监督管理机构,以便安全监督管理部门及时了解危险性较大工程的进展情况,有重点地进行跟踪督察。

承包单位在危险性较大工程施工前,应当在施工区域设置警戒线和警示标志,并做好防护措施和应急救援工作。

(5)列入重大危险源的危险性较大工程实施完毕后,承包单位应填写《危险性较大工程实施完毕告知单》,并及时报送当地建设行政主管部门或建设工程安全监督管理机构。

(6)在建工程重大危险源的登记、建档、公示、施工告知和实施完毕告知等由总承包单位统一负责。

总承包单位应经常组织分包单位对重大危险源的实施进行安全检查,并做好相应记录。

(7)监理单位应加强对重大危险源的监管,通过采取方案审核、旁站、巡视或者检查验收等形式,监督承包单位建立并落实重大危险源有关登记、公示、告知、监控、整改等各项管理制度。

上述登记表、告知单等上报和归档表式,在《河南省建设工程重大危险源登记建档管理办法》的附件中已详细列出,可供参考使用。

6.2.7 《河南省建筑起重机械设备安全监督管理办法》的监理要点

为切实加强建筑起重机械设备的安全监督管理,防止和减少生产安全事故,保障人民生命和财产安全,根据《建设工程安全生产管理条例》、《特种设备安全监察条例》、《安全生产许可证条例》和建设部《建筑起重机械安全监督管理规定》等有关法规、规章,结合河南省实际情况,河南省建设厅发布了《河南省建筑起重机械设备安全监督管理办法》(豫建[2008]202号)。

(1)监理单位应当履行下列安全职责:

①审核建筑起重机械设备制造许可证、产品合格证、制造监督检验证明、定期检验报告、备案证等文件资料;

②审核建筑起重机械设备安装单位、使用单位的资质证书、安全生产许可证和特种作业人员的特种作业操作资格证书;

③审核建筑起重机械设备安装、拆卸工程专项施工方案;

④监督安装单位执行建筑起重机械设备安装、拆卸工程专项施工方案情况;

⑤监督检查建筑起重机械设备的使用情况;

⑥发现存在生产安全事故隐患的,应当要求安装单位或使用单位限期整改,对安装单位、使用单位拒不整改的,及时向建设单位报告,情况严重的,向建设主管部门报告。

(2)建设单位依法发包给两个及两个以上承包单位的工程,不同承包单位在同一施工现场使用多台塔式起重机作业时,应当协调组织制订防止塔式起重机相互碰撞的安全措施。

安装单位、使用单位拒不整改生产安全事故隐患的,建设单位接到监理单位报告后,应当责令安装单位、使用单位立即停工整改。

《河南省建筑起重机械设备安全监督管理办法》还规定了建筑起重机械设备所有者或出租单位、使用单位、建设单位和建筑主管部门违反本办法的具体处罚措施。

6.3 安全监理原则

6.3.1 安全监理的方针

建设工程安全监理必须坚持"以人为本"、"安全第一、预防为主"的方针。

对于现场监理机构和监理人员来说,为切实做好施工过程中的各项安全生产管理工作,将各类安全隐患消灭在萌芽之中,使施工全过程始终处于受控状态,就必须认真做好各项事前预防工作;以人为本,做好安全施工教育,强化安全施工的责任意识;建立科学的安全保证体系,健全各项管理制度,制订完善的应急救援预案,将"安全第一、预防为主"的方针始终贯穿于施工全过程。

6.3.2 安全监理的责任原则

实施建设工程安全监理,应遵循"谁主管、谁负责"的原则。

根据现行国家和地方有关安全监理的条例、标准和规定,在工程施工过程中,现场监理人员按照"安全生产,人人有责"的要求,监理人员发现现场存在不安全因素或安全事故隐患时,应要求承包单位立即整改,不整改的,不准继续施工。

现场监理机构应以国家现行安全生产法律法规、规范、工程建设强制性标准及承包合同为依据,监督承包单位全面实施项目合同约定的安全目标。

监理单位和监理工程师按照法律法规和工程建设强制性标准实施安全监理,并对建设工程安全生产承担监理责任。

6.3.3 安全监理的工作原则

建设工程安全监理属于管理工作范畴,在实施安全监理时,根据《安全条例》要求,需遵守"该审的审、该查的查、该管的管、该报的报"的工作原则。

6.3.3.1 该审的审

1)审什么

(1)审查:审查承包单位报审的方案和措施,如施工组织设计中的安全技术措施,危险性较大工程的安全专项施工方案,周边建筑物、地下管线保护措施,垂直运输设备安装拆卸方案,冬雨季安全施工措施,事故应急救援预案,现场施工用电方案,施工现场总平面布置等。

(2)审核:审核承包单位用于安全生产上的资金,是否专款专用,有无截留挪用,如安全文明施工措施费使用计划、意外伤害保险申报计划。

(3)审验:审验施工管理人员、作业人员资格,施工机械、安全设施验收手续,如施工总包、分包企业的资质、安全生产许可证,项目负责人、专职安全管理人员的安全资格证件,特种作业人员的上岗证件,垂直运输设备的检测、验收、准用手续等。

2)如何审

(1)程序性审查:审查报审的文件资料必须按规定的工作流程和时限去操作。

(2)符合性审查:审查报审的措施、方案必须合法合规,即符合现行安全生产法律法规、规范、工程建设强制性标准及省有关安全生产的规定。

(3)针对性审查:审查措施和方案应针对本工程特点、施工部位、所处环境、使用设备、施工管理模式、现场实际情况,具有可操作性。

3)必须编制安全专项施工方案的工程

危险性较大的工程。各类工程的具体界定详见《危险性较大的分部分项工程安全管理办法》。

4)需经专家论证、审查的工程

超过一定规模的危险性较大的工程。各类工程的具体界定详见《危险性较大的分部分项工程安全管理办法》。

5)专项方案审查中常见的弊病

(1)方案的审批手续不符合规定要求;

(2)方案内容缺乏针对性;

(3)经专家组论证、审查的不规范;

(4)方案内容不完整,缺少科学依据;

(5)施工条件变化,专项施工方案未作修改;

(6)监理单位审查专项施工方案时,也要注意防止审查工作流于形式。

6.3.3.2　该查的查

(1)查安全管理体系、规章制度;

(2)查人的不安全行为;

(3)查物的不安全状态;

(4)查环境的不安全条件。

6.3.3.3　该管的管

运用赋予监理的职权有审查权、整改权、暂停施工权、告知权、评价权、报告权等方面。

监理方法包括巡视、查验、检查、旁站、警示、会议、奖罚措施等方面。

管的手段:

(1)审查;

(2)告知(亦称警示);

(3)整改;

(4)暂停施工;

(5)评价;

(6)报告;

(7)奖罚措施。

6.3.3.4　该报的报

(1)简报、日报;

(2)周报;

(3)月报;

(4)阶段性工作总结;

(5)工程竣工工作总结;

(6)专题报告;

(7)事故分析报告等。

6.3.4　安全监理的工作依据

目前,建设工程安全监理工作的主要依据有:

(1)《中华人民共和国安全生产法》——2002 年 6 月 29 日以中华人民共和国主席令第 70 号颁布,自 2002 年 11 月 1 日起施行;

(2)《中华人民共和国建筑法》——1997 年 11 月 1 日以中华人民共和国主席令第 91 号颁布,自 1998 年 3 月 1 日起施行;

(3)《建设工程安全生产管理条例》——2003 年 11 月 24 日以国务院令第 393 号颁布,

自 2004 年 2 月 1 日起施行;

（4）《关于落实建设工程安全生产监理责任的若干意见》（建市［2006］248 号），自 2006 年 10 月 16 日起施行;

（5）《危险性较大的分部分项工程安全管理办法》（建质［2009］87 号），自 2009 年 5 月 13 日起施行;

（6）《河南省建设工程安全监理导则》（豫建建［2009］70 号），自 2009 年 7 月 1 日起施行;

（7）《河南省建筑起重机械设备安全监督管理办法》（豫建［2008］202 号），自 2008 年 9 月 22 日起施行;

（8）《河南省建设工程安全文明施工措施费计价管理办法》（豫建设标［2006］82 号），自 2007 年 1 月 1 日起施行;

（9）《河南省建设工程生产安全事故报告处理暂行规定》（豫建建［2007］162 号），自 2007 年 12 月 29 日起施行;

（10）国家和地方行业协会制定的相关行业标准;

（11）监理单位制定的相关企业标准。

6.3.5　安全监理的工作定位

国务院颁布并实施的《安全条例》第一次增加了安全监理的工作内容,但是条例中只是提出了安全监理的工作范围和工作职责。至于安全监理究竟是一项"控制"内容,还是"管理"内容,《安全条例》没有界定。

2007 年 5 月 1 日,国家发展和改革委员会和建设部以"发改价格［2007］670 号"颁布并实施了《建设工程监理与相关服务收费管理规定》。在本规定中,正式将安全监理界定为"安全生产的监督管理"内容。

由此,安全监理作为一项"监督管理"的内容,将现场监理机构和监理人员的工作从以下方面定位。

1）程序性审查

施工组织设计中的安全技术措施或安全专项施工方案是否经承包单位有关部门的专业技术人员进行审核;经审核合格的,是否有承包单位技术负责人签字并加盖单位公章;专项施工方案须经专家论证审查的,是否履行论证,并按论证报告修改专项方案;不符合程序的应予退回。

2）符合性审查

施工组织设计中的安全技术措施或专项施工方案必须符合安全生产法律法规、规范、工程建设强制性标准及河南省有关安全生产的规定;必要时应附有安全验算的结果;须经专家论证、审查的项目,应附有专家论证的书面报告;安全专项施工方案还应有紧急救援措施等应急救援预案。

3）针对性审查

安全技术措施或专项施工方案应针对本工程特点、施工工艺、所处环境、施工管理模式、现场实际情况,具有可操作性。

6.3.6 安全监理的工作方法

安全生产贯穿工程施工的全过程,安全监理应实行过程监管,采用"事前预控、事中监督、事后总结"的工作方法。

对工程项目施工阶段的人、机械、材料、环境、方法等因素进行全面的安全监理,监督承包单位的安全生产保证体系和安全责任制落实到位。

现场监理员常用安全监理方法主要有以下几个方面。

1)第一次工地会议

安全监理人员应参加第一次工地会议。

总监理工程师应在会议上介绍安全监理的有关要求及具体内容,并向建设单位、承包单位递交书面告知。

项目监理机构接受承包单位有关安全监理工作的询问。

2)工地例会

安全监理工作需要工程建设参与各方协调的事项,应通过工地例会及时解决。会上监理人员对施工现场安全生产工作情况进行分析,提出当前存在的问题,要求承包单位及有关各方予以改进。

3)现场巡视

安全专项施工方案实施时,对危险性较大的分部分项工程的全部作业面应巡视到位。发现问题要求整改的,应跟踪到整改符合要求,对暂停施工的,应根据承包单位的整改情况,及时恢复正常施工或要求继续整改。

其他作业部位应根据现场施工作业情况确立巡视部位。

巡视检查应按安全监理实施细则的要求进行,并做好相应的记录。

4)告知

对建设单位的告知:建设单位安全生产方面的义务和责任及相关事宜,项目监理机构宜以书面形式告知。

对承包单位的告知:凡在安全监理工作中需承包单位配合的,应将监理工作的内容、方式及其他具体要求及时以书面形式告知。

5)监理通知

监理人员在巡视检查中发现安全事故隐患,或有违反施工方案、法规和工程建设强制性标准的,应立即开具监理通知单,要求限期整改。

6)暂停施工

监理人员在巡视检查中发现有严重安全事故隐患或有严重违反施工方案、法规和工程建设强制性标准的,应立即要求承包单位暂停施工,下发《工程暂停令》并及时报告建设单位。

7)报告

月度报告:项目监理机构应根据情况将月度安全监理工作情况在《监理月报》中或单独向建设单位和有关安全监督部门进行书面报告。

专题报告:针对某项具体安全生产问题,总监理工程师认为有必要的,可做专题报告。

8)安全监理的自查自控办法

监理单位应明确一名主要负责人负责安全监理工作,制定有关安全监理制度,并监督执行。安全监理技术管理由监理单位总工程师负责,特别是专业性较强的分部、分项工程和专家论证的施工方案,必须由总工程师审批。总工程师对监理单位的安全监理技术负总责。监理单位应组织对监理部进行安全监理检查,对检查出的问题,做到及时整改及时复查。具体自查自控办法:

(1)监理单位与监理部开工时要签订《安全监理目标责任书》,明确监理部监理的项目创优、达标的奖励标准,对被建设行政主管部门通报和处罚的、公司安全监理检查不合格的、发生安全事故的,应规定具体处罚标准。

(2)对每月检查结果的复查整改情况建立台账,检查监理部落实安全检查制度情况,考核监理部对查出的隐患是否及时下发了《安全监理通知书》,并检查复查记录,作为对监理部业绩考核的依据。

(3)监理单位对监理部检查时,对当天检查现场安全监理存在的问题与前段时间的检查记录相比,检查监理部安全监理检查的实效性。

(4)检查安全监理人员是否履行了安全监理检查职责,对检查出的隐患是否及时下发了《整改通知书》,并是否复查和及时上报。

(5)定期对监理部进行考核,制定考核制度,按奖惩制度进行奖励和处罚。

(6)定期召开总监理工程师安全监理调度会,通报安全监理检查情况,布置下阶段的安全监理工作。

6.4　安全监理的工作程序

6.4.1　建设工程安全监理的基本工作程序

(1)现场监理机构成立、监理人员进场后,及时按照《安全条例》、《建设工程监理规范》(GB 50319—2000)和相关法律法规、标准等要求,编制含有安全监理内容的监理规划和监理实施细则,或者单独编制安全监理规划和安全监理实施细则。

(2)施工准备阶段,监理单位应审查、核验承包单位的企业资质、安全生产许可证书、注册建造师证书、"三类人员"安全生产岗位合格证书,以及特种作业人员岗位证书,保证人员到岗,并核对人和证是否一致。由项目总监理工程师在有关审核表上签署意见,审查未通过的,工程不能开工。

(3)施工准备阶段,监理单位应审查、核验承包单位提交的有关技术文件(含施工组织设计、专项安全施工方案),并由项目总监理工程师在有关技术文件报审表上签署意见;审查未通过的,安全技术措施及专项施工方案不得实施。

(4)施工阶段,监理单位有关人员(总监理工程师、专业监理工程师、安全监理工程师、监理员等)应对施工现场安全生产情况进行巡视检查,对发现的各类安全事故隐患,应书面通知承包单位,并督促其立即整改;情况严重的,监理单位应及时下达工程暂停令,要求承包单位停工整改,同时报告建设单位。安全事故隐患消除后,监理单位应检查整改结果,签署复查或复工意见。承包单位拒不整改或不停工整改的,监理单位应当及时向工程所在地建设主管部门报告,如以电话形式报告的,应当有通话记录,并及时补充书面报告。检查、整改、复查、报告等情况应记载于监理日志、监理月报中。

(5)监理单位应检查承包单位提交的施工起重机械、整体提升脚手架、模板等自升式架设设施和其他安全设施等验收记录,并由安全监理人员签收备案,对未经验收合格即投入使用的安全设施和设备,责令承包单位立即停止使用,待验收合格后签署复查或复工意见后,方可复工。

(6)工程竣工后,监理单位应将有关安全生产的技术文件、验收记录、安全监理规划、安全监理实施细则、安全监理月报、安全监理会议纪要及相关书面监理通知等按规定立卷归档。

6.4.2 安全监理的工作流程

安全监理的工作流程见图6-1。

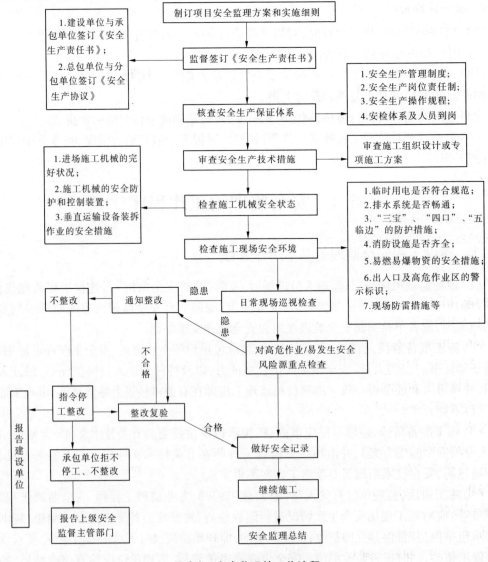

图6-1 安全监理的工作流程

6.5 安全监理的工作内容

6.5.1 施工准备阶段安全监理的主要内容

(1)督促建设单位与施工承包单位签订工程项目安全施工责任(或承诺)书。督促总包单位与分包单位签订工程项目安全施工协议。

(2)审查总包、专业分包和劳务分包单位的安全生产许可证(原件)及建设主管部门颁发的资质证书(原件)。

(3)检查施工承包单位建立健全施工现场安全生产保证体系和安全生产规章制度以及专职安全生产管理人员配备情况;督促施工总承包单位对分包单位的安全生产工作实行统一领导、统一管理,并检查分包单位的安全生产管理制度和管理措施的实施。

(4)审查施工承包单位编制的施工组织设计中的安全技术措施、专项施工方案。

(5)审核承包单位负责人、项目负责人和专职安全生产管理人员的资格证(原件),以及电工、焊工、架子工、起重机械工、塔吊司机及指挥人员、爆破工等特种作业人员的资格证(原件)。

(6)督促施工承包单位做好逐级安全技术交底工作,监理应参与技术交底并记录交底情况。

(7)检查施工承包单位开展经常性的安全教育活动、培训工作和安全生产费用使用计划落实情况。

(8)制订安全监理工作文件(如安全监理方案、实施细则),建立安全监理岗位责任制,进行安全监理工作交底。

(9)在会审施工图纸时,发现不符合有关工程建设法律、法规、强制性标准的规定,或存在较大施工安全风险时,应及时向建设单位、施工承包单位提出。

(10)检查施工承包单位是否有针对工程特点和施工现场实际制定的应急救援预案和建立的应急救援体系。

(11)审核施工现场安全防护是否符合投标时承诺和《建筑施工现场环境与卫生标准》(JGJ 146—2004)等标准要求情况。

(12)施工组织设计的安全技术措施、专项施工方案审查要点:

①承包单位编制的施工组织设计中的安全技术措施和危险性较大工程的安全专项施工方案,应在施工前向现场监理机构办理报审。

②审查施工组织设计中的安全技术措施内容应包括:

ⅰ.施工现场安全生产保证体系、人员、职责及安全管理目标;

ⅱ.安全生产责任制、安全生产教育培训制度、安全施工技术交底制度、安全生产规章制度和操作规程、消防安全责任制、大中型施工机械安装拆卸验收、维护保养管理制度、安全生产自检制度等;

ⅲ.需经监理复核安全许可验收手续的大中型施工机械和安全设施一览表;

ⅳ.需编制专项安全施工方案一览表(包括须经专家论证、审查的项目);

ⅴ.对周边建筑物、构筑物及地下管道、电缆、线网等保护措施;

ⅵ. 现场施工用电方案和安全用电措施以及防火管理制度；

ⅶ. 冬季、雨季等季节性施工方案及措施；

ⅷ. 施工现场平面图布置应附有说明，如施工区、仓库区、办公区、生活区等临时设施标准、位置、间距，现场道路和出入口，场地排水和防洪，施工用电线路埋地或架空，市区内施工的围挡封闭等；

ⅸ. 安全生产事故应急救援预案。

③审查专项施工方案内容应包括：工程概况、编制依据、施工计划、施工工艺技术、施工安全保证措施、劳动力计划、计算书及相关图纸等。

④危险性较大的工程应当单独编制安全专项施工方案。依据为《安全条例》与住房和城乡建设部《危险性较大的分部分项工程安全管理办法》。

⑤根据住房和城乡建设部《危险性较大的分部分项工程安全管理办法》的规定，对超过一定规模的危险性较大的分部分项工程专项施工方案，应当由承包单位组织专家组进行论证、审查。专家组成员不得少于 5 名，并提交书面论证报告。本项目参建各方人员不得以专家身份参加专家论证会。

⑥在总监理工程师主持下对施工组织设计中的安全技术措施或专项施工方案进行程序性、符合性、针对性审查。

ⅰ. 程序性审查。施工组织设计中的安全技术措施或安全专项施工方案是否经承包单位有关部门的专业技术人员进行审核；经审核合格的，是否有承包单位技术负责人签字并加盖单位公章；专项施工方案须经专家论证审查的，是否履行论证，并按论证报告修改专项方案；不符合程序的应予退回。

ⅱ. 符合性审查。施工组织设计中的安全技术措施或专项施工方案必须符合安全生产法律、法规、规范、工程建设强制性标准及河南省有关安全生产的规定；必要时应附有安全验算的结果；须经专家论证、审查的项目，应附有专家论证的书面报告；安全专项施工方案还应有紧急救援措施等应急救援预案。

ⅲ. 针对性审查。安全技术措施或专项施工方案应针对本工程特点、施工工艺、所处环境、施工管理模式、现场实际情况，具有可操作性。

⑦经专职安全监理人员、专业监理工程师进行审查后，应在报审表上签写监理意见，并由总监理工程师签认。

经审查，如有不遵守程序的、不符合有关规定的、缺乏针对性的应予退回，通知其重新编写，或修改补充后再报审。

6.5.2 施工阶段安全监理的主要内容

（1）检查施工承包单位安全生产保证体系的运作及专职安全生产管理人员的到岗和工作情况。

（2）监督施工承包单位按照国家有关法律法规、工程建设强制性标准和经审查同意的施工组织设计或专项施工方案组织施工，制止违规作业。

（3）对施工现场安全生产情况进行巡视检查，监督施工承包单位落实各项安全措施。发现有违规施工和存在安全事故隐患的，应当要求承包单位整改；情况严重的，由总监理工程师下达工程暂停施工令，并报告建设单位；施工承包单位拒不整改或不停止施工的，应及时向安全监督部门进行书面报告。

(4)检查施工承包单位施工机械、安全设施的合格证、检测、验收、准用手续(须持原件),对手续不完备的不准投入使用。

(5)督促施工承包单位定期进行安全生产自查工作(班组检查、项目部检查、公司检查)。

(6)监督施工承包单位做好"三宝"(即指安全帽、安全带、安全网)、"四口"(即指预留洞口、电梯井口、通道口、楼梯口)、"五临边"(即指在建工程的楼面临边、屋面临边、阳台临边、升降口临边、基坑临边)、高处作业等危险部位的安全防护工作,并设置明显的安全警示标志;检查承包单位对现场的防洪、防雷、防滑坡、坠落物等的有效控制,建立良好的工作环境。

(7)在定期召开的监理会议上,将安全生产列入会议主要内容之一,评述施工现场安全生产现状和存在的问题,提出整改要求,制订预防措施,使安全生产落到实处。

(8)对危险性较大的分部分项工程、易发生安全事故源和薄弱环节等作为安全监理工作重点,定期巡视检查,加大监督力度。

(9)检查安全文明施工措施费的使用情况,督促施工承包单位按安全文明施工措施费规定正确使用,及时投入并必须用于安全措施上。对未按照规定使用的或挪作他用的,总监理工程师应予制止,并向建设单位报告。

(10)督促施工承包单位按照《河南省建设工程项目安全生产评价办法的通知(试行)》的要求,分阶段进行自查自评。工程监理单位根据现场安全实况和自查自纠情况,认真、公正地进行审查评价,填写有关报表,并报送当地建设行政主管部门或授权的建设工程安全监督管理机构(部门)备案。

(11)发生重大安全事故或突发性事件时,应当立即下达工程暂停令,并督促施工承包单位立即向当地建设行政主管部门(安全监督部门)和有关部门报告;配合有关单位做好应急救援和现场保护工作;协助有关部门对事故进行调查处理。

(12)施工现场安全监理检查要点:

①安全生产岗位责任制、安全管理目标、施工组织设计中安全管理措施、施工安全技术交底、安全教育制度、新进场工人安全教育、安全管理机构及专职安全管理人员、安全生产操作规程、班前安全活动制度、书面告知危险岗位的操作规程和违章作业的危害。

②现场安全警示标志:现场出入口、起重机械、高处作业、吊装作业、脚手架出入口、电梯井口、孔洞口、基坑边、每个临时用电设施。

③持证上岗人员:塔吊司机、卷扬机操作人员、施工电梯司机、起重信号工、登高架设作业人员、爆破作业人员、电工、焊工。

④现场办公区、生活区与作业区的安全距离,临时建筑应安全,不得用在建工程兼作宿舍,在市区施工应围挡封闭,工地出入口应符合交通管理要求,施工可能影响毗邻建筑物、构筑物、管道、高压线路的防范措施。

⑤是否必须编制专项施工方案,并应符合施工组织设计要求。

⑥周边应设置有效的排水系统。

⑦施工现场总平面布置是否合理。

⑧施工用电统一管理,用电必须办理手续,严禁擅自乱接乱拉临时用电。

⑨"三宝"、"四口"及临边防护是否到位。

6.6 安全监理的工作制度

为切实抓好建筑工程安全监理工作,项目监理机构应建立和完善以下安全监理制度。

6.6.1 审核核验制度

(1)审查承包单位资质和安全生产许可证,审核"三类人员"及特种作业人员取得考核合格证书和操作资格证书情况。

(2)审核承包单位安全生产保证体系、安全生产责任制、各项规章制度和安全监管机构建立及人员配备情况。

(3)审核施工现场安全防护措施是否齐全有效,是否符合投标时的承诺和《建筑施工现场环境与卫生标准》(JGJ 146—2004)等标准要求。

6.6.2 安全监理审查验收制度

(1)对脚手架、模板工程、"三宝"、"四口"、临边防护、高处作业、施工用电、施工机具等验收手续进行复查。

(2)审核建筑起重机械安拆单位、使用单位的资质证书,安全生产许可证和特种作业人员的特种作业操作资格证书。

(3)审核建筑起重机械安装、拆卸工程专项方案,对建筑起重机械安装、拆卸单位办理建筑起重机械安装(拆卸)告知手续的有关资料进行审核。

(4)监督安装单位执行建筑起重机械安装、拆卸工程专项方案情况。发现存在生产安全事故隐患的,应当要求安装单位、使用单位限期整改;对安装单位、使用单位拒不整改的,应及时向建设单位报告。

(5)监督检查建筑起重机械的验收和使用情况。

(6)配合建设单位对不同承包单位在同一施工现场使用多台塔式起重机作业时,应由建设单位协调组织制订防止塔式起重机相互碰撞的安全措施。

6.6.3 监理请销假制度

(1)监理单位应明确1名主要负责人负责监理人员请销假工作,对请假人员予以登记,并及时给予销假。

(2)总监理工程师必须坚守监理岗位,如有特殊原因,必须向建设单位主要负责人请假,并上报监理单位。

(3)监理人员要坚守本监理岗位,如有特殊原因,必须向总监理工程师请假,必要时上报建设单位和监理单位。

(4)总监理工程师、专业监理工程师、监理员在旁站监理时,不得离岗。如有特殊原因,要逐级上报请假,并安排相关人员替岗、履行现场交接手续后方可离岗。

(5)监理人员必须按时参加安全监理例会,对于有特殊原因不能参加的,要提前半天请假。

6.6.4　工地监理例会制度

（1）监理部每周应定期召开安全监理例会，总结上周安全施工状况和部署下周安全监理工作。

（2）总监理工程师应安排专人做好监理例会记录，并及时形成会议纪要，会后及时发给参会人员。

（3）总监理工程师应总结前阶段工作，对存在的问题及时进行解决，针对薄弱环节，提出整改意见，对下阶段工作进行具体安排。

（4）监理人员要对本岗位的监理工作进行汇报，要求承包单位立即解决的安全隐患，应要求承包单位立即消除隐患，对限期整改未到位的，在会上进行通报。必要时由总监理工程师下发停工令。

（5）监理单位总工程师应督促监理部开好安全监理例会，并审阅各监理部安全监理例会纪要。必要时到会检查指导，对安全监理工作进行把关。

（6）监理单位法定代表人应定期或不定期地参加监理部安全监理例会，了解、检查和考核监理人员岗位职责履行情况。

6.6.5　安全监理资料归档制度

（1）监理单位应安排人员对本单位监理的已竣工项目的安全监理资料进行归档，以便查阅。

（2）监理部指定专人负责监理内业资料的整理、分类及立卷归档。安排1名专业监理工程师监督审核。

（3）对专家论证的方案及时上报监理单位存档。

（4）对重要的会议记录及时上报监理单位存档。

6.6.6　监理人员安全生产教育培训制度

（1）项目总监理工程师、专业监理工程师、监理员及安全监理人员需经安全生产教育培训后方可上岗，其教育培训情况计入个人继续教育档案。

（2）监理单位总工程师对监理人员进行安全监理技术知识指导，每季度组织1次安全教育培训，对新的法律法规、标准、规范及政策文件及时进行贯彻执行。

（3）总监理工程师负责对本监理部人员的安全监理业务知识的培训教育，对本工程的施工特点、监理要点、监理程序及方法进行重点讲解。

（4）监理人员应认真学习国家有关安全生产的法律法规、标准、规范及政策文件，对施工现场检查时，要依据标准规范，特别要掌握工程建设强制性标准条文，确保工程施工不违反强制性条文规定。

6.6.7　危险性较大的分部分项工程专项施工方案编制和专家论证监理审查制度

（1）《危险性较大的分部分项工程安全管理办法》所规定的危险性较大工程，在施工前由承包单位编制安全专项施工方案。专业监理工程师应对安全施工方案进行审核，审核合格后，报总监理工程师审批。

（2）超过一定规模的危险性较大的分部分项工程必须组织专家论证。

专家论证后，承包单位应根据论证审查报告对专项方案进行补充完善，施工企业技术负责人审批并报总监理工程师审核，最后经建设单位项目负责人批准同意后方可组织实施。

（3）总监理工程师应组织监理人员对专家论证并经过完善及审批后的安全施工方案进行监督实施，要求承包单位严格按安全专项方案组织施工。

6.6.8　监理安全检查制度

（1）监理单位每季度对监理部进行一次安全监理检查，重点检查人员在岗、施工组织设计和施工方案审查、对承包单位有关人员证件审查等情况。

（2）检查监理部落实安全检查制度情况，规定监理部于每周对监理的项目进行安全监理检查，对查出的隐患下发安全监理通知，并检查复查记录。

（3）检查当天监理人员检查出存在的问题和隐患与前段时间的检查记录相比，核对检查整改复查情况，核查监理部安全检查的实效性。

（4）检查设备和安全设施的验收审查情况。

（5）检查安全监理人员是否履行了安全监理检查职责，对检查出的隐患是否及时下发了"整改通知书"，以及是否及时向建设单位或建设主管部门上报。

6.6.9　重大安全隐患监理监控制度

（1）对监理的工程项目存在的重大安全隐患，建立安全监理隐患登记台账，进行重点监控。

（2）对监理的工程项目存在的重大隐患，要求承包单位立即停止施工、消除隐患，并及时向建设单位汇报，对重大隐患进行登记建档。

（3）对重大隐患的整改情况进行复查，彻底消除隐患后，方可签发复工令。

（4）对重大隐患出现的原因进行分析，提出防范措施，建立长效机制。

6.6.10　安全隐患督促整改、复查及逐级上报制度

（1）按《安全条例》第十四条规定，工程监理单位在实施监理过程中，发现存在安全事故隐患的，应当要求承包单位整改；情况严重的，应当要求承包单位暂时停止施工，并及时报告建设单位。承包单位拒不整改或者不停止施工的，工程监理单位应当及时向有关主管部门报告。

（2）对承包单位的整改情况进行复查，复查合格并履行手续后方可继续施工。

（3）对整改仍不合格的，由总监理工程师向建设行政主管部门汇报，并向监理单位负责人汇报。

6.6.11　安全监理旁站制度

（1）对需要安全监理旁站的分部分项工程，总监理工程师应安排监理人员进行旁站。

（2）在旁站施工时，应先审查有关人员证件，对人员在岗情况进行审核。

（3）旁站过程中，如发现安全隐患，应立即要求承包单位整改，对重大隐患，应立即停止施工，下达工程暂停令，并及时向建设单位汇报。

（4）在旁站监理过程中,要认真履行安全监理程序,安全设施不到位的,不许进入下道工序施工。

6.6.12　安全监理工作奖惩制度

（1）对取得省、市级建筑施工安全质量标准化示范工地(小区工程)项目的监理部,依据文件给予奖励。

（2）对所监理工程被建设行政主管部门通报的,应对监理人员在监理单位内部记不良记录。

（3）对未履行安全监理职责的监理人员,应对相关责任人在监理单位内部记不良记录。

（4）对发生事故的监理部进行通报批评,按“四不放过”的原则进行调查处理,分析安全监理的责任,并给予经济处罚。

（5）对未履行安全监理职责的监理人员,并对发生安全事故负有责任的,将予以开除处理;构成犯罪的,依法追究责任人的刑事责任。

6.6.13　安全监理信用制度

（1）监理单位应认真履行安全监理责任,提升企业安全监理形象,把抓好安全监理工作当成社会责任。

（2）监理人员应认真履行现场监理职责,按照监理程序进行安全监理,认真抓好现场安全隐患的整改、复查工作,消除安全隐患,确保施工安全。

（3）监理人员应提高安全监理服务意识,监理和服务相结合,与建设单位、承包单位共同抓好施工安全生产工作,最终达到安全施工的目标。

（4）监理单位应建立信用服务制度,与承包单位相关人员密切配合,共同努力,以高度的责任心抓好安全监理工作。

（5）坚持“信用第一、服务为先”的监理理念,把抓好安全监理工作作为监理工作的首要任务。

6.6.14　安全监理程序及层级交底制度

（1）总监理工程师应组织监理人员对本监理部的安全监理程序进行细化,并进行具体分工。

（2）总监理工程师应向监理工程师进行安全监理交底,监理工程师应向安全监理人员及监理员进行具体交底。

（3）监理人员应认真履行安全监理交底责任,对本人的安全监理工作应做好计划,对工地的安全状况进行分析,提出合理的安全监理方法,最终实现安全监理工作目标。

6.7　安全监理文件

6.7.1　安全监理资料参考目录

（1）委托监理合同关于安全监理的约定;

（2）监理规划中的安全监理方案；

（3）专项安全监理实施细则；

（4）安全监理保证体系、人员及职责；

（5）工地例会上安全监理工作交底内容；

（6）安全监理通知单；

（7）安全监理通知回复单；

（8）安全监理工作联系单；

（9）有关安全生产的工程暂停令及复工令；

（10）检查施工现场安全管理记录表；

（11）检查专项安全施工方案、施工机械、安全设施及安全交底情况汇总表；

（12）专项安全施工方案、安全技术措施报审表；

（13）施工机械、安全设施报验表；

（14）承包单位的主要负责人、项目负责人、专职安全生产管理人员、特种作业人员资格报审表；

（15）工地例会（或专项会议）纪要的安全监理内容；

（16）监理日记的安全监理内容；

（17）监理月报的安全监理内容；

（18）有关安全监理的专题报告；

（19）安全生产事故及其调查分析处理报告；

（20）安全监理工作总结。

6.7.2 安全监理文件的编制

（1）安全监理文件的编制应根据国家安全生产法律法规、河南省有关规定以及委托安全监理约定的要求，结合工程特点和施工现场实际情况，明确项目监理机构的安全监理工作内容、方法、制度和措施，并应做到有针对性、指导性、可操作性。

（2）安全监理方案。

①项目监理机构编制的监理规划应包含有安全监理的专篇，或单独编制安全监理方案。

②安全监理方案编制与监理规划同时进行，并在项目开工前报送有关单位。

③安全监理方案由总监理工程师主持编制，专职安全监理人员和专业监理工程参加，报监理单位技术负责人审批。

④安全监理方案应有以下内容：

ⅰ.安全监理依据；

ⅱ.安全监理目标；

ⅲ.安全监理工作内容；

ⅳ.项目监理机构安全监理岗位、人员及职责；

ⅴ.安全监理工作制度；

ⅵ.需经监理复核安全许可验收手续的施工机械和安全设施一览表；

ⅶ.拟定的危险性较大的分部分项工程一览表；

ⅷ.拟定编制的专项安全监理实施细则一览表；

ⅸ.对新材料、新技术、新工艺及特殊结构施工编制防范安全风险的监督实施。

（3）安全监理实施细则。

①安全监理实施细则由安全监理人员或专业监理工程师编制,经总监理工程师批准实施。

②实施细则应在施工前完成编制,并报送有关单位。

③实施细则应包括以下内容:

ⅰ.编制实施细则的依据;

ⅱ.危险性较大的分部分项工程的特点和施工现场环境状况;

ⅲ.安全监理人员安排及职责;

ⅳ.安全监理工作方法及措施;

ⅴ.针对性的安全监理检查、控制点;

ⅵ.相关过程的检查记录和资料目录。

（4）对承包单位进行安全技术交底,内容包括安全监理范围、工作程序、监督要点、工作制度、管理手段、使用表式以及安全监理人员职责。

（5）召开安全生产专项会议或监理例会,应做好会议记录,会议讨论有关安全生产决定的事项应形成会议纪要。

（6）安全监理月报。

①项目监理机构在施工现场实施的安全监理活动应载入监理月报,设立安全监理专篇或单独编写安全监理月报。

②安全监理月报由专职安全监理人员或专业监理工程师编写,经总监理工程师审定。

③安全监理月报应包括以下内容:

ⅰ.当月施工现场安全生产状况简介;

ⅱ.承包单位安全生产保证体系运行情况及文明施工状况评价;

ⅲ.危险性较大的分部分项工程施工安全状况分析(必要时附照片);

ⅳ.安全生产问题及安全生产事故的调查分析、处理情况;

ⅴ.当月安全监理的主要工作和效果;

ⅵ.当月安全监理签发的监理文件和资料;

ⅶ.存在问题及下月安全监理工作的计划和措施;

ⅷ.其他相关内容。

（7）安全监理工作总结。

①工程监理项目结束时,项目监理机构编写的监理工作总结应有安全监理内容,或单独编写安全监理工作总结。

②安全监理工作总结由专职安全监理人员或专业监理工程师编写,经总监理工程师审定。

③安全监理工作总结应包括以下内容:

ⅰ.工程施工安全生产概况;

ⅱ.委托安全监理约定执行情况;

ⅲ.安全监理保证体系运行情况;

ⅳ.安全监理目标实现情况;

ⅴ.对施工过程中重大安全生产问题,安全事故隐患及安全事故的处理和结论;

ⅶ. 安全监理工作效果及评价；

ⅷ. 必要的影像资料等。

(8)组织建设单位、承包单位共同协商，商讨管理现场安全施工的强制性措施，达成共识，制定现场安全管理奖惩办法。

6.7.3 安全监理资料管理

(1)项目监理机构应建立严格的安全监理资料管理制度，使用统一的安全监理表式，规范资料管理工作。

①专项安全施工方案(安全技术措施)报审，使用"安表 D1"(见表 6-1)。

②分包单位安全资质审查，使用《建设工程监理规范》(GB 50319—2000)附录 A3 表，特殊工种人员资格审验，使用《建设工程监理规范》(GB 50319—2000)附录 A9 表。

③施工机械、安全设施报验，使用"安表 D2"(见表 6-2)。

④安全监理通知单，使用"安表 D3"(见表 6-3)。

⑤安全监理通知回复单，使用"安表 D4"(见表 6-4)。

⑥情况严重的，要求施工承包单位停工整改时，使用《建设工程监理规范》(GB 50319—2000)附录 B2 表。

⑦施工承包单位整改完成，申请复工时，使用《建设工程监理规范》(GB 50319—2000)附录 A1 表。

⑧有关反映和沟通安全监理情况，使用"安表 D5"(见表 6-5)。

⑨开工前检查承包单位现场安全管理情况，使用"安表 D6"(见表 6-6)。

⑩对危险性较大的工程或部位的安全措施检查记录，使用"安表 D7"(见表 6-7)。

(2)在实施安全监理过程中，树立严格的执业作风，应以文字材料作为传递、反馈、记录各类信息的凭证。

(3)安全监理人员应在监理日记中记录当天施工现场安全生产状况、安全监理的主要工作，并记录发现的安全问题和处理措施。总监理工程师应定期审阅。

(4)使用影像资料记录施工现场安全生产重要情况和施工安全隐患，并摘要载入安全监理月报。

(5)安全监理资料应是文字书面形式，必须真实、及时、完整，由专职安全监理人员或资料员负责管理，按来源和性质分类立卷，建账保管，存档备查。

6.8 建设工程安全监理的责任划分

(1)工程监理单位应对施工组织设计中的安全技术措施或专项施工方案是否符合工程建设强制性标准进行审查：

①经监理单位审查，签署认可后，承包单位方可施工；

②监理单位在规定时限内未进行审查的，应承担《安全条例》第五十七条规定的法律责任；

③未经监理单位审查签署认可，承包单位擅自施工的，监理单位应及时下达书面通知，予以制止，并将情况及时书面报告建设单位；

④承包单位违背监理单位的指令,继续施工后发生安全事故的,由承包单位承担相应的法律责任。

(2)监理单位在实施安全监理过程中,发现存在安全事故隐患的:

①监理单位应按照安全生产法律法规有关规定,及时下达书面指令,要求承包单位整改或停止施工;

②监理单位没有及时下达书面指令,要求承包单位进行整改或停止施工的,监理单位应承担《安全条例》第五十七条规定的法律责任;

③监理单位已下达书面指令,同时又将情况报告建设单位,承包单位违背监理指令,继续施工后发生安全事故的,由承包单位承担相应的法律责任。

(3)承包单位拒不按照监理单位的指令进行整改或停止施工:

①监理单位应及时将情况向建设行政主管部门(安全监督机构)报告;

②监理单位没有及时将情况向建设行政主管部门(安全监督机构)报告,发生安全事故的,监理单位将按《安全条例》第五十七条承担相应的法律责任;

③监理单位已经履行了上述职责,承包单位的行为得不到有效制止,仍然我行我素,从而造成安全事故的,由承包单位承担相应的法律责任。

(4)监理单位和监理工程师发现承包单位未按照安全生产的法律法规和工程建设强制性标准进行施工:

①监理单位和监理工程师应及时下达书面指令,要求承包单位进行整改或停止施工;

②监理单位和监理工程师未要求其进行整改,或者在无法制止上述行为时,未及时向建设行政主管部门(安全监督机构)报告,监理单位和监理工程师将按《安全条例》第五十七条、第五十八条承担相应的法律责任;

③监理单位和监理工程师已履行了安全监理职责,承包单位的上述行为仍不能得到有效制止,从而造成安全事故的,由承包单位承担相应的法律责任。

(5)凡发生上述情况,监理单位已要求承包单位进行整改或停止施工,并向建设单位报告,因有关单位要求承包单位继续施工,从而造成安全事故的,由有关单位和承包单位承担相应的法律责任。

6.9　监理人员安全守则

(1)进入施工现场工作的监理人员必须经过安全教育,树立安全观念和自我保护意识。

(2)认真学习国家、地方和行业有关安全生产的法律法规、规范、标准,掌握安全监理工作要点,严格履行安全监理责任。

(3)进入施工现场必须佩挂胸卡、戴安全帽,并正确使用个人劳动保护用品。

(4)严禁赤脚、穿拖鞋、高跟鞋、背心进入施工现场,不准穿硬底或带钉易滑的鞋登高。

(5)禁止攀爬脚手架,上下脚手架应注意跳板是否牢固、安全、防滑,并注意头顶、脚下,防止碰头、滑倒或坠落。

(6)凡遇高处作业或吊装区域不得停留或穿行。

(7)在现场巡视监理时应高度注意在建工程的电梯井口、楼梯口、预留洞口、通道口以及高处作业临边防护设施是否齐全,警惕失足。

（8）在现场巡视、跟踪检查过程中，进入暗处工作或夜间工作须带手电筒或照明工具。

（9）在攀高作业或在高处旁站监理（如预应力张拉）应有防护措施和个人保护用品。

（10）雨季监理时，不得在钢管脚手架上、施工电梯内、塔吊下避雷雨；冬季攀高监理时，应注意防滑防冻。

（11）重视现场安全防火，不在禁烟区内吸烟，不得扔烟头或明火，不在办公室内存放易燃易爆物品。

（12）严禁在办公室内使用电炉，外出或下班时应切断所有用电设备的电源。

（13）凡患有恐高症、眩晕、严重贫血症、高血压、心脏病等人员不宜从事施工现场监理工作。发生疾病，及时就医，不应勉强进入施工现场工作。

6.10 安全监理的主要用表

表6-1 专项安全施工方案（安全技术措施）报审表

安表 D1

工程名称：　　　　　　　　　　　　　　　　　　　　　　　　　编号：

致：　　　　　　　　　　　　　　（监理单位）
我方已根据施工合同的有关规定完成了＿＿＿＿＿＿＿工程专项安全施工方案、安全技术措施的编制，并经我单位技术负责人审查批准，请予以审查。 　　附件：专项安全施工方案、安全技术措施 　　　　　　　　　　承包单位（章）＿＿＿＿＿＿＿ 　　　　　　　　　　项目经理　　＿＿＿＿＿＿＿ 　　　　　　　　　　日　　期　　＿＿＿＿＿＿＿
安全（专业）监理工程师审查意见：   　　　　　　安全（专业）监理人员＿＿＿＿＿＿＿ 　　　　　　　　　　日　　期＿＿＿＿＿＿＿
总监理工程师审查意见：   　　　　　　总监理工程师＿＿＿＿＿＿＿ 　　　　　　　　日　　期＿＿＿＿＿＿＿

表6-2 施工机械、安全设施报验表

安表 D2

工程名称：   编号：

致：   （监理单位）
    我方于_____年_____月_____日进场的施工机械、安全设施已安装完毕,具备使用条件,现将施工机械、安全设施名称 、数量、使用部位、质量证件以及检验结果报上,请予以审验。

    附件:1.进场施工机械、安全设施名称、型号、规格、数量;

        2.拟使用部位;

        3.质量证件;

        4.自检结果;

        5.检测验收准用资料

承包单位(章)_____

项目经理_____

日   期_____

审查意见：

项目监理机构_____

安全(专业)监理人员_____

日   期_____

表6-3 安全监理通知单

安表 D3

工程名称：   编号： 安监　年第　号

致：　　　　　　　　　　　　　　　　（监理单位）	

事由：

内容：

要求：1. 承包单位于　月　日前将上述问题和隐患整改完毕。

　　　2. 由项目经理签章回复整改工作情况。

　　　3. 经安全(专业)监理人员复查合格后方可继续施工。

项目监理机构＿＿＿＿＿＿＿＿

总监理工程师/安全(专业)监理人员＿＿＿＿＿＿＿＿

日　　期＿＿＿＿＿＿＿＿

表 6-4　安全监理通知回复单

安表 D4

工程名称：　　　　　　　　　　　　　　　　　　　　　　　　编号：

致：　　　　　　　　　　　　　　　（监理单位）

　　我方接到编号为＿＿＿＿＿＿＿＿的安全监理工程师通知后,已按要求完成了＿＿＿＿＿＿＿＿＿＿工作,现报上,请予以复查。

　　详细内容：

承包单位(章)＿＿＿＿＿＿

项目经理＿＿＿＿＿＿

日　　期＿＿＿＿＿＿

复查意见：

项目监理机构＿＿＿＿＿＿

总监理工程师/安全（专业）监理人员 ＿＿＿＿＿＿

日　　期＿＿＿＿＿＿

表6-5 安全监理工作联系单

安表 D5

工程名称：　　　　　　　　　　　　　　　　编号：　安监　　年 第　号

致：
事由：
内容：
项目监理机构＿＿＿＿＿＿＿＿＿ 总监理工程师/安全(专业)监理人员＿＿＿＿＿＿＿＿＿ 日　　期＿＿＿＿＿＿＿＿＿

表6-6 检查施工现场安全管理记录表

安表 D6

工程名称		开工日期	
施工承包单位		施工许可证	
项目经理		证件及编号	
安全负责人		证件及编号	

序号	检查项目	检查内容	检查结果	检查人
1	承包单位资质	是否超范围经营		
2	承包单位的安全生产许可证	有无,是否超范围,过期、转让和冒用		
3	承包单位安全生产保证体系及认证	有无,是否认证		
4	现场安全生产管理机构	是否建立,并覆盖全部施工项目		
5	项目经理和专职安全管理人员证件	有无,资格,数量,是否到岗		
6	安全生产责任制和管理制度	有无,是否齐全		
7	施工安全责任书和协议	是否签订		
8	特种作业人员资格证	有无上岗证,是否过期		
9	施工人员安全教育培训	是否进行,有无记录		
10	施工组织设计中安全技术措施或专项施工方案	有无,是否报审		
11	施工机械、安全设施验收管理	验收手续是否齐全,落实到人		
12	安全文明施工措施费使用计划	有无,是否切合实际		
13	应急救援预案和体系	有无,是否落实		
14	危险作业人员意外伤害保险	是否保险		

检查结论:

　　　　　　　　　　　　　　　　　　　　总监理工程师:
　　　　　　　　　　　　　　　　　　　日　　期:

表 6-7　检查专项安全施工方案、施工机械、安全设施及
安全交底情况汇总表

安表 D7

工程名称：　　　　　　　　　　　　　　　　　　　　　　　　承包单位：

序号	工程专项名称	方案审批手续（完整√，不完整打×）	施工机械验收手续（有√，无×）	安全设施验收手续（有√，无×）	安全交底（已√，未×）	日常安全管理（有√，无×）
1	逐级进行安全技术交底	检查日期				
2	与发包方签订安全责任书					
3	地下工程					
4	模板工程					
5	脚手架工程					
6	起重吊装工程					
7	塔吊装、拆方案					
8	施工电梯装、拆方案					
9	井架与龙门架装、拆方案					
10	落地操作平台搭、拆方案					
11	悬挑钢平台施工方案					
12	装饰工程					
13	高处作业方案					
14	拆除、爆破工程					
15	施工用电					
16	其他					

总监理工程师：　　　　　　　安全（专业）监理人员：　　　　　　　日期：

思考题

1. 施工阶段安全监理的主要内容有哪些？
2. 施工阶段监理人员的安全责任有哪些？
3. 监理人员在现场的安全责任如何划分？
4. 重大危险源的识别有哪些内容？

第7章 工程项目的合同管理

7.1 合同的法律概念

7.1.1 合同的概念及合同法律关系

7.1.1.1 合同的概念

合同又称契约,是平等主体的自然人、法人、其他组织之间设立、变更、终止民事权利义务关系的协议。

合同中所确立的权利义务,必须是当事人依法可以享有的权利和能够承担的义务,这是合同具有法律效力的前提。如果在订立合同的过程中有违法行为,当事人不仅达不到预期的目的,还应根据违法情况承担相应的法律责任。

7.1.1.2 合同法律关系

所谓合同法律关系,是指当事人依照《中华人民共和国合同法》(以下简称《合同法》)的规定或合同的约定,所享有的合同权利和所承担的合同义务关系。合同法律关系同其他法律关系一样,是由主体、客体和内容三种要素构成的。三者互相联系,缺一不可,变更其中任何一个要素,就不再是原来意义上的法律关系了。合同法律关系的客体是主体通过法律关系所追求和所要达到的物质利益载体和经济目的,权利和义务只有通过客体才能具体得到落实和实现,没有客体的法律关系是无意义和无目的的。权利和义务是合同法律关系的内容,是联系主体与主体之间、主体与客体之间的纽带。

1)合同法律关系主体

合同法律关系主体是指合同法律关系的参加者或当事人,是权利的享有者和义务的承担者。这是合同的第一要素。

(1)主体资格的范围。

依照我国法律,在经济活动中,合同法律关系主体资格的范围一般包括自然人、法人和其他组织,以及个别情形下的国家(如国家成为无主财产的所有人),如图7-1所示。

(2)民事权利能力和民事行为能力。

作为合同法律关系主体的组织和个人,必须具有相应的主体资格,即必须具备一定的民事权利能力和民事行为能力。

民事权利能力是指法律确认的自然人享有民事权利、承担民事义务的资格。自然人只有具备了民事权利能力,才能参加民事活动。《中华人民共和国民法通则》(以下简称《民法通则》)第九条规定:公民从出生时起到死亡时止,具有民事权利能力,依法享有民事权利,承担民事义务。

民事行为能力是指民事主体通过自己的行为取得民事权利、承担民事义务的资格。民事行为能力分为完全民事行为能力、限制民事行为能力和无民事行为能力三种。

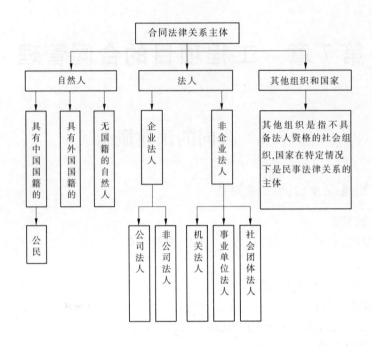

图 7-1　合同法律关系主体示意图

具有民事权利能力,是自然人获得参与民事活动的资格,但能不能运用这一资格,还受自然人的理智、认识能力等主观条件的制约。有民事权利能力者,不一定具有民事行为能力。

建筑工程合同的主体是发包人和承包人。发包人是指在协议书中约定的具有工程发包主体资格和支付工程款能力的当事人以及取得当事人资格的合法继承人,即指专用合同条款中指明并与承包人在合同协议书中签字的当事人。承包人是指在协议书中约定的具有工程承包主体资格的当事人以及取得当事人资格的合法继承人,即指与发包人签订合同协议书的当事人。一般工程合同的主体应具有法人资格。

2)合同法律关系客体

合同法律关系客体是指参加合同法律关系的主体享有的权利和承担的义务所共同指向的对象。合同法律关系客体也称标的,是合同的第二要素。法律关系客体是确立权利义务关系性质和具体内容的客观依据,客体的确定是法律关系形成的客观标志,也是检验权利是否正确行使和义务是否完全履行的客观标准。如果没有客体,权利和义务就失去了目标,难以落实,法律关系主体的活动也就失去了意义。法律关系客体是法律关系不可缺少的要素之一。法律关系的客体一般分为物、货币和有价证券、行为、智力成果,合同法律关系的客体也同样表现为以下四个种类。

(1)物。物是指可以被人们控制和支配的、具有一定经济价值的、以物质形态表现出来的自然存在和人工创造的物质财富。作为法律关系客体的物,可以根据实践的需要作不同的划分。如生产资料和生活资料、流通物和限制流通物、特定物和种类物、主物和从物等。建设工程合同法律关系中表现为物的客体主要是建筑材料、建筑物和建筑机械设备等。

(2)货币和有价证券。货币是充当一般等价物的特殊商品,在生产流通过程中,货币是以价值形态表现的资金。有价证券是具有一定票面金额,代表某种财产权的凭证,如股票、债券、汇票、本票、支票等。

(3)行为。行为是法律关系主体为达到一定目的所进行的活动,包括管理行为、完成一定工作的行为和提供一定劳务的行为。管理行为是法律关系中的管理主体行使监督管理权所指向的行为,如计划行为、审查批准行为、监督检查行为等。完成一定工作是指法律关系主体的一方利用自己的资金和技术设备为对方完成一定的工作任务,对方根据完成工作的数量和质量支付一定的报酬,如建筑安装、勘察设计、工程施工等。提供一定劳务是指法律关系主体的一方利用自己的设施和技术条件为对方提供一定劳务或服务满足对方的需求,对方支付一定的酬金,如建筑工程监理、工程造价咨询等。

(4)智力成果。智力成果是指通过人的脑力劳动创造出来的某种精神成果。一般表现为某种技术、科研试验成果、知识产权等,建筑法律关系中的专利、专有技术、设计图纸、商业信誉、商业秘密等都是智力成果。

3)合同法律关系内容

合同法律关系内容是指合同法律关系的当事人所享有的权利和承担的义务,是合同的第三要素。权利是指当事人依法享有的权利和利益,当自己的权益受到他人侵害时,有权请求国家有关机关依法保护自己的合法权益。义务是相对权利而存在的,建筑法律关系主体为了实现特定主体的权利,在法律规定的范围内实施或不实施某种行为。义务人必须作出或者不作出一定的行为,其目的是:实现对方的权利或者不影响对方权利的实现。合同法律关系的义务主体应当自觉履行义务,否则应承担法律责任。合同法律关系主体之间的权利和义务是对等的,受国家法律保护。

7.1.2　合同的执行

合同的执行即合同履行,是指合同双方当事人按照合同的规定全面履行各自的义务,实现各自的权利。签订合同的目的在于履行,使得财产得以流转或取得某种权益。因此,工程施工合同生效后,合同双方当事人应该严格履行各自的合同义务。

7.1.2.1　合同履行的一般原则

1)全面履行原则

当事人应当按照约定全面履行自己的义务,即按合同约定的标的、价款、数量、质量、地点、期限、方式等全面履行各自的义务。按照约定履行的义务,既包括全面履行自己的义务,也包括正确、适当地履行合同义务。建设工程合同生效后,双方应当严格履行各自的义务,发包人不按照合同约定支付预付款、工程款,承包人不按照合同约定的工期、质量标准完成工程,都是违约行为。

合同有明确约定的,应当依约定履行。合同约定不明确并不意味着合同无须全面履行,不意味着约定不明确部分可以不履行。

合同生效后,当事人就质量、价款或者报酬、履行地点等内容没有约定或者约定不明的,可以补充协议,不能达成补充协议的,可按照合同有关条款或者交易习惯确定。按照合同有关条款或者交易习惯确定,一般只能适用于部分常见条款欠缺或者不明确的情况,因为只有这些内容才能形成一定的交易习惯。如果按照上述办法仍不能确定合同如何履行的,依照《合同法》第六十二条的规定适用下列规定进行履行。

（1）质量要求不明确的，按照国家标准、行业标准履行；没有国家标准、行业标准的，按照通常标准或者符合合同目的的特定标准履行。对于建设工程质量要求，国家颁布了大量的强制性标准，双方的约定不能低于国家强制性标准。

（2）价款或者报酬不明确的，按订立合同时履行地的市场价格履行；依法应当执行政府定价或者政府指导价的，按照规定履行。在《最高人民法院关于审理建设工程施工合同纠纷案件适用法律问题的解释》中第十六条规定：因设计变更导致建设工程的工程量或者质量标准发生变化，当事人对该部分工程价款不能协商一致的，可以参照签订建设工程施工合同时当地建设行政主管部门发布的计价方法或者计价标准结算工程价款。

（3）履行地点不明确的，给付货币的，在接受货币一方所在地履行；交付不动产的，在不动产所在地履行；其他标的，在履行义务一方所在地履行。

（4）履行期限不明确的，债务人可以随时履行，债权人也可以随时要求履行，但应当给对方必要的准备时间。

（5）履行方式不明确的，按照有利于实现合同目的的方式履行。

（6）履行费用的负担不明确的，由履行义务一方承担。

合同在履行中既可能是按照市场行情约定价格，也可能执行政府定价或政府指导价。如果是按照市场行情约定价格履行，则市场行情的波动不应影响合同价，合同仍执行原价格。如果执行政府定价或政府指导价的，在合同约定的交付期限内政府价格调整时，按照交付时的价格计价。逾期交付标的物的，遇价格上涨时，按原价格执行；遇价格下降时，按新价格执行。逾期提取标的物或者逾期付款的，遇价格上涨时，按新价格执行；价格下降时，按原价格执行。

2）诚实信用原则

当事人应当遵循诚实信用原则，根据合同性质、目的和交易习惯履行通知、协助和保密的义务。当事人首先要保证自己全面履行合同约定的义务，并为对方履行创造条件。当事人双方应关心合同履行情况，发现问题应及时协商解决。一方当事人在履行过程中发生困难，另一方当事人应在法律允许的范围内给予帮助。在合同履行过程中应信守商业道德，保守商业秘密。

7.1.2.2　监理人员在合同执行过程中的作用

在建设工程实施过程中，一方面，工程监理单位可依据委托监理合同和有关的建设工程合同对承建单位的建设行为进行监督管理。在工程建设的全过程中采用事前控制、事中控制和事后控制相结合的方式，可以有效地规范各承建单位的建设行为，最大限度地减少其不良后果。另一方面，由于建设单位不熟悉建设工程有关的法律法规、规章、管理程序和市场行为准则，也可能发生不当建设行为。在这种情况下，工程监理单位可以向建设单位提出适当的建议，从而避免发生建设单位的不当建设行为。

项目监理机构监理员在合同执行过程中有以下一些职责：在监理工程师的指导下开展现场监理工作；检查承建单位投入工程项目的设备、设备的使用、运行情况，并做好检查记录；审核或从实施现场直接获取工程量核定的有关数据并签署原始凭证；按详细设计图纸及有关标准对承建单位的实施过程或工序进行检查和记录，对安装、调试过程及测试结果进行记录；发现问题及时指出并向本专业监理工程师报告并做好记录。

7.1.3 合同的终止

合同终止即合同权利义务的终止,是指当事人之间根据合同确定的权利义务在客观上不复存在,合同不再对双方具有约束力。合同终止是随着一定法律事实发生而发生的,与合同中止不同。合同中止只是在法定的特殊情况下,当事人暂时停止履行合同,当这种特殊情况消失以后,当事人仍然承担继续履行的义务;而合同终止是合同关系的消灭,不可能恢复。按照《合同法》的规定,有下列情形之一的,合同的权利义务终止:①债务已经按照约定履行;②合同解除;③债务相互抵消;④债务人依法将标的物提存;⑤债权人免除债务;⑥债权债务同归于一人;⑦法律规定或者当事人约定终止的其他情形。

7.1.4 法律责任

监理人员的法律责任主要来源于法律法规的规定和委托监理合同的约定。《中华人民共和国建筑法》第三十五条规定:工程监理单位不按照委托监理合同的约定履行监理义务,对应当监督检查的项目不检查或者不按照规定检查,给建设单位造成损失的,应当承担相应的赔偿责任。《建设工程质量管理条例》第三十六条规定:工程监理单位应当依照法律法规以及有关技术标准、设计文件和建设工程承包合同,代表建设单位对施工质量实施监理并对施工质量承担监理责任。《安全条例》第十四条规定:工程监理单位和监理工程师应当按照法律法规和工程建设强制性标准实施监理,并对建设工程安全生产承担监理责任。

监理单位在履行委托监理合同时,是由具体的监理工程师来实现的。因此,如果监理工程师出现工作过错,其行为将被视为监理单位违约,应承担相应的违约责任。监理单位在承担违约赔偿责任后,有权在企业内部向有过错行为的监理工程师追偿损失。所以,由监理工程师个人过失引发的合同违约行为,监理工程师必然要与监理单位承担一定的连带责任。

《中华人民共和国刑法》第一百三十七条规定:建设单位、设计单位、承包单位、工程监理单位违反国家规定,降低工程质量标准,造成重大安全事故的,对直接责任人员,处五年以下有期徒刑或拘役,并处罚金;后果特别严重的,处五年以上十年以下有期徒刑,并处罚金。

如果监理工程师有下列行为之一,则要承担一定的监理责任:

(1)未对施工组织设计中的安全技术措施或者专项施工方案进行审查;

(2)发现安全事故隐患未及时要求承包单位整改或者暂时停止施工;

(3)承包单位拒不整改或者不停止施工,未及时向有关主管部门报告;

(4)未依照法律法规和工程建设强制性标准实施监理。

如果监理工程师有下列行为之一,则应当与质量、安全事故责任主体承担连带责任:

(1)违章指挥或者发出错误指令,引起安全事故的;

(2)将不合格的建设工程、建筑材料、建筑构配件和设备按照合格签字,造成工程质量事故,由此引发安全事故的;

(3)与建设单位或施工企业串通,弄虚作假,降低工程质量,从而引发安全事故的。

7.2 合同的形式

7.2.1 建设工程承包合同

7.2.1.1 建设工程承包合同的概念

建设工程施工合同即建筑安装工程承包合同，是建设工程的主要合同之一，是发包人与承包人为完成商定的建筑安装工程，明确双方权利和义务的书面协议。

施工合同的当事人是发包人和承包人，双方是平等的民事主体。施工合同有施工承包合同、专业分包合同和劳务作业分包合同之分。施工承包合同的发包人是建设工程的建设单位或项目总承包单位，承包人是承包单位。专业分包合同和劳务作业分包合同的发包人是取得施工承包合同的承包单位，一般仍称为承包人。而专业分包合同的承包人是专业工程承包单位，一般称为分包人。劳务作业分包合同的承包人是劳务作业单位，一般称为劳务分包人。

施工合同按计价方式划分，可以分为总价合同、单价合同和成本加酬金合同。总价合同是指投标人按照招标文件要求报一个总价，在总价下完成合同规定的全部项目。单价合同是指发包人和承包人在合同中确定每一个单项工程单价，按实际完成工程量乘以每项工程单价结算。成本加酬金合同是指成本费按承包人的实际支出由发包人支付，发包人同时另外支付一定数额或百分比的管理费和双方商定的利润。

7.2.1.2 建设工程承包合同双方的义务

1）发包人应承担的义务

（1）办理土地征用、拆迁补偿、平整施工场地等工作，使施工场地具备施工条件，在开工后继续负责解决以上事项遗留问题。

（2）将施工所需水、电、电信线路从施工场地外部接至合同约定地点，保证施工期间的需要。

（3）开通施工场地与城乡公共道路的通道，以及合同约定的施工场地内的主要道路，满足施工运输的需要，保证施工期间的畅通。

（4）向承包人提供施工场地的工程地质和地下管线资料，对资料的真实、准确性负责。

（5）办理施工许可证及其他施工所需证件、批件和临时用地、停水、停电、中断道路交通、爆破作业等的申请批准手续（证明承包人自身资质的证件除外）。

（6）确定水准点与坐标控制点，以书面形式交给承包人，进行现场交验。

（7）组织承包人与设计单位进行图纸会审和设计交底。

（8）协调处理施工场地周围地下管线和邻近建筑物、构筑物（包括文物保护建筑）、古树名木的保护工作，承担有关费用。

（9）双方在合同中约定的发包人应做的其他工作。

发包人可以将上述部分工作委托承包方办理，具体内容由双方在合同中约定，费用由发包人承担。

发包人不按合同约定完成以上义务，导致工期延误或给承包人造成损失的，赔偿承包人的有关损失，延误的工期相应顺延。

2)承包人应承担的义务

(1)根据发包人委托,在其设计资质等级和业务允许的范围内,完成施工图设计或与工程配套的设计,经工程师(这里所称工程师是指发包人派驻工程的代表,以下同)确认后使用,发包人承担由此发生的费用。

(2)向工程师提供年、季、月度工程进度计划及相应进度统计报表。

(3)根据工程需要,提供和维修非夜间施工使用的照明、围栏设施,并负责安全保卫。

(4)按合同约定的数量和要求,向发包人提供施工场地办公和生活的房屋及设施,发包人承担由此发生的费用。

(5)遵守政府有关主管部门对施工场地交通、施工噪声以及环境保护和安全生产等的管理规定,按规定办理有关手续,并以书面形式通知发包人,发包人承担由此发生的费用,因承包人责任造成的罚款除外。

(6)已竣工工程未交付发包人之前,承包人按合同约定负责已完工程的保护工作,保护期间发生损坏,承包人自费予以修复;发包人要求承包人采取特殊措施保护的工程部位和相应的追加合同价款,双方在合同中约定。

(7)按合同约定做好施工场地地下管线和邻近建筑物、构筑物(包括文物保护建筑)、古树名木的保护工作。

(8)保证施工场地清洁符合环境卫生管理的有关规定,交工前清理现场达到合同约定的要求,承担因自身原因违反有关规定造成的损失和罚款。

(9)双方在合同中约定的承包人应做的其他工作。

承包人不履行上述各项义务,造成发包人损失的,应对发包人的损失给予赔偿。

7.2.2 监理合同

建设工程委托监理合同简称监理合同,是指委托人与监理人就委托的工程项目管理内容签订的明确双方权利、义务的书面协议。

7.2.2.1 合同文件的组成

下列文件均为本合同的组成部分:

(1)协议书;

(2)中标函或委托书;

(3)招标文件;

(4)合同通用条件;

(5)合同专用条件;

(6)附录,即附录 A 相关服务范围和内容,附录 B 委托人派遣的人员、提供的设备、办公生活条件和设施;

(7)在实施过程中双方共同签署的补充与修正文件。

7.2.2.2 委托的监理业务

1)委托工作的范围

委托人委托监理业务的范围可以十分广泛。可以包括项目前期立项咨询、设计阶段、实施阶段、保修阶段的全部监理工作或某一阶段的监理工作。在某一阶段内,又可以进行投资、质量、工期的三大控制,以及信息、合同两项管理。施工阶段监理可包括:

（1）协助委托人选择承包人，组织设计、施工、设备采购等招标。

（2）技术监督和检查：审查施工组织设计，检查材料和设备质量；对操作或施工质量的监督和检查等。

（3）施工管理：包括质量控制、成本控制、计划和进度控制以及安全生产管理等。

2）对监理工作的要求

在监理合同中明确约定的监理人执行监理工作的要求，应当符合《建设工程监理规范》（GB 50319—2000）的规定。

7.2.2.3　双方的权利

1）委托人的权利

（1）授予监理人权限。

（2）对其他合同承包人的选定权。

（3）委托监理工程重大事项的决定权。

（4）对监理人履行合同的监督控制权。

2）监理人的权利

（1）完成监理任务后获得酬金的权利。

（2）终止合同的权利。

（3）建设工程有关事项和工程设计的建议权。

（4）对实施项目的质量、工期和费用的监督控制权。

（5）工程建设有关协作单位组织协调的主持权。

（6）紧急情况下，为了避免安全、质量事故发生，尽管指令超越委托人授权范围又来不及事先得到批准时，有权当即发布指令，事后应尽快通知委托人。

（7）审核承包人索赔的权利。

7.2.2.4　监理人应完成的监理工作

监理人依据合同约定完成服务工作，一般包括工程某阶段的"相关服务"、合同通用条件和专用条件的正常工作以及附加工作和额外工作。

1）附加工作

附加工作是指由于以下原因而增加的服务：①委托正常服务范围以外，通过双方书面协议另外增加的工作内容；②因非监理人原因增加的工作量或工作时间。

2）额外工作

额外工作是指正常工作和附加工作以外的工作，即非监理人自己的原因而暂停或终止监理业务，其善后工作及恢复监理业务前不超过42天的准备工作时间。

7.2.2.5　双方的义务和职责

1）监理人的义务和职责

（1）监理人应按监理合同约定提供工程监理及相关服务，服务范围和内容按监理合同附录A中的约定执行。

（2）监理人应组建满足工程监理及相关服务工作需要的项目监理机构，向委托人报送委派的总监理工程师及项目监理机构主要人员名单。

（3）在服务期限内，项目监理机构人员应保持相对稳定，以保证服务工作的正常进行。监理人可根据工程进展和业务需要对项目监理机构人员作出合理调整。若更换现场监理人员,应以相当资格与技能的人员替换。其中,更换总监理工程师须提前 7 日向委托人报告,经委托人同意后方可更换。

(4)如果监理人员存在以下情况之一,监理人应及时更换该监理人员:

①严重过失行为;

②违法或涉嫌犯罪;

③不能胜任所担任的岗位要求;

④严重违反职业道德。

(5)监理人履行合同义务期间,应遵循监理职业道德准则和行为规范,严格按法律法规及标准提供服务。

①在委托服务范围内,委托人和承包人提出的任何意见和要求,监理人应及时提出处置意见,再与委托人、承包人协商确定。当委托人与承包人之间发生争议时,监理人应协助委托人与承包人进行协商。

②当委托人与承包人之间的争议提交仲裁机构仲裁或人民法院审理时,监理人应当如实提供有关证明材料。

③监理人可在专用条款授权范围内处理委托人与承包人所签订合同的变更事宜。如果变更超过授权范围,则这种变更须经委托人事先批准。

在紧急情况下,为了保护财产和人身安全,监理人所做的变更未能事先报委托人批准时,应在发出指令后尽快书面报告委托人。

在监理过程中如果发现承包人的人员工作不力,监理人应要求承包人调换有关人员。

(6)监理人在履行合同义务期间,应按专用条件中约定的内容、时间和份数向委托人提交工程监理及相关服务的报告。

(7)监理人使用附录 B 中委托人提供的设备、设施和物品除合同另有约定外,属于委托人的财产,在服务完成或合同中止时,应将其设备、设施和剩余的物品库存清单提交给委托人,并按专用条件中规定的时间和方式移交。

2)委托人的义务

(1)委托人应将监理人、授予监理人的权限及时书面通知第三方,并在委托人与第三方签订的合同文件中予以明确。

(2)委托人应按照本合同附录 B 的约定,在约定的时限内免费向监理人提供有关的工程资料。在合同履行过程中,委托人应随时向监理人提供新近掌握的与工程有关的资料。

(3)委托人应为监理人开展服务工作提供必要的条件。

①委托人应按照本合同附录 B 中的约定,向监理人派遣相应人员,提供履行服务所必需的房屋、设备、设施和物品等,供监理人无偿使用。

②委托人应当负责工程建设的所有外部关系的协调,为监理人履行本合同提供必要的外部条件。

(4)委托人应及时授权一名熟悉工程情况的代表,负责与监理人联系。委托人应将委托人代表的职责和权利书面告知监理人。当委托人更换委托人代表时,应提前 7 日书面通知监理人。

(5)委托人在本合同约定的服务范围内对承包人的任何意见或要求,应首先向监理人提出。

(6)委托人应当在专用条件约定的时间内就监理人书面形式提交并要求作出决定的事宜作出书面形式的答复。

(7)委托人应按合同约定向监理人支付酬金。

7.2.2.6 违约责任

除合同明确规定违约责任,不履行义务即承担违约责任。

1)违约赔偿

(1)在合同责任期内,如果监理人未按合同要求的职责勤恳认真地服务,或委托人违背了对监理人的责任时,均应向对方承担赔偿责任。

(2)任何一方对另一方负有责任时的赔偿原则是:

①委托人违约应承担违约责任,赔偿监理人的经济损失。

②因监理人过失造成经济损失,应向委托人进行赔偿,累计赔偿不应超出监理酬金总额(除去税金)。

2)监理人的责任限度

监理人在责任期内,如果因过失而造成经济损失,要负监理失职的责任;监理人不对责任期以外发生的任何事情所引起的损失或损害负责,也不对第三方违反合同规定的质量要求和完工(交图、交货)时限承担责任。

7.2.2.7 协调双方关系条款

1)合同生效、变更、暂停、解除与终止

A.生效

除法律另有规定或者专用条件另有约定外,委托人和监理人的法定代表人或其授权代理人在协议书上签字并盖单位章后本合同生效。

B.变更

任何一方提出变更请求时,双方经协商一致后可进行变更。调整方法在专用条件中约定。

C.暂停与解除

除双方协商一致可以解除本合同外,当一方无正当理由未履行本合同约定的义务时,另一方可以根据本合同约定暂停履行本合同,直至解除本合同。

D.情况的改变

合同生效后,如果实际情况发生变化使得监理人不能完成全部或部分工作,监理人应立即通知委托人。除不可抗力外,其善后工作以及恢复服务的准备工作应为附加工作,附加工作酬金的确定方法在专用条件中约定。监理人用于恢复服务的准备时间不应超过28天。

E.终止

以下条件全部满足时,本合同即告终止:

(1)监理人完成本合同约定的全部工作;

(2)委托人与监理人结清并支付全部酬金。

2)争议的解决

A.协商

双方应本着诚信原则协商解决彼此间的争议。

B.调解

如果双方不能在 14 天内或双方商定的其他时间内解决本合同争议,可以将其提交给专用条件约定的或事后达成协议的调解人进行调解。

C. 仲裁或诉讼

双方均有权不经调解直接向专用条件约定的仲裁机构申请仲裁或向有管辖权的人民法院提起诉讼。

7.2.3 FIDIC 合同简介

7.2.3.1 FIDIC 简介

FIDIC 是国际咨询工程师联合会(Fédération International Des Ingénieurs-Conseils)的法文缩写。成立于 1913 年的欧洲,该联合会是被世界银行和其他国际金融组织认可的国际咨询服务机构。它的总部设在瑞士洛桑,下设四个地区成员协会:亚洲及太平洋地区成员协会(ASPAC)、欧洲共同体成员(CEDIC)、亚非洲成员协会集团(CAMA)、北欧成员协会集团(RINORD),目前已发展到世界各地 50 多个国家和地区,成为世界最有权威的工程师组织。FIDIC 下设许多专业委员会,各专业委员会编制了用于国际工程承包合同的许多规范性文件,被 FIDIC 成员国广泛采用,并被 FIDIC 成员国的雇主、工程师和承包人所熟悉,现已发展成为国际公认的标准范本,在国际上被广泛采用。

FIDIC 是世界上多数独立的咨询工程师的代表,是最具权威的咨询工程师组织。FIDIC 专业委员会编制了一系列规范性合同条件,构成了 FIDIC 合同条件体系。

FIDIC 系列合同包括:《FIDIC 土木工程施工合同条件》、《FIDIC 业主/咨询工程师标准服务协议书》、《FIDIC 电气与机械工程合同条件》、《设计–建造和交钥匙工程合同条件》和《土木工程分包合同条件》。其中,《土木工程分包合同条件》适用于国际工程项目中的工程分包,与《FIDIC 土木工程施工合同条件》配套使用。

《FIDIC 土木工程施工合同条件》(红皮书)是基本的合同条件,适用于进行国际性公开招标的一切土木建筑工程的施工管理。FIDIC 合同条款适用于单价合同。在项目管理模式方面,适用于传统模式。FIDIC 合同条款确定了发包人和承包人之间的合同关系,同时要求发包人任命工程师对工程项目施工进行合同管理。在传统模式的项目管理中,发包人与设计机构(建筑师/工程师)直接签订设计服务合同。在设计机构的协助下,通过竞争性招标将工程施工交由总承包人来完成。

《设计–建造和交钥匙工程合同条件》(橘皮书)是为了适应国际工程项目管理方法的发展而提出的,适用于设计–建造和交钥匙工程。合同条款明确了发包人和承包人的合同关系,承包人一般应在竣工时间内设计、实施和完成工程以及在合同期内修补任何缺陷,同时为工程提供所需的全部工程监督、劳工、工程设备、材料、承包人的设备、临时工程以及所有其他物品。该合同条件适用于总价合同。

7.2.3.2 FIDIC 系列合同条件适用范围

1999 年,FIDIC 在原合同条件基础上又出版了 4 份新的合同条件。这是迄今为止 FIDIC 合同条件的最新版本。

(1)施工合同条件(Condition of Contract for Construction,简称"新红皮书")。该合同主要用于由发包人设计的或由咨询工程师设计的房屋建筑工程(Building Works)和土木工程(Engineering Works)。施工合同条件的主要特点表现为:以竞争性招标投标方式选择承包人,合同履行过程中采用以工程师为核心的工程项目管理模式,适于整个土木工程。

(2)永久设备和设计 – 建造合同(Conditions of Contract for Plant and Design-build,简称"新黄皮书")。新黄皮书与原黄皮书相对应,其名称的改变便于与新红皮书相区别。在新黄皮书条件下,承包人的基本义务是完成永久设备的设计、制造和安装。

(3)EPC 交钥匙项目合同条件(Conditions of Contract for EPC Turnkey Projects,简称"银皮书")。银皮书又可译为"设计 – 采购 – 施工交钥匙项目合同条件",它与橘皮书相似但不完全相同。它适于工厂建设之类的开发项目,包含了项目策划、可行性研究、具体设计、采购、建造、安装、试运行等在内的全过程承包方式。承包人"交钥匙"时,提供的是一套配套完整的可以运行的设施。

(4)合同的简短格式(Short Form of Contract),又称绿皮书。该合同条件主要适于价值较低(50 万美金以下)的或形式简单或重复性的或工期短的房屋建筑和土木工程。

以上合同文本在国际工程承包中得到了广泛应用,尤其是"红皮书",被誉为"土木工程合同的圣经"。

7.2.3.3 FIDIC 系列合同条件特点

FIDIC 系列合同条件具有国际性、通用性和权威性。其合同条款公正合理,职责分明,程序严谨,易于操作。考虑工程项目的一次性、唯一性等特点,FIDIC 合同条件分成了通用条件(General Conditions)和专用条件(Conditions of Particular Application)两部分。通用条件适于某一类工程,如红皮书适于整个土木工程(包括工业厂房、公路、桥梁、水利、港口、铁路、房屋建筑等)。专用条件则针对一个具体的工程项目,是在考虑项目所在国法律法规不同、项目特点和发包人要求不同的基础上,对通用条件进行的具体化的修改和补充。

7.3 建设工程施工合同管理

建设工程施工合同是建设单位和施工单位为完成建筑安装工程而明确相互权利、义务关系的协议。根据监理委托合同中委托人对监理人的授权,以及监理人所承担的义务,监理单位应代表委托人对建设工程施工合同进行管理。

7.3.1 施工过程的合同管理

7.3.1.1 施工过程质量管理

1)材料、构配件、工程设备到货验收

工程项目所用的材料、构配件和设备按照专用合同条款的约定,可由承包人采购,也可由发包人全部或部分采购。合同双方当事人对自己所供应的材料和设备的质量承担全部责任。

A. 承包人供应的材料、构配件和工程设备

除专用合同条款另有约定外,承包人提供的材料、构配件和工程设备均由承包人负责采购、运输和保管。承包人应对其采购的材料、构配件和工程设备负责。

承包人将各种材料、构配件和设备的供货人及品种、规格、数量和供货时间等文件报送监理人审查。承包人应向监理人提交其负责提供的材料、构配件和工程设备的质量证明文件,并满足合同约定的质量标准。

对承包人供应的材料、构配件和工程设备,应会同监理人进行检验和交货验收,查验材料合格证明和产品合格证书,并按合同约定和监理人意见,进行材料的抽样检验和工程设备的检验测试,检验测试结果资料应提交监理人,所需费用由承包人承担。

B. 发包人供应的材料、构配件和工程设备

发包人提供的材料、构配件和工程设备,应在专用合同条款和发包人供应材料设备一览表中写明材料、构配件和工程设备的名称、规格、数量、价格、交货方式、交货地点和计划交货日期等,并将进度计划的安排报送监理人。

发包人应在材料、构配件和工程设备到货7天前通知承包人,承包人应会同监理人在约定的时间内,赴交货地点共同进行验收。除专用合同条款另有约定外,发包人提供的材料、构配件和工程设备验收后,由承包人负责接收、运输和保管。

发包人要求向承包人提前交货的,承包人不得拒绝,但发包人应承担由此增加的费用。

承包人要求更改交货日期或地点的,应事先报请监理人批准,并承担所增加的费用和(或)工期延误的责任。

发包人提供的材料、构配件和工程设备的规格、数量或质量不符合合同要求,或由于发包人原因发生交货日期延误及交货地点变更等情况的,发包人应承担由此增加的费用和(或)工期延误,并向承包人支付合理利润。

2)隐蔽工程的检查

隐蔽工程是指工作面经覆盖后将无法直接查看的工程。对于隐蔽工程的检查关系到整个工程质量控制,也对施工进度有影响。不经监理人的检查验收,工程的任何部分均不能覆盖或隐蔽,不能进行下一道工序的施工。

A. 通知监理人检查

经承包人自检确认的工程隐蔽部位具备覆盖条件后,承包人应通知监理人在约定的期限内检查。承包人的通知应附有自检记录和必要的检查资料,监理人应按时到场检查。经监理人检查确认质量符合隐蔽要求,并在检查记录上签字后,承包人才能进行覆盖。监理人检查确认质量不合格的,承包人应在监理人指示的时间内修整返工后,由监理人重新检查。

B. 监理人未到场检查

监理人未按约定的时间进行检查的,承包人可自行完成覆盖工作,并作相应记录报送监理人,监理人应签字确认。监理人事后对检查记录有疑问的,可进行重新检查。

C. 监理人重新检查

承包人对工程隐蔽部位覆盖后,监理人对质量有疑问的,可要求承包人对已覆盖的部位进行钻孔探测或揭开重新检验,承包人应遵照执行,并在检验后重新覆盖恢复原状。经检验证明工程质量符合合同要求的,由发包人承担由此增加的费用和(或)工期延误,经检验证明工程质量不符合合同要求的,由此增加的费用和(或)工期延误由承包人承担。

D. 承包人私自覆盖

承包人未通知监理人到场检查,私自将工程隐蔽部位覆盖的,监理人有权指示承包人钻孔探测或揭开检查,由此增加的费用和(或)工期延误由承包人承担。

3)现场巡视和旁站监理

监理人应经常到施工现场进行巡视,根据监理细则的规定对重要的分部、分项工程或工程的重要部位、工序进行旁站监理。发现工程质量、施工安全存在事故隐患的,要求承包人

整改,并报委托人。

7.3.1.2 施工过程进度管理

(1)在签订工程承包合同时,发包人应要求承包人按约定的内容与期限,按投标阶段承诺的总进度计划关键线路目标以及施工顺序和方法要点,向监理人提交更准确、更详细的施工进度计划和施工方案(标后设计),经监理人审查的施工进度计划称为合同进度计划,具有合同地位,是控制合同工程进度的依据。标后设计不应对随投标文件提交标前设计做实质性变动。为了便于进行工程进度控制,发包人还可以在合同专用条款中要求承包人编制更为详细的分阶段或分项进度计划,特别是合同进度计划关键线路上的单位工程或分包工程,并提交监理人审查。监理人应在合同约定的期限内审查或提出修改意见。

(2)工程开工后,进度管理的任务是控制施工工作按进度计划执行,确保施工进度在规定的合同工期内完成。

对于发包人而言,工程能否按期竣工关系到项目能否按计划时间投入运营,关系到预期的经济效益能否实现。而对于承包人来说,工程按期竣工是承包人的主要合同义务之一,关系工程款的支付和企业的经济效益。

(3)在施工过程中,由于种种原因造成工程的实际进度与合同计划进度发生偏差时,承包人需在合同约定的期限内向监理人提交修订施工进度计划的申请报告,并附有关加快施工进度的措施和相关资料报监理人审查。监理人也可提出相应意见,要求承包人采取有效措施赶上计划进度。

7.3.1.3 工程量的确认

1)承包人提交工程量报告

承包人应按专用条款约定的时间,向监理工程师提交本阶段(月)已完工程量的报告,说明本期完成的各项工作内容和工程量。

2)工程量计量

监理工程师接到承包人的报告后7天内,按设计图纸核实已完工程量,并在现场实际计量前24小时通知承包人共同参加。承包人为计量提供便利条件并派人参加。如果承包人收到通知后不参加计量,监理工程师自行计量的结果有效,作为工程价款支付的依据。若工程师不按约定时间通知承包人,致使承包人未能参加计量,工程师单方计量的结果无效。

监理工程师收到承包人报告并报委托人7天内未进行计量,从第8天起,承包人报告中开列的工程量即视为已被确认,作为工程价款支付的依据。

3)工程量的计量原则

监理工程师对照设计图纸,只对承包人完成的永久工程合格工程量进行计量。因此,属于承包人超出设计图纸范围(包括超挖、涨线)的工程量不予计量;因承包人原因造成返工的工程量不予计量。

7.3.1.4 工程进度款的支付

1)工程进度款的计算

工程进度款的计算内容包括:

(1)经过核实确认完成的工程量对应工程量清单或报价单的相应价格计算应支付的工程款。

(2)设计变更应调整的合同价款。

（3）本期应扣回的工程预付款。

（4）根据合同允许调整工程价款原因应补偿承包人的款项和应扣减的款项。

（5）经过工程师批准的承包人索赔款等。

2）发包人的支付责任

发包人应在双方计量确认后14天内向承包人支付工程进度款。发包人超过约定的支付时间不支付工程进度款的，承包人可向发包人发出要付款的通知。发包人在收到承包人通知后仍不能按要求支付的，可与承包人协商签订延期付款协议，经承包人同意后可以延期支付。发包人不按合同约定支付工程款（进度款），双方又未达成延期付款协议，导致施工无法进行的，承包人可停止施工，由发包人承担违约责任。

7.3.1.5　不可抗力

不可抗力是指承包人和发包人在订立合同时不可预见，在工程施工过程中不可避免的发生，并且不能克服的自然灾害和社会性突发事件，如地震、海啸、瘟疫、水灾、骚乱、暴动、战争。当不可抗力事件发生后，合同双方当事人应及时认真统计所造成的损失，并收集不可抗力造成损失的证明材料。若承包人和发包人对不可抗力的认定，或对其损害程度的调查意见不一致，监理人可以与合同双方当事人协商，尽量达成一致。若合同双方当事人对监理人商定或确定的事项有异议，发生争议的，按合同约定的争议解决方式处理。

合同一方当事人遇到不可抗力事件，使其履行合同义务受到阻碍时，应立即通知合同另一方当事人和监理人，使合同双方当事人均能迅速采取措施，减轻损失，并书面向监理人说明不可抗力和其造成损失的详细情况以及提供必要的有关不可抗力的证明材料。

如不可抗力事件持续发生，合同一方当事人应及时向合同另一方当事人和监理人提交中间报告，说明不可抗力和履行合同受阻的情况，并于不可抗力事件结束后28天内提交最终报告及有关资料。

不可抗力事件结束或即将结束时，受不可抗力事件严重影响的一方应尽快通知合同另一方当事人和监理人，并在可能的情况下共同采取措施，尽快恢复合同义务履行。

由于不可抗力是由合同双方当事人不能预见、不能避免、不能克服的客观原因引起的，其后果应由承发包双方按照公平原则合理分担。不可抗力事件导致的人员伤亡、财产损失、费用增加和（或）工期延误等后果，由合同双方当事人一般按以下原则承担。

（1）永久工程，包括已运至施工场地的材料和工程设备的损害，以及因工程损害造成的第三者人员伤亡和财产损失由发包人承担。

（2）承包人设备的损坏由承包人承担。

（3）发包人和承包人各自承担人员伤亡和其他财产损失及其相关费用。

（4）承包人的停工损失由承包人承担，但停工期间应监理人要求照管工程和清理、修复工程的金额由发包人承担。

（5）不能按期竣工的，应合理延长工期，承包人不需支付逾期竣工违约金。发包人要求赶工的，承包人应采取赶工措施，赶工费用由发包人承担。

不可抗力事件发生后，发包人和承包人均应采取措施尽量避免和减少损失的扩大，任何一方没有采取有效措施导致损失扩大的，应对扩大的损失承担责任。

合同一方当事人延迟履行，在延迟履行期间发生不可抗力的，不免除其责任。

7.3.1.6　施工环境管理

监理人员应监督现场的文明、整洁、安全施工符合行政法规和合同的要求。

1)遵守法规对施工环境的要求

施工应遵守政府有关主管部门对施工场地、施工噪声以及环境保护和安全生产等的管理规定。承包人按规定办理有关手续,并以书面形式通知发包人,发包人承担由此发生的费用。

2)保持现场的整洁

承包人应保证施工场地清洁,符合环境卫生管理的有关规定。交工前清理场地,达到专用条款约定的要求。

3)重视施工安全

(1)承包人应遵守安全生产的有关规定,严格按安全标准组织施工,采取必要的安全防护措施,消除事故隐患。因承包人采取安全措施不力造成事故的责任和因此发生的费用,由承包人承担。

(2)发包人应对其在施工场地的工作人员进行安全教育,并对他们的安全负责。发包人不得要求承包人违反安全管理规定进行施工。因发包人原因导致的安全事故,由发包人承担相应责任及发生的费用。

7.3.2　竣工阶段的合同管理

7.3.2.1　设备试运行

设备安装工程完成后,要对设备进行单机试运行、联合试运行和负荷联合试运行,以检验设备系统的质量。

1)竣工前的试车

竣工前的试车工作分为单机无负荷试车和联动无负荷试车。双方约定需要试车的,试车内容应与承包人承包的安装工程范围相一致。

A.试车的组织

(1)单机无负荷试车。由于单机无负荷试车所需的环境条件在承包人的设备现场范围内,因此安装工程具备试车条件时,由承包人组织试车。承包人应在试车前48小时向工程师发出要求试车的书面通知,通知包括试车内容、时间、地点。承包人准备试车记录,发包人根据承包人要求为试车提供必要条件。试车合格,工程师在试车记录上签字。

(2)联动无负荷试车。进行联动无负荷试车时,由于需要外部的配合条件,因此具备联动无负荷试车条件时,由发包人组织试车。发包人在试车前48小时书面通知承包人做好试车准备工作。通知包括试车内容、时间、地点和对承包人的要求等。承包人按要求做好准备工作。试车合格,双方在试车记录上签字。

B.试车中双方的责任

(1)由于设计原因试车达不到验收标准的,发包人应要求设计单位修改设计,承包人按修改后的设计重新安装和试车。发包人承担修改设计、拆除及重新安装的全部费用和追加合同价款,工期相应顺延。

(2)由于设备制造原因试车达不到验收标准的,由该设备采购一方负责重新购置或修理,承包人负责拆除或重新安装和试车。设备由承包人采购的,由承包人负责修理或重新购置、拆除及重新安装的费用,工期不予顺延;设备由发包人采购的,发包人承担上述各项追加合同价款,工期相应顺延。

(3)由于承包人施工原因试车达不到要求的,承包人按工程师要求重新安装和试车,并承担重新安装和试车的费用,工期不予顺延。

(4)试车费用除已包括在合同价款之内或专用条款另有约定外,均由发包人承担。

(5)工程师在试车合格后不在试车记录上签字,试车结束24小时后,视为工程师已经认可试车记录,承包人可继续施工或办理竣工手续。

2)竣工后的试车

投料试车属于竣工验收后的带负荷试车,不属于承包的工作范围,一般情况下承包人不参与此项试车。如果发包人要求在工程竣工验收前进行或需要承包人在试车时予以配合,经承包人同意,另行签订补充协议。试车组织和试车工作由发包人负责。

7.3.2.2 竣工验收

工程验收是合同履行中的一个重要工作阶段,工程未经竣工验收或竣工验收未通过的不得使用。发包人强行使用时,由此产生的问题由发包人承担责任。竣工验收分为分项工程竣工验收和整体工程竣工验收两大类,视施工合同约定的工作范围而定。

1)竣工验收需满足的条件

依据施工合同范本通用条款和法规的规定,竣工工程必须符合下列基本要求:

(1)完成工程设计和合同约定的各项内容。

(2)承包单位在工程完工后对工程质量进行了检查,确认工程质量符合有关工程建设强制性标准,符合设计文件及合同要求,并提出工程竣工报告。工程竣工报告应经项目经理和承包单位有关负责人审核签字。

(3)对于委托监理的工程项目,监理单位对工程进行了质量评价,具有完整的监理资料,并提出工程质量评价报告。工程质量评价报告应经总监理工程师和监理单位有关负责人审核签字。

(4)勘察、设计单位对勘察与设计文件及施工过程中由设计单位签署的设计变更通知书进行了确认。

(5)有完整的技术档案和施工管理资料。

(6)有工程使用的主要建筑材料、建筑构配件和设备合格证及必要的进场试验报告。

(7)有承包单位签署的工程质量保修书。

(8)有公安消防、环保等部门出具的认可文件或准许使用文件。

(9)建设行政主管部门及其委托的工程质量监督机构等有关部门责令整改的问题全部整改完毕。

2)竣工验收程序

工程具备竣工验收条件,发包人按国家工程竣工验收有关规定组织验收工作。

(1)承包人申请验收。

工程具备竣工验收条件,承包人向发包人申请工程竣工验收,递交竣工验收报告并提供完整的竣工资料。实行监理的工程,工程竣工报告必须经总监理工程师签署意见。

(2)发包人组织验收组。

对符合竣工验收要求的工程,发包人收到工程竣工报告后28天内,组织勘察单位、设计单位、施工单位、监理单位、质量监督机构和其他有关方面的专家组成验收组，制订验收方案。

监理人受委托参加工程竣工验收工作，并提出监理人的意见和建议。

（3）验收步骤。

由发包人组织工程竣工验收。验收过程主要包括：

①发包人、承包人、勘察单位、设计单位、监理单位分别向验收组汇报工程合同履约情况和在工程建设各个环节执行法律、法规和工程建设强制性标准的情况；

②验收组审阅建设单位、勘察单位、设计单位、施工单位、监理单位提供的工程档案资料；

③查验工程实体质量；

④验收组通过查验后，对工程施工、设备安装质量和各管理环节等方面作出总体评价，形成工程竣工验收意见（包括基本合格对不符合规定部分的整改意见）。参与工程竣工验收的发包人、承包人、勘察单位、设计单位、施工单位、监理单位等各方不能形成一致意见时，应报当地建设行政主管部门或监督机构进行协调，待意见一致后，重新组织工程竣工验收。

3）验收后的管理

（1）发包人在验收后 14 天内给予认可或提出修改意见。竣工验收合格的工程移交给发包人运行使用，承包人不再承担工程保管责任。需要修改缺陷的部分，承包人应按要求进行修改，并承担由自身原因造成修改的费用。

（2）发包人收到承包人送交的竣工验收报告后 28 天内不组织验收，或验收后 14 天内不提出修改意见，视为竣工验收报告已被认可。同时，从第 29 天起，发包人承担工程保管及一切意外责任。

（3）因特殊原因，发包人要求部分单位工程或工程部位甩项竣工的，双方另行签订甩项竣工协议，明确双方责任和工程价款的支付方法。

中间竣工工程的范围和竣工时间，由双方在专用条款内约定，其验收程序与上述规定相同。

4）竣工时间的确定

工程竣工验收通过，承包人送交工程竣工验收报告的日期即为实际竣工日期。工程按发包人要求修改后通过竣工验收的，实际竣工日期为承包人修改后提请发包人验收的日期，该日期用于计算承包人的实际施工工期，以利于与合同约定的工期相比较。

合同约定的工期指协议书中写明的时间与施工过程中遇到合同约定可以顺延工期条件情况后，经过工程师确认应给予承包人顺延工期之和。

承包人的实际施工期限，从开工日起到上述确认为竣工日期之间的日历天数。开工日正常情况下为专用条款内约定的日期，也可能是由于发包人或承包人要求延期开工，经工程师确认的日期。

7.3.2.3　工程保修

承包人应当在工程竣工验收之前，与发包人签订质量保修书，作为合同附件。质量保修书的主要内容包括工程质量保修范围和内容、保修期、保修责任、保修费用和其他约定部分。

1）工程质量保修范围和内容

双方按照工程的性质和特点，具体约定保修的相关内容。房屋建筑工程的保修范围包括地基基础工程、主体结构工程、屋面防水工程、有防水要求的卫生间和外墙面的防渗漏、供热与供冷系统、电气管线、给水排水管道、设备安装和装修工程，以及双方约定的其他项目。

2）质量保修期

保修期从竣工验收合格之日起计算。当事人双方应针对不同的工程部位，在保修书内约定具体的保修期限。当事人协商约定的保修期限不得低于法规规定的标准。国务院颁布的《建设工程质量管理条例》明确规定，在正常使用条件下的最低保修期限为：

（1）基础设施工程、房屋建筑的地基基础工程和主体工程，为设计文件规定的该工程的合理使用年限；

（2）屋面防水工程以及有防水要求的卫生间、房间和外墙面的防渗漏，为5年；

（3）供热与供冷系统，为2个采暖期、供冷期；

（4）电气管线、给水排水管道、设备安装和装修工程，为2年。

3）质量保修责任

（1）属于保修范围、内容的项目，承包人应在接到发包人的保修通知起7天内派人保修。承包人不在约定期限内派人保修，发包人可以委托其他人修理。

（2）发生紧急抢修事故时，承包人接到通知后应当立即到达事故现场抢修。

（3）涉及结构安全的质量问题，应当按照《房屋建筑工程质量保修办法》的规定，立即向当地建设行政主管部门报告，采取相应的安全防范措施。由原设计单位或具有相应资质等级的设计单位提出保修方案，承包人实施保修。

（4）质量保修完成后，由发包人组织验收。

4）保修费用

根据《建设工程质量管理条例》规定，为了维护承包人的合法利益，竣工结算时不再扣留质量保修金。保修费用由造成质量缺陷的责任方承担。

5）竣工结算

A. 竣工结算程序

（1）承包人递交竣工结算报告。

工程竣工验收报告经发包人认可后，监理人审查承包人提交的竣工结算申请。按施工合同约定的合同价款及专用条款约定的合同价款调整方式，进行工程竣工结算。

工程竣工验收报告经发包人认可后28天，承包人向发包人递交竣工结算报告及完整的结算资料。

（2）发包人的核实和支付。

发包人自收到竣工结算报告及结算资料后28天内进行核实，给予确认或提出修改意见。发包人认可竣工结算报告后，及时办理竣工结算价款的支付手续。

（3）移交工程。

承包人收到竣工结算价款后14天内将竣工工程交付发包人，施工合同即告终止。

B. 竣工结算的违约责任

（1）发包人的违约责任。

①发包人收到竣工结算报告及结算资料后28天内无正当理由不支付工程竣工结算价款，从第29天起按承包人同期向银行贷款利率支付拖欠工程价款的利息，并承担违约责任。

②发包人收到竣工结算报告及结算资料后28天内不支付工程竣工结算价款，承包人可

以催告发包人支付结算价款。发包人在收到竣工结算报告及结算资料后56天内仍不支付，承包人可以与发包人协议将该工程折价，也可以由承包人申请人民法院将该工程依法拍卖，承包人就该工程折价或者拍卖的价款优先受偿。

（2）承包人的违约责任。

工程竣工验收报告经发包人认可后28天内，承包人未能向发包人递交竣工结算报告及完整的结算资料，造成工程竣工结算不能正常进行或工程竣工结算价款不能及时支付时，如果发包人要求交付工程，承包人应当交付；发包人不要求交付工程，承包人仍应承担保管责任。

思考题

1. 合同法律关系由哪些要素构成？

2. 建设工程承包合同双方的义务有哪些？

3. 监理合同当事人双方都有哪些权利？

4. 监理合同要求监理人必须完成的工作包括哪几类？

5. 监理人执行监理业务过程中，发生哪些情况不应由他承担责任？

6. 如何进行隐蔽工程的检验和验收？

7. 发生哪些情况应该给承包人合理顺延工期？

8. 竣工阶段工程师应做好哪些工作？

第8章 建筑节能

8.1 建筑节能的相关知识

8.1.1 建筑节能的含义

建筑节能是指在居住建筑和公共建筑的规划、设计、建造和使用过程中,通过执行建筑节能标准,提高建筑维护结构热工性能,采用节能型用能系统和可再生能源利用系统,切实降低建筑能源消耗的活动。

节能建筑是指按节能设计标准进行设计和建造,使其在使用过程中降低能耗的建筑,是遵循气候设计和节能的基本方法,对建筑规划分区、群体和单体、建筑朝向、间距、太阳辐射、风向以及外部空间环境进行研究后,设计出的低能耗建筑。其特点是:冬暖夏凉,通风良好,光照充足,智能控制。

8.1.2 部分建筑节能专业术语

(1)导热系数。它是指在稳定条件下,1 m 厚的物体,两侧表面温差为 1 K,1 h 内通过 1 m^2 面积传递的热量,单位是 W/(m·K)。材料的导热系数,与其自身的成分、表观密度、内部结构以及传热时的平均温度和材料的含水量有关。

(2)围护结构。它是指建筑物及房间各面的围护物。它分不透明和透明两种类型。不透明围护结构有墙、屋面、地板和顶棚等,透明围护结构有窗户、天窗、阳台门和玻璃隔断等。按是否同室外空气直接接触,围护结构又分为外围护结构和内围护结构。与外界直接接触者称为外围护结构,包括外墙、屋面、窗户、阳台门、外门,以及不采暖楼梯间的隔墙和户门等。不需特别指明情况下,围护结构即为外围护结构。

(3)热桥(冷桥)。建筑物维护结构中包含金属、钢筋混凝土或混凝土梁、柱、肋等部位,在室内外温差的作用下,形成热流相对密集、内表面温度较低的部位,这些部位形成传热的桥梁,故称热桥,有时又称为冷桥。由于热桥部位内表面温度较低,寒冷期间,该处温度低于露点温度时,水蒸气就会凝结在其表面上,形成结露。

(4)建筑物耗热量指标。它是指在采暖期室内外平均温度条件下,为保持室内计算温度,单位建筑面积在单位时间内消耗的、需由室内采暖设备供给的热量。单位是 W/m^2。

(5)建筑物体形系数。它是指建筑物与室外大气接触的外表面积与其所包围的体积的比值。外表面积中,不包括地面和不采暖楼梯间隔墙及户门的面积。

(6)窗墙面积比。它是指窗户洞口面积与房间立面单元面积(即建筑层高与开间定位线围成的面积)的比值。

(7)玻璃遮阳系数。它是指透过窗玻璃的太阳辐射热与透过标准 3 mm 透明窗玻璃的太阳辐射热的比值。

（8）型式检验。它是指由生产厂家委托有资质的检测机构,对定型产品或成套技术的全部性能及其适用性所做的检验。其报告称型式检验报告。通常在工艺参数改变、达到预定生产周期或产品生产数量时进行。

8.1.3　建筑的保温与隔热

建筑保温通常指围护结构在冬季阻止室内向室外传热,从而保持室内适当温度的能力。保温是指冬季的传热过程,通常按稳定传热考虑,同时考虑不稳定传热的一些影响。保温性能通常用传热系数值或传热绝缘系数值来评价。

建筑隔热通常指围护结构在夏天隔离太阳辐射热和室外高温的影响,从而使其内表面保持适当温度的能力。隔热针对夏季传热过程,通常以 24 小时为周期的周期性传热来考虑。隔热性能通常用夏季室外计算温度条件下,围护结构内表面最高温度值来评价。如果在同一条件下,其围护结构内表面的最高温度不高于夏季室外计算温度最高值,则认为符合隔热要求。

8.1.4　外墙外保温系统的概念及其分类

外墙外保温系统是由保温层、保护层和固定材料(胶黏剂、锚固件等)构成并且适用于安装在外墙外表面的非承重保温构造的总称。

行业标准《外墙外保温工程技术规程》(JGJ 144—2004)中将外墙外保温划分为如下五大系统。

8.1.4.1　胶粉聚苯颗粒保温砂浆外墙外保温系统

胶粉聚苯(EPS)颗粒保温砂浆是一种墙体保温材料,由胶粉料和聚苯颗粒轻料组成,现场加水即可使用,施工简单,黏结力强。

胶粉聚苯颗粒保温砂浆外墙外保温系统由界面层、胶粉聚苯颗粒保温砂浆料保温层、抗裂砂浆抹面层和饰面层等组成,其厚度不宜超过 100 mm。

8.1.4.2　膨胀聚苯板(EPS)薄抹灰外墙外保温系统

EPS 板是由聚苯乙烯颗粒经过加热预发泡后在模具中加热成型而制得的具有闭孔结构的聚苯乙烯泡沫塑料板材。它是置于建筑物外墙外侧的保温及饰面系统,由膨胀聚苯板、胶黏剂和必要时的锚栓、抹面胶浆和耐碱网布及涂料等组成的系统产品。该系统采用黏结固定方式与基层墙体连接,也可辅有锚栓。

EPS 板薄抹灰外墙外保温系统的基本构造主要由基层、胶黏剂、保温层、抹面层、饰面层等组成。

8.1.4.3　EPS 钢丝网架板现浇混凝土外墙外保温系统

EPS 钢丝网架板现浇混凝土外墙外保温系统简称有网现浇系统,该系统基层墙体为现浇混凝土墙,采用腹丝穿透型钢丝网架聚苯板作保温隔热材料,置于外墙外模板内侧,并以锚筋钩紧钢丝网片作为辅助固定措施与钢筋混凝土现浇为一体,聚苯板的抹面层为抗裂防水砂浆,属厚抹灰面层,外表做饰面层。

采用面砖饰面时,面砖所用粘贴剂的技术性能应符合《建筑工程饰面砖黏结强度检验标准》(JGJ 110—2008)规定,粘贴面砖前,须做水泥砂浆与钢丝网片的握裹力试验和抗拉拔试验;涂料饰面时,做耐碱涂塑玻璃纤维网格布防护层后,刮柔性耐水腻子刷涂料。

8.1.4.4　EPS 板现浇混凝土外墙外保温系统

EPS 板现浇混凝土外墙外保温系统(简称无网现浇系统)以现浇混凝土外墙为基层,EPS 板为保温层。EPS 板内表面与现浇混凝土接触的表面沿水平方向开有矩形齿槽,内外表面均涂满界面砂浆。在施工时将 EPS 板置于外模板内侧,并安装锚栓作为辅助固定件。为加强与表面保护砂浆层结合牢固和提高聚苯板的阻燃性,在保温板内外表面喷涂界面剂。浇筑混凝土后,墙体与 EPS 板以及锚栓结合为一体。EPS 板表面抹抗裂砂浆薄抹灰层,外表以涂料为饰面层,薄抹灰面层中满铺玻纤网。

8.1.4.5　机械固定 EPS 钢丝网架板外墙外保温系统

机械固定 EPS 钢丝网架板外墙外保温系统(简称机械固定系统)由机械固定装置、腹丝非穿透性 EPS 钢丝网架板、掺外加剂的水泥砂浆厚抹灰层和饰面层构成。以涂料做饰面层时应加抹玻纤网抗裂砂浆薄抹面层。机械固定 EPS 钢丝网架板外墙外保温系统不适用于加气混凝土和轻集料混凝土墙体基层。

8.1.4.6　外墙保温材料防火要求

《民用建筑外保温系统及外墙装饰防火暂行规定》(公通字[2009]46 号)中明确要求"民用建筑外保温材料的燃烧性能宜为 A 级,且不低于 B2 级",监理人员应特别注意该文件对高层建筑外保温材料的燃烧性能有更高、更具体的规定。市场上供应的 A 级材料有玻纤板、岩棉板、绝热板等。

8.2　建筑节能监理的依据

(1)《外墙外保温工程技术规程》(JGJ 144—2004)。

(2)《建筑节能工程施工质量验收规范》(GB 50411—2007)。

(3)《河南省民用建筑节能监测及验收技术规程》(DBJ 41/065—2005)。

(4)《民用建筑外保温系统及外墙装饰防火暂行规定》(公通字[2009]46 号)。

(5)设计文件。

8.3　建筑节能监理工作的内容和工作方法

8.3.1　施工准备阶段的建筑节能监理工作

施工准备阶段的节能监理工作可遵循第三章有关内容进行。针对监理工作的特点,监理人员还应做好下列工作:

(1)建筑节能工程施工前,专业监理工程师应严格按照审查合格的设计文件和建筑节能标准的要求,针对工程的特点组织编制建筑节能监理实施细则。监理实施细则应包括如下内容:①建筑节能专业工程的特点;②建筑节能监理工作的流程;③建筑节能监理工作的控制要点及目标值;④建筑节能监理工作的方法及措施。

(2)专业监理工程师应审查承担建筑节能工程检测试验的检测机构资质。

8.3.2　施工阶段的建筑节能监理工作

监理人员除应遵循第三章内容进行工作外,还应做好下列工作:

（1）对现场配制的材料如保温浆料、聚合物砂浆等，应检查其配合比通知单；核查建筑节能使用材料的燃烧性能等级、使用时含水量是否符合设计要求。

（2）建筑节能工程采用建筑节能新材料、新工艺、新技术、新设备时，承包单位应按照有关规定进行评审、鉴定及备案，施工前对新的或首次采用的施工工艺进行评价，并制订专门施工技术方案，经专业监理工程师审定后予以签认。

项目监理机构应严格控制设计变更，当设计变更涉及建筑节能效果时，应通知建设单位将设计变更文件报送原施工图审查机构审查，在实施前监理工程师应审查设计变更手续，符合要求后予以确认。

（3）建筑节能工程施工前，对于采用相同建筑节能设计的房间和构造做法，监理工程师应要求承包单位在现场采用相同材料和工艺制作样板间或样板件，经设计单位、建设单位、施工单位、监理单位、材料供应单位等各方确认后方可进行施工。

（4）建筑节能工程施工中，对易产生热桥和热工缺陷部位的施工，以及墙体、幕墙、地面、屋面、采暖、通风与空调、空调与采暖系统设备及管网等保温绝热工程隐蔽前的施工，专业监理工程师应当按照工程监理规范的要求，采取旁站、巡视和平行检验等形式实施监理。

（5）专业监理工程师应根据承包单位报送的检验批和分项工程报验申请表和质量检查、验收记录进行现场检查和资料核查，符合要求后予以签认。其验收程序和组织应符合《建筑工程施工质量验收统一标准》（GB 50300—2001）和《建筑节能工程施工质量验收规范》（GB 50411—2001）的规定。

8.3.3　建筑节能分部工程验收阶段的监理工作

（1）核查建筑节能工程质量控制资料和现场检验报告，主要有：

①设计文件、图纸会审记录、设计变更和洽商；

②主要材料、设备和构配件的质量证明文件、进场检验记录、进场核查记录、进场复验报告、见证试验报告；

③隐蔽工程验收记录和相关图像资料；

④检验批、分项工程验收记录；

⑤建筑围护结构节能构造现场实体检验记录；

⑥严寒、寒冷和夏热冬冷地区外窗气密性现场检验报告；

⑦风管及系统严密性检验报告；

⑧现场组装的组合式空调机组的漏风量测试记录；

⑨设备单机试运转及调试记录；

⑩系统联合试运转及调试记录；

⑪系统节能性能检验报告；

⑫其他对工程质量有影响的重要技术资料。

（2）总监理工程师组织监理人员对承包单位报送的建筑节能分部工程进行现场检查，符合要求后，予以批准节能分部工程验收。同时编制节能分部工程监理质量评估报告，质量评估报告应明确执行建筑节能标准和设计要求的情况及节能工程质量评估结论。

（3）节能分部工程验收由总监理工程师主持，由建设单位负责人、承包单位项目经理、项目技术负责人和相关专业的质量检查员、施工员参加；由承包单位的质量或技术负责人参加;由设计单位节能设计人员参加。

（4）签署建筑节能实施情况意见。工程监理单位在《河南省民用建筑节能专项验收备案登记表》上签署建筑节能实施情况意见，并加盖监理单位公章。

8.3.4 建筑节能监理工作方法

建筑节能监理工作方法包括审查、复核、旁站、见证、平行检测、巡视、工程验收、支付控制、指令文件、会议、影像记录等方式，同时也可以采用样板示范，推动节能工作的顺利开展。

8.3.4.1 审查

审查是监理工程师进行质量控制的主要方法之一，审查的主要内容如下：

（1）熟悉节能工程设计文件。

（2）审查承包单位企业资质和人员资格。

（3）审批、审定施工组织设计（方案）。

承包单位在节能保温施工开工前应报送详细的专项施工方案。监理工程师应重点审查如下内容：①专项节能工程施工方案是否满足设计图纸、节能规范、标准和强制性标准要求，主要技术组织措施是否具有针对性，施工程序是否合理，材料的质量控制措施、施工工艺是否能够先进合理地指导施工；②对特殊部位（门窗口、阳角、变形缝等）是否明确专项措施、要求和质量验收标准，是否确定节能工程施工中的安全生产措施、环境保护措施和季节性施工措施。

（4）对建筑节能工程"四新"的检查。

建筑节能工程采用的"四新"即新技术、新材料、新工艺和新设备，监理工程师应审查承包单位所指定的专门施工技术方案，对节能"四新"和有关订货厂家等资料进行审核，对产品质量标准进行双控，即设计标准及国家有关产品质量标准，严禁使用国家明令禁止或淘汰的产品。

8.3.4.2 复核

建筑节能工程监理的一个主要特点就是工序交接多。监理复核的主要内容有：墙体主体结构基层的坐标、尺寸和位置复核，保温层、饰面层厚度复核，墙体节能构造部位复核等，幕墙结构基层尺寸复核，隔汽层安装尺寸复核等；门窗及玻璃安装尺寸复核，热桥薄弱部位构造措施复核等；屋面结构、地面结构基层、采暖及通风和配电系统的安装尺寸的复核等。

对于关键部位，监理复核后，应组织相关单位共同进行阶段性验收或实地检查验收，办理交接检手续。

8.3.4.3 旁站

建筑节能监理旁站部位应根据工程实际情况进行确定。

8.3.4.4 见证取样送检

建筑节能材料应在监理工程师或建设单位代表的见证下，从施工现场随机抽取试样，送至有见证检测资质的检测机构进行检测。主要内容有进场材料（半成品、构件等）见证取样送检和工程实体见证取样送检。《建筑节能工程施工质量验收规范》（GB 50411—2007）规定的建筑节能工程进场材料和设备的复验项目如下。

1）建筑节能材料和设备送检

建筑节能工程见证取样送检的进场材料和设备如下：

（1）墙体节能工程：保温板材的导热系数、密度、抗压强度或压缩强度，黏结材料的黏结强度，增强网的力学性能、抗腐蚀性能。

（2）幕墙节能工程：保温材料的导热系数、密度，幕墙玻璃的可见光透射比、传热系数、遮阳系数、中空玻璃露点，隔热型材的抗拉强度、抗剪强度。

（3）门窗节能工程：严寒、寒冷地区：气密性、传热系数和中空玻璃露点，夏热冬冷地区：气密性、传热系数、玻璃遮阳系数、可见光透射比、中空玻璃露点，夏热冬暖地区：气密性、玻璃遮阳系数、可见光透射比、中空玻璃露点。

（4）屋面节能工程：保温材料的导热系数、密度、抗压强度或压缩强度。

（5）地面节能工程：保温材料的导热系数、密度、抗压强度或压缩强度。

（6）采暖节能工程：散热器的单位散热量、金属热强度，保温材料的导热系数、密度、吸水率。

（7）通风与空调节能工程：风机盘管机组的供冷量、供热量、风量、出口静压、噪声及功率，绝热材料的导热系数、材料密度、吸水率。

（8）空调与采暖系统冷、热源及管网节能工程：绝热材料的导热系数、密度、吸水率。

（9）配电与照明节能工程：电缆、电线截面和每芯导体电阻值。

2）工程现场实体检验

建筑节能工程见证现场实体检验项目包括围护结构现场实体检验项目和系统节能性能检测，具体内容参考《建筑节能工程施工质量验收规范》（GB 50411—2007）的有关规定。

8.3.4.5 平行检验

监理平行检验是在承包单位检验的基础上按项目重要性抽取一定比例进行的。比如对工程施工测量进行平行检验，对保温材料、黏结材料、玻璃幕墙、门窗、隔热型材和绝热材料等进行平行检验。

8.3.4.6 巡视

监理人员应经常、有目的地对承包单位的施工过程进行巡视检查、检测，并对巡视监理情况进行专项记录。主要检查内容有：①是否按设计文件、施工规范和批准的施工方案施工；②是否使用合格的材料、构配件和设备；③施工现场管理人员，尤其是质检人员是否到岗到位；④施工操作人员的技术水平、操作条件是否满足工艺操作要求，特种操作人员是否持证上岗；⑤施工环境是否对工程质量产生不利影响；⑥已施工部位是否存在质量隐患。

8.3.4.7 样板引路

制作样板间或样板件可以直接检查节能施工的做法和效果，并为后续施工提供实物标准，直观地评判其质量与工艺状况。因此，监理应严格实行样板引路制度，在建筑节能工程施工前，对于采用相同建筑节能设计的房间和构造做法，应在现场采用相同材料和工艺制作的样板间或样板件，经有关各方确认后方可施工。

8.3.4.8 工程验收

建筑节能工程验收包括材料与设备进场验收、隐蔽工程验收和分部分项工程验收。

1）材料与设备进场验收

材料及设备进场时对材料和设备的品种、规格、包装、外观尺寸等进行检查验收，检查复核产品出厂合格证；中文说明书及相关的出厂性能检验报告，按规定抽取试件做物理性能检验，其质量必须符合有关标准的规定，形成相应的验收记录。定型产品和成套技术应有型式检验报告,进口材料和设备应按规定进行出入境商品检验。复试报告合格且质保资料齐全,由专业监理工程师签署《工程材料/构配件/设备报审表》。

2)隐蔽工程验收

监理工程师应按质量计划目标要求,督促承包单位加强施工工艺管理,认真执行工艺标准和操作规程,以提高项目质量稳定性;在承包单位自检合格的基础上,监理单位接到工程报验单后要及时派监理工程师做好验收工作,验收过程中发现有不符合设计要求的,应以整改通知书形式通知承包单位,待其整改后重新进行验收。未经验收合格,承包单位严禁进行下一道工序的施工。

3)分部分项工程验收

建筑节能工程分部验收由建设单位负责人或总监理工程师主持,会同参建各方主体共同验收,建设行政主管部门实行监督,其验收程序和组织应符合《建筑工程施工质量验收统一标准》(GB 50300—2001)的规定。建筑节能分部工程验收完毕后,总监理工程师应组织专业监理工程师编制该分部工程的质量评估报告。

8.3.4.9 支付控制手段

监理工作在现场监控中以计量支付控制权作为保障手段。

8.3.4.10 指令文件

(1)口头通知:对一般工程质量问题或工程事项,口头通知承包商整改或执行,并用监理工程师通知单形式予以确认。

(2)监理工作联系单:有经验的监理工程师用监理工作联系单形式提醒承包商注意事项。

(3)监理通知单:监理工程师在巡视、旁站等各种检查时发现的问题,用监理通知单书面通知承包商,并要求承包商整改后再报监理工程师复查。

(4)工程暂停令:对承包商违规施工,监理工程师预见会发生重大事故,应及时下达全部或局部工程暂定令(一般情况下应与建设单位事先沟通)。

8.3.4.11 会议

监理应组织现场质量协调会,如监理例会、专题会议,及时分析、通报工程质量状况,并协调解决有关单位间对施工质量有交叉影响界面问题,明确各自的职责,使项目建设的整体质量达到规范、设计和合同要求的质量要求。

8.3.4.12 影像

做好有关监理资料的原始记录整理工作,并对监理工作影像资料加强收集和管理,保证影像资料的正确性、完整性和说明性。

8.4　建筑节能监理施工质量控制要点

8.4.1　建筑节能工程施工质量控制的基本规定

建筑节能工程施工质量控制除应符合第三章有关内容外,还应根据节能工程施工的特点进行质量控制:

(1)建筑节能工程使用材料的燃烧性能等级和阻燃处理应符合设计要求和现行国家标

准《高层民用建筑设计防火规范》（GB 50045—2005）、《建筑内部装修设计防火规范》（GB 50222—95）和《建筑设计防火规范》（GB 50016—2006）等的规定。

（2）建筑节能工程使用的材料应符合国家现行有关标准对材料有害物质限量的规定，不得对室内外环境造成污染。

（3）现场配制的材料如保温砂浆、聚合物砂浆等，应按设计要求或实验室给出的配合比配制。当未给出要求时，应按照施工方案和产品说明书配制。

（4）节能保温材料在施工使用时的含水量应符合设计要求、工艺要求及施工技术方案要求。当无上述要求时，节能保温材料在施工使用时的含水量不应大于正常施工环境湿度下的自然含水量，否则应采取降低含水量的措施。

（5）建筑节能工程的施工作业环境和条件应满足相关标准和施工工艺的要求。节能保温材料不宜在雨雪天气中露天施工。

8.4.2 外墙节能监理施工质量控制要点

（1）用于墙体节能工程的材料、构件等，其品种、规格应符合设计要求和相关标准的规定。墙体节能工程的保温材料在施工过程中应采取防潮、防水等保护措施。

（2）墙体节能工程使用的保温隔热材料，其导热系数、密度、抗压强度或压缩强度、燃烧性能应符合设计要求。

（3）墙体节能工程采用的保温材料和黏结材料等，进场时应对其下列性能进行复验，复验应为见证取样送检。

①保温材料的导热系数、密度、抗压强度或压缩强度；

②黏结材料的黏结强度；

③增强网的力学性能、抗腐蚀性能。

（4）严寒和寒冷地区外保温使用的黏结材料，其冻融试验结果应符合该地区最低气温环境的使用要求。

（5）墙体节能工程施工前应按照设计和施工方案的要求对基层进行处理，处理后的基层应符合保温层施工方案的要求。

（6）墙体节能工程各构造层做法应符合设计要求，并应按照经过审批的施工方案施工。

（7）墙体节能工程的施工应符合下列规定：

①保温隔热材料的厚度必须符合设计要求。

②保温板材与基层及各构造层之间的黏结或连接必须牢固。黏结强度和连接方式应符合设计要求。保温板材与基层的黏结强度应做现场拉拔试验。

③保温浆料应分层施工。当采用保温浆料作外保温时，保温层与基层及各层之间的黏结必须牢固，不应脱层、空鼓和开裂。

④当墙体节能工程的保温层采用预埋或后置锚固件固定时，锚固件的数量、位置、锚固的深度和拉拔力应符合设计要求。后置锚固件应进行锚固力现场拉拔试验。

（8）外墙采用预置保温板现场浇筑混凝土墙体时，保温板的验收应符合《建筑节能工程施工质量验收规范》（GB 50411—2007）的相关规定；保温板的安装位置应正确、接缝严密，保温板在浇筑混凝土过程中不得移位、变形，保温板表面应采取界面处理措施，与混凝土黏结应牢固。混凝土和模板的验收应按《混凝土结构工程施工质量验收规范》（GB 50204—

2002)的相关规定执行。

（9）当外墙采用保温浆料作保温层时，应在施工中制作同条件养护试件，检测其导热系数、干密度和压缩强度。保温浆料的同条件养护试件应见证取样送检。

（10）墙体节能工程各类饰面层的基层及面层施工应符合设计和《建筑装饰装修工程质量验收规范》（GB 50210—2001）的要求，并应符合下列规定：

①饰面层施工的基层应无脱层、空鼓和裂缝，基层应平整、洁净，含水量应符合饰面层施工的要求。

②外墙外保温工程不宜采用粘贴饰面砖作饰面层；当采用时，其安全性与耐久性必须符合设计要求。饰面砖应做黏结强度拉拔试验，试验结果应符合设计和有关标准的规定。

③外墙外保温工程的饰面层不得渗漏。当外墙外保温工程的饰面层采用饰面板开缝安装时，保温层表面应具有防水功能或采取其他防水措施。

④外墙外保温层及饰面层与其他部位交接的收口处应采取密封措施。

（11）保温砌块砌筑的墙体应采用具有保温功能的砂浆砌筑。砌筑砂浆的强度等级应符合设计要求。砌体的水平灰缝饱满度不应低于90%，竖直灰缝饱满度不应低于80%。

（12）采用预制保温墙板现场安装的墙体应符合下列规定：

①保温板应有型式检验报告，型式检验报告中应包含安装性能的检验；

②保温墙板的结构性能、热工性能及与主体结构的连接方法应符合设计要求，与主体结构连接必须牢固；

③保温墙板的板缝处理、构造节点及嵌缝做法应符合设计要求；

④保温墙板板缝不得渗漏。

（13）当设计要求在墙体内设置隔汽层时，隔汽层的位置、使用的材料及构造做法应符合设计要求和相关标准的规定。隔汽层应完整、严密，穿透隔汽层处应采取密封措施。隔汽层冷凝水排水构造应符合设计要求。

（14）外墙或毗邻不采暖空间墙体上的门窗洞口四周的侧面，以及墙体上凸窗四周的侧面，应按设计要求采取节能保温措施。

（15）严寒和寒冷地区的外墙热桥部位，应按设计要求采取节能保温等隔断热桥措施。

（16）进场节能保温材料与构件的外观和包装应完整无破损，符合设计要求和产品标准的规定。

（17）当采取加强网作为防止开裂的措施时，加强网的铺贴和搭接应符合设计和施工方案的要求。砂浆抹压应密实，不得空鼓。加强网不得皱褶、外露。

（18）设置空调的房间，其外墙热桥部位应按设计要求采取隔断热桥措施。

（19）施工产生的墙体缺陷，如穿墙套管、脚手眼、孔洞等，应按照施工方案采取隔断热桥措施，不得影响墙体的热工性能。

（20）墙体保温板材的接缝方法应符合施工方案的要求。保温板接缝应平整严密。

（21）墙体采用保温浆料时，保温浆料层宜连续施工；保温浆料厚度应均匀，接槎应平顺、密实。

（22）墙体上容易碰撞的阳角、门窗洞口及不同材料基体的交接处等特殊部位，其保温层应采取防止开裂和破损的加强措施。

（23）采用现场喷涂或模板浇筑的有机类保温材料作外保温时，有机类保温材料应达到陈化时间后方可进行下道工序的施工。

（24）外墙外保温工程应能适应基层的正常变形而不产生裂缝或空鼓,应能长期承受自重而不产生有害的变形,应能承受风荷载的作用而不产生破坏,应能耐受室外气候的长期反复作用而不产生破坏,应在罕遇地震发生时不从基层上脱落,应有防水渗透性能。高层建筑应采取防火构造措施。

（25）外墙外保温工程各组成部分应具有一定的物理－化学稳定性。所组成材料应彼此相容并应具有防腐性。在可能受到生物侵害(鼠害、虫害等)时,外墙外保温系统还应具有防生物侵害性能。在正确使用和正常维护的条件下,外墙外保温工程的使用年限不应少于25年。

（26）设计选用外保温系统时,不得更改系统构造和组成材料。外保温复合墙体的热工和节能设计应符合:保温层内表面温度应高于0 ℃,外保温系统应包覆门窗框外侧洞口、女儿墙以及封闭阳台等热桥部位。

（27）对于具有薄抹灰面层的系统,保护层的厚度应不小于3 mm,并且不宜大于6 mm。对于具有厚抹灰面层的系统,厚抹灰层的厚度应为25～30 mm。

（28）应做好外保温工程的密封和防水构造设计,确保水不会渗入保温层及基层,重要部位应有详图。水平或倾斜的出挑部位以及延伸至地面以下的部位应做防水处理。在外墙外保温系统上安装的设备或管道应固定于基层上,并应做密封和防水设计。

（29）外保温工程施工前,外门窗洞口应通过验收,洞口的尺寸、位置应符合设计要求和质量要求,门窗框或附框应安装完毕。伸出墙面的消防梯、水落管、各种进户管线和空调器等的预埋件及连接件应安装完毕,并按外保温系统厚度留出间隙。

（30）外保温工程的施工应具有施工方案,施工人员应经过培训并经考核合格。

（31）基层应坚实、平整。EPS板表面不得长期裸露,EPS板安装上墙后应及时做抹面层。薄抹面层施工时,玻纤网不得直接铺在保温层表面,不得干搭接,不得外露。外保温工程施工期间以及完工后24小时内,基层及环境空气温度不应低于5 ℃。夏季应避免阳光暴晒,在5级以上大风天气和雨天不得施工。

8.4.3　建筑幕墙节能监理施工质量控制要点

（1）用于幕墙节能工程的材料、构件等,其品种、规格应符合设计要求和相关标准的规定。

（2）幕墙节能工程使用的保温隔热材料,其导热系数、密度、燃烧性能应符合设计要求。幕墙玻璃的传热系数、遮阳系数、可见光透射比、中空玻璃露点应符合设计要求。

（3）幕墙节能工程使用的材料、构件等进场时,应对其下列性能进行复验,复验应为见证取样送检。

①保温材料的导热系数、密度;

②幕墙玻璃的可见光透射比、传热系数、遮阳系数、中空玻璃露点;

③隔热型材的抗拉强度、抗剪强度。

（4）幕墙的气密性能应符合设计规定的等级要求。当幕墙面积大于3 000 m² 或建筑外墙面积的50%时,应现场抽取材料和配件,在检测实验室安装制作试件进行气密性能检测,检测结果应符合设计规定的等级要求。

密封条应镶嵌牢固、位置正确、对接严密。单元幕墙板块之间的密封应符合设计要求。开启扇应关闭严密。

气密性能检测试件应包括幕墙的典型单元、典型拼缝、典型可开启部分。试件应按照幕墙工程施工图进行设计。试件设计应经建筑设计单位项目负责人、监理工程师同意并确认。气密性能的检测应按照国家现行有关标准的规定执行。

(5)幕墙节能工程使用的保温材料,其厚度应符合设计要求。其安装应牢固,且不得松脱。

(6)遮阳设施的安装位置应满足设计要求。遮阳设施的安装应牢固。

(7)幕墙工程热桥部位的隔断热桥措施应符合设计要求,断热节点的连接应牢固。

(8)幕墙隔汽层应完整、严密、位置正确,穿透隔汽层处的节点构造应采取密封措施。

(9)冷凝水的收集和排放应畅通,并不得渗漏。

(10)镀(贴)膜玻璃的安装方向、位置应正确。中空玻璃应采用双道密封。中空玻璃的均压管应密封处理。

(11)单元式幕墙板块组装应符合下列要求:

①密封条的规格正确,长度无负偏差,接缝的搭接符合设计要求;

②保温材料固定牢固,其厚度符合设计要求;

③隔汽层密封完整、严密。

(12)幕墙与周边墙体间的接缝处应采用弹性闭孔材料填充饱满,并应采用耐候密封胶密封。

(13)伸缩缝、沉降缝、抗震缝的保温或密封做法应符合设计要求。

(14)活动遮阳设施的调节机构应灵活,并应能调节到位。

8.4.4 门窗节能监理施工质量控制要点

(1)建筑门窗进场后,应对其外观、品种、规格及附件等进行检查验收,对质量证明文件进行核查。建筑外门窗的品种、规格应符合设计要求和相关标准的规定。

(2)建筑外窗的气密性、保温性能、中空玻璃露点、玻璃遮阳系数和可见光透射比应符合设计要求。

(3)建筑外窗进入施工现场时,应按地区类别对其下列性能进行复验,复验应为见证取样送检。

①严寒、寒冷地区:气密性、传热系数和中空玻璃露点;

②夏热冬冷地区:气密性、传热系数、玻璃遮阳系数、可见光透射比、中空玻璃露点;

③夏热冬暖地区:气密性、玻璃遮阳系数、可见光透射比、中空玻璃露点。

(4)建筑门窗采用的玻璃品种应符合设计要求。中空玻璃应采用双道密封。

(5)金属外门窗隔断热桥措施应符合设计要求和产品标准的规定,金属副框的隔断热桥措施应与门窗框的隔断热桥措施相当。

(6)严寒、寒冷、夏热冬冷地区的建筑外窗,应对其气密性做现场实体检验,检测结果应满足设计要求。

(7)外门窗框或副框与洞口之间的间隙应采用弹性闭孔材料填充饱满,并使用密封胶密封;外门窗框与副框之间的缝隙应使用密封胶密封。

(8)严寒、寒冷地区的外门安装应按照设计要求采取保温、密封等节能措施。

(9)外窗遮阳设施的性能、尺寸应符合设计和产品标准要求,遮阳设施的安装应位置正确、牢固,满足安全和使用功能的要求。

(10)特种门的性能应符合设计和产品标准要求,特种门安装中的节能措施应符合设计要求。

(11)天窗安装的位置、坡度应正确,封闭严密,嵌缝处不得渗漏。

(12)门窗扇的密封条和玻璃镶嵌的密封条,其物理性能应符合相关标准的规定。密封条安装位置应正确,镶嵌牢固,不得脱槽,接头处不得开裂。关闭门窗时密封条应接触严密。

(13)门窗镀(贴)膜玻璃的安装方向应正确,中空玻璃的均压管应密封处理。

(14)外门窗遮阳设施调节应灵活,能调节到位。

8.4.5 屋面节能监理施工质量控制要点

(1)用于屋面节能工程的保温隔热材料,其品种、规格应符合设计要求和相关标准的规定。

(2)屋面节能工程使用的保温隔热材料,其导热系数、密度、抗压强度或压缩强度、燃烧性能应符合设计要求。

(3)屋面节能工程使用的保温隔热材料进场时应对其导热系数、密度、抗压强度或压缩强度、燃烧性能进行复验,复验应为见证取样送检。

(4)屋面保温隔热层的敷设方式、厚度、缝隙填充质量及屋面热桥部位的保温隔热做法必须符合设计要求和有关标准的规定。

(5)屋面的通风隔热架空层,其架空高度、安装方式、通风口位置及尺寸应符合设计及有关标准的要求。架空层内不得有杂物。架空面层应完整,不得有断裂和露筋等缺陷。

(6)采光屋面的传热系数、遮阳系数、可见光透射比、气密性应符合设计要求。节点的构造做法应符合设计和相关标准的要求。采光屋面的可开启部分应按门窗节能工程的要求验收。

(7)采光屋面的安装应牢固,坡度正确,封闭严密,嵌缝处不得渗漏。

(8)屋面的隔汽层位置应符合设计要求,隔汽层应完整、严密。

(9)屋面保温隔热层应按施工方案施工,并应符合下列规定:

①松散材料应分层敷设,按要求压实,表面平整,坡向正确;

②现场采用喷、浇、抹等工艺施工的保温层,其配合比应计量正确,搅拌均匀,分层连续施工,表面平整,坡向正确;

③板材应粘贴牢固,缝隙严密、平整。

(10)金属板保温夹芯屋面应铺装牢固、接口严密、表面洁净、坡向正确。

(11)坡屋面、内架空屋面当采用敷设于屋面内侧的保温材料作保温隔热层时,保温隔热层应有防潮措施,其表面应有保护层,保护层的做法应符合设计要求。

8.4.6 其他分项工程节能监理施工质量控制

建筑节能是一项系统工程,除外墙、外幕墙、外门窗、屋面外,还需控制地面、采暖、通风、空调、配电与照明、监测与智能控制等节能的施工质量,只有有效的系统综合,才能达到节约能源的规定目标。节能各分项工程质量控制内容详见《建筑节能工程施工质量验收规范》（GB 50411—2007）。

8.4.7　建筑节能工程现场实体检验监理控制要点

8.4.7.1　围护结构现场实体检验

（1）建筑围护结构施工完成后，应对围护结构的外墙节能构造和严寒、寒冷、夏热冬冷地区的外窗气密性进行现场实体检测。当条件具备时，也可直接对围护结构的传热系数进行检测。

（2）外墙节能构造的现场实体检验方法：

①钻芯检验外墙节能构造应在外墙施工完工后、节能分部工程验收前进行。取样部位应由监理（建设）与承包双方共同确定，不得在外墙施工前预先确定；取样部位应选取节能构造有代表性的外墙上相对隐蔽的部位，并宜兼顾不同朝向和楼层；取样部位必须确保钻芯操作安全，且应方便操作。外墙取样数量为一个单位工程每种节能保温做法至少取 3 个芯样。取样部位宜均匀分布，不宜在同一个房间外墙上取 2 个或 2 个以上芯样。钻芯检验外墙节能构造应在监理（建设）人员见证下实施。

②钻芯检验外墙节能构造可采用空芯钻头，从保温层一侧钻取直径为 70 mm 的芯样。钻取芯样深度为钻透保温层到达结构层或基层表面，必要时也可钻透墙体。当外墙的表层坚硬不易钻透时，也可局部剔除坚硬的面层后钻取芯样。但钻取芯样后应恢复原有外墙的表面装饰层。钻取芯样时应尽量避免冷却水流入墙体内及污染墙面。从空芯钻头中取出芯样时应谨慎操作，以保持芯样完整。当芯样严重破损难以准确判断节能构造或保温层厚度时，应重新取样检验。

③对照设计图纸观察、判断保温材料种类是否符合设计要求；必要时也可采用其他方法加以判断；用分度值为 1 mm 的钢尺，在垂直于芯样表面（外墙面）的方向上量取保温层厚度，精确到 1 mm；观察或剖开检查保温层构造做法是否符合设计和施工方案的要求。在垂直于芯样表面（外墙面）的方向上实测芯样保温层厚度，当实测芯样厚度的平均值达到设计厚度的 95% 及以上且最小值不低于设计厚度的 90% 时，应判定保温层厚度符合设计要求；否则，应判定保温层厚度不符合设计要求。

④实施钻芯检验外墙节能构造的机构应出具检验报告。当取样检验结果不符合设计要求时，应委托具备检测资质的见证检测机构增加一倍数量再次取样检验。仍不符合设计要求时应判断围护结构节能构造不符合设计要求。此时应根据检验结果委托原设计单位或其他有资质的单位重新验算房屋的热工性能，提出技术处理方案。

外墙取样部位的修补，可采用聚苯板或其他保温材料制成的圆柱形塞填充并用建筑密封胶密封。修补后宜在取样部位挂贴注有"外墙节能构造检验点"的标志牌。

（3）外墙节能构造的现场实体检验的目的是：

①验证墙体保温材料的种类是否符合设计要求；

②验证保温层厚度是否符合设计要求；

③检查保温层构造做法是否符合设计和施工方案的要求。

（4）严寒、寒冷、夏热冬冷地区的外窗现场实体检测应按照国家现行有关标准的规定执行。其检验目的是验证建筑外窗气密性是否符合节能设计要求和国家有关标准的规定。

（5）外墙节能构造和外窗气密性的现场实体检验，其抽样数量可以在合同中约定，但合同中约定的数量不应低于本规范的要求。当无合同约定时应按照下列规定抽样：

①每个单位工程的外墙至少抽查3处，每处一个检查点；当一个单位工程外墙有2种以上节能保温做法时，每种节能做法的外墙应抽查不少于3处。

②每个单位工程的外窗至少抽查3樘。当一个单位工程外窗有2种以上品种、类型和开启方式时，每种品种、类型和开启方式的外窗应抽查不少于3樘。

（6）外墙节能构造的现场实体检验应在监理（建设）人员的见证下实施，可委托有资质的检测机构实施，也可由承包单位实施。

（7）外窗气密性的现场实体检测应在监理（建设）人员的见证下抽样，委托有资质的检测机构实施。

（8）当对围护结构的传热系数进行检测时，应由建设单位委托具备检测资质的检测机构承担，其监测方法、抽样数量、检测部位和合格判定标准等可在合同中约定。

（9）当外墙节能构造或外窗气密性的现场实体检验出现不符合设计要求和标准规定的情况时，应委托有资质的检测机构扩大一倍数量抽样，对不符合要求的项目或参数再次检验。仍不符合要求时，应给出"不符合设计要求"的结论。

对于不符合设计要求的围护结构节能构造应查找原因，对因此造成的对建筑节能的影响程度进行计算或评估，采取技术措施予以弥补或消除后重新进行检测，合格后方可通过验收。

对于建筑外窗气密性不符合设计要求和国家现行标准规定的，应查找原因进行修理，使其达到要求后重新进行检测，合格后方可通过验收。

8.4.7.2 系统节能性能检测

（1）采暖、通风与空调、配电与照明工程安装完成后，应进行系统节能性能的检测，且应由建设单位委托具有相应检测资质的检测机构检测并出具报告。受季节影响未进行的节能性能检测项目，应在保修期内补做。

（2）采暖、通风与空调、配电与照明系统节能性能检测的主要项目及要求应符合《建筑节能工程施工质量验收规范》（GB 50411—2007）的相关规定，其检测方法应按国家现行有关标准的规定执行。

（3）系统节能性能检测的项目和抽样数量也可以在工程合同中约定，必要时可增加其他检测项目，但合同中约定的检测项目和数量不应低于《建筑节能工程施工质量验收规范》（GB 50411—2007）的规定。

8.5 建筑节能工程质量验收、评估及资料整理

8.5.1 建筑节能工程质量验收

建筑节能工程将作为单位建筑工程的一个分部工程进行划分和验收。单位工程竣工验收应在建筑节能分部工程验收合格的基础上进行。

8.5.1.1 建筑节能分项工程质量验收的划分

建筑节能工程为单位建筑工程的一个分部工程。其分项工程的划分应符合下列规定。

（1）墙体节能工程：主体结构基层、保温材料、饰面层等；

（2）幕墙节能工程：主体结构基层、隔热材料、保温材料、隔汽层、幕墙玻璃、单元式幕墙板块、通风换气系统、遮阳设施、冷凝水收集排放系统等；

（3）门窗节能工程：门、窗、玻璃、遮阳设施等；

（4）屋面节能工程：基层、保温隔热层、保护层、防水层、面层等；

（5）地面节能工程：基层、保温层、保护层、面层等；

（6）采暖节能工程：系统制式、散热器、阀门与仪表、热力入口装置、保温材料、调试等；

（7）通风与空气调节节能工程：系统制式、通风与空调设备、阀门与仪表、绝热材料、调试等；

（8）空调与采暖系统冷热源及管网节能工程：系统制式、冷热源设备、辅助设备、管网、阀门与仪表、绝热、保温材料、调试等；

（9）配电与照明节能工程：低压配电电源，照明光源、灯具，附属装置，控制功能，调试等；

（10）监测与控制节能工程：冷、热原系统的监测控制系统，空调水系统的监测控制系统，通风与空调系统的监测控制系统，监测与计量装置，供配电的监测控制系统，照明自动控制系统，综合控制系统等。

当建筑节能工程验收无法按照上述要求划分分项工程或检验批时，可由建设、监理、施工等各方协商进行划分。但验收项目、验收内容、验收标准和验收记录均应遵守《建筑节能工程施工质量验收规范》（GB 50411—2007）的规定。

8.5.1.2 建筑节能分部工程质量验收

（1）建筑节能分部工程的质量验收，应在检验批、分项工程全部验收合格的基础上，进行外墙节能构造实体检验，严寒、寒冷和夏热冬冷地区的外窗气密性现场检测，以及系统节能性能检测和系统联合试运转与调试，确认建筑节能工程质量达到验收条件后方可进行。

（2）建筑节能工程验收的程序和组织应遵守《建筑工程施工质量验收统一标准》（GB 50300—2001）的要求，并应符合下列规定：

①节能工程的检验批验收和隐蔽工程验收应由监理工程师主持，承包单位相关专业的质量检查员与施工员参加；

②节能分项工程验收应由监理工程师主持，承包单位项目技术负责人和相关专业的质量检查员、施工员参加；必要时可邀请设计单位相关专业的人员参加；

③节能分部工程验收应由总监理工程师（建设单位项目负责人）主持，建设单位负责人、承包单位项目经理、项目技术负责人和相关专业的质量检查员、施工员参加；承包单位的质量或技术负责人应参加；设计单位节能设计人员应参加。

（3）建筑节能工程的检验批质量验收合格，应符合下列规定：

①检验批应按主控项目和一般项目验收；

②主控项目应全部合格；

③一般项目应合格，当采用计数检验时，至少应有90%以上的检查点合格，且其余检查点不得有严重缺陷；

④应具有完整的施工操作依据和质量验收记录。

（4）建筑节能分项工程质量验收合格，应符合下列规定：

①分项工程所含的检验批均应合格；

②分项工程所含检验批的质量验收记录应完整。

（5）建筑节能分部工程质量验收合格，应符合下列规定：

①分项工程应全部合格；

②质量控制资料应完整；

③外墙节能构造现场实体检验结果应符合设计要求；

④严寒、寒冷和夏热冬冷地区的外窗气密性现场实体检测结果应合格；

⑤建筑设备工程系统节能性能检测结果应合格。

（6）建筑节能工程验收时应对下列资料核查，并纳入竣工技术档案：

①设计文件、图纸会审记录、设计变更和洽商；

②主要材料、设备和构件的质量证明文件、进场检验记录、进场核查记录、进场复验报告、见证试验报告；

③隐蔽工程验收记录和相关图像资料；

④分项工程质量验收记录，必要时应检查检验批验收记录；

⑤建筑围护结构节能构造现场实体检验记录；

⑥严寒、寒冷和夏热冬冷地区的外窗气密性现场检测报告；

⑦风管及系统严密性检验记录；

⑧现场组装的组合式空调机组的漏风量测试记录；

⑨设备单机试运转及调试记录；

⑩系统联合试运转及调试记录；

⑪系统节能性能检验报告；

⑫其他对工程质量有影响的重要技术资料。

（7）建筑节能工程隐蔽工程验收。

建筑节能工程隐蔽工程验收应有详细的文字记录和必要的图像资料。

①墙体节能工程应对下列部位或内容进行隐蔽工程验收：保温层附着的基层及其表面处理、保温层黏结或固定、锚固件、增强网铺设、墙体热桥部位处理、预制保温板或预制保温墙板的板缝及构造节点、现场喷涂或浇筑有机类保温材料的界面、被封闭的保温材料厚度、保温隔热砌块填充墙体。

②幕墙节能工程施工中应对下列部位或项目进行隐蔽工程验收：被封闭的保温材料厚度和保温材料的固定，幕墙周边与墙体的接缝处保温材料的填充，构造缝、结构缝，隔汽层，热桥部位、断热接点，单元式幕墙板块间的接缝构造，冷凝水收集和排放构造，幕墙的通风换气装置。

③建筑外门窗工程施工中，应对门窗框与墙体接缝处的保温填充做法进行隐蔽工程验收。

④屋面保温隔热工程应对下列部位进行隐蔽工程验收：基层、保温层的敷设方式和厚度、板材的缝隙填充质量、屋面热桥部位、隔汽层。

⑤地面节能工程应对下列部位进行隐蔽工程验收：基层、被封闭的保温材料厚度、保温材料黏结、隔断热桥部位。

⑥采暖节能工程、通风与空调节能工程、空调与采暖系统冷热源及管网节能工程、配电

与照明节能工程、监测与控制节能工程等应随施工进度对与节能有关的隐蔽部位或内容进行验收。

8.5.2 建筑节能工程质量监理评估

建筑节能分部工程施工完成后,承包单位应及时向监理单位报送有关节能工程验收资料,建立单位审查资料后对节能工程质量进行竣工预验收,对存在的问题要求承包单位整改,整改验收合格后由总监理工程师组织专业监理工程师编制建筑节能分部工程质量评估报告。

建筑节能分部工程监理质量评估报告编制可参考如下内容。

（1）工程概况:工程名称、地点、建筑节能的主要涉及参数和开工及竣工时间。

（2）主要参建单位:工程项目建设单位、设计单位、勘察单位、承包单位、承担见证取样检测及有关建筑节能检测单位。

（3）工程施工情况概况:施工过程简述,对承包单位现场项目管理机构的质保体系审核情况简述,监理工作中所出具的"监理工程师通知单"及其回复情况,施工过程中的有关设计变更和工程质量问题、事故情况及处理情况,以及其他有关必要说明的情况。

（4）工程质量评估依据。

（5）工程质量验收的划分:按验收标准和相关文件的规定,对所需评定质量的工程划分为分项工程和检验批,同时应明确划分的具体原则和内容,可以列表说明。

（6）承包单位检查评定结果:承包单位对节能工程分项、分部工程质量评定结果和其有关数据。

（7）建筑工程质量验收程序和组织情况。

（8）工程质量验收情况:

①所含分项工程的质量情况;

②质量控制资料的核查情况;

③外墙节能构造现场实体检验结果应符合设计要求;

④严寒、寒冷和夏热冬冷地区的外窗气密性现场实体检测结果应合格;

⑤建筑设备工程系统节能性能检测结果应合格。

（9）竣工资料审查情况。

（10）工程质量的评定结论:根据质量验收情况,依据现行《建筑工程施工质量验收统一标准》（GB 50300—2001）和《建筑节能工程施工质量验收规范》（GB 50411—2007）的相关规定,评定工程质量合格与否的核定验收意见。

8.5.3 建筑节能监理资料的整理

建筑节能分项工程和检验批的验收应单独填写验收记录,节能验收资料应单独组卷。

8.5.3.1 建筑节能工程监理资料编制要求

（1）节能监理检查和整改回复资料应记录真实、准确和规范,并及时存档。

（2）监理人员在监理日记中应记录节能监理工作情况,记录发生和处理建筑节能工程的施工问题。总监理工程师应定期审阅并签署意见。

（3）监理工作总结中应包含对工程项目节能监理的措施做法、施工过程出现的施工问题及其处理情况和建议以及节能监理工作的总体评价。

（4）节能监理资料必须真实、完整，并由专人负责整理、归档。

（5）建筑节能验收资料应单独组卷。

（6）建筑节能监理档案的编制及保存应按有关规定执行。

8.5.3.2 建筑节能工程质量监理验收记录表式及填写

1）建筑节能分部工程质量验收记录表及填写

A.建筑节能分部工程质量验收记录表格式

表8-1为建筑节能分部工程质量验收表。

B.建筑节能分部工程质量验收记录表的填写

（1）表头部分的工程名称填写工程全称，与检验批、分项工程、单位工程验收表的工程名称一致。

结构类型按设计文件提供的结构类型填写。层数应分别注明地上和地下的层数。

承包单位填写单位全称，与检验批、分项工程、单位工程验收表填写的名称一致。

技术部门负责人及质量部门负责人填写承包单位的技术及质量负责人。

有分包单位的填写分包单位名称，分包单位名称要写全称，与合同或图章上的名称一致。分包单位负责人及分包单位技术负责人，填写本项目分包单位的项目负责人及项目技术负责人。

（2）验收内容。

"分项工程名称"栏在标准表格中已经填好，如节能分部工程的十个分项工程名称、"质量控制资料"、"外墙节能构造现场实体检验"、"外窗气密性现场实体检测"、"系统节能性能检测"。承包单位应按照本项目的实际情况认真自检，自检合格后，在相应的"验收结论"栏填写"合格"，否则填写"不合格"；监理工程师在"监理工程师签字"栏进行确认，凡符合要求的，签署"合格"，否则填写"不合格"，并签名。

建筑节能工程完工，承包单位自检合格后，向项目监理机构（建设单位）书面申请分部工程验收，由总监理工程师（建设单位项目、负责人）主持节能分部工程验收，验收合格后，由监理单位或建设单位在"验收结论"栏填写"符合要求，通过验收"的意见。

其他参加验收人员应在"其他参加验收人员"栏签字。

分包单位、承包单位、设计单位、监理单位、建设单位都同意验收时，其各单位的项目负责人要亲自签字，以示对工程质量负责，并加盖单位公章，注明签字验收的日期。

2）建筑节能分项工程质量验收式总表及填写

A.建筑节能分项工程质量验收汇总表格式

表8-2为分项工程质量验收汇总表。

B.建筑节能分项工程质量验收汇总表的填写

建筑节能分项工程质量验收由监理工程师组织项目专业技术负责人等进行验收。分项工程是在检验批验收合格的基础上进行的，通常起一个归纳整理的作用，就像一个统计表。在检查分项工程质量验收汇总表时要注意以下几点：一是检查检验批是否将该节能分项工程全部覆盖，有没有漏掉的部位；二是检查有施工检测要求的检验批，到期后检测结果能否达到规范规定；三是将检验批的资料统一，依次进行登记整理，方便管理。

表 8-1 建筑节能分部工程质量验收表

工程名称		结构类型		层数		
承包单位		技术部门负责人		质量部门负责人		
分包单位		分包单位负责人		分包技术负责人		

序号	分项工程名称	验收结论	监理工程师签字	备注
1	墙体节能工程			
2	幕墙节能工程			
3	门窗节能工程			
4	屋面节能工程			
5	地面节能工程			
6	采暖节能工程			
7	通风与空调节能工程			
8	空调与采暖系统的冷热源及管网节能工程			
9	配电与照明节能工程			
10	监测与控制节能工程			
质量控制资料				
外墙节能构造现场实体检验				
外窗气密性现场实体检测				
系统节能性能检测				
验收结论				
其他参加验收人员				

验收单位	分包单位:	项目经理: 年 月 日
	承包单位:	项目经理: 年 月 日
	设计单位:	项目负责人: 年 月 日
	监理(建设)单位:	总监理工程师: (建设单位项目负责人) 年 月 日

表 8-2 ＿＿＿＿＿＿＿＿分项工程质量验收汇总表

工程名称				检验批数量		
设计单位				监理单位		
承包单位		项目经理			项目技术负责人	
分包单位		分包单位负责人			分包项目经理	
序号	检验批部位、区段、系统		承包单位检查评定结果		监理(建设)单位验收结论	
1						
2						
3						
4						
5						
6						
7						
8						
9						
10						
11						
12						
13						
14						
15						

承包单位检查结论： 项目专业质量(技术)负责人： 年 月 日	验收结论： 监理工程师： (建设单位项目专业技术负责人) 年 月 日

　　表的填写：表名填上所验收分项工程的名称,表头及检验批部位、区段、系统和承包单位检查评定结果,由承包单位项目专业质量检查员填写,由承包单位的项目专业技术负责人检查后给出评价并签字,交监理单位或建设单位验收。监理单位的专业监理工程师(或建设单位负责人)应逐项审查,同意填写"合格",不同意填写"不合格",在"验收结论"栏应注明验收和不验收的意见,如同意验收,签署"符合要求,同意验收"并签字确认,不同意验收请指出存在问题,明确处理意见和完成时间。

3）检验批/分项工程质量验收表及填写

A. 检验批/分项工程质量验收表格式

表8-3为_____检验批/分项工程质量验收表。

表8-3 _____检验批/分项工程质量验收表　　　　编号：

工程名称		分项工程名称		验收部位	
承包单位		专业工长		项目经理	
施工执行标准名称及编号					
分包单位		分包项目经理		施工班组长	
验收规范规定			承包单位检查评定记录	监理（建设）单位验收记录	
主控项目	1		第　条		
	2		第　条		
	3		第　条		
	4		第　条		
	5		第　条		
	6		第　条		
	7		第　条		
	8		第　条		
	9		第　条		
	10		第　条		
一般项目	1		第　条		
	2		第　条		
	3		第　条		
	4		第　条		
承包单位检查评定结果	项目专业质量检查员： （项目技术负责人） 　　　　　　　　　　年　月　日				
监理（建设）单位验收结论	监理工程师： （建设单位项目专业技术负责人） 　　　　　　　　　　年　月　日				

B. 检验批/分项工程质量验收表的填写

（1）表的名称及编号，按所验收的检验批/分项工程名称填写，并进行编号。

（2）表头部分的填写。

"工程名称"按照工程的合同文件上的单位工程名称填写；"分项工程名称"按《建筑节

能工程施工质量验收规范》(GB 50411—2007)划定的分项工程名称填写;"验收部位"是指该节能分项工程中验收的那个检验批的抽样范围,要标注清楚;承包单位和分包单位要填写承包单位的全称,与合同上公章名称相一致。项目经理填写合同中指定的项目负责人。有分包单位时,也应填写分包单位全称,分包单位的项目经理也应是合同中指定的项目负责人。

(3)监理单位对主控项目和一般项目的填写。

监理单位在检验批验收时,对主控项目、一般项目应逐项进行验收。对符合验收规范规定的项目,填写"符合要求",否则填写"不符合要求"。承包单位在自行检查评定合格后,应注明"主控项目全部合格,一般项目满足规范规定要求"。专业质量检查员签字后,交监理工程师或建设单位项目专业技术负责人验收。监理(建设)单位验收结论中,应注明:"主控项目、一般项目验收合格,待试验报告出来后判定的项目,其余项目已经全部合格。同意验收。"专业监理工程师(建设单位的专业技术负责人)签字。

思考题

1.简述建筑节能的目的和意义。

2.建筑外墙节能监理施工质量控制要点有哪些?

第9章 建设工程监理的信息管理

9.1 建设工程监理信息管理概述

9.1.1 信息的基本概念及其特点

9.1.1.1 信息的基本概念

要掌握信息的概念,首先要了解数据的定义。在日常生活中,我们会接触到各种数据,从信息处理的角度,可以给数据如下定义:数据是客观实体属性的反映,是一组表示数量、行为和目标,可以记录下来加以鉴别的符号。比如,在反映建筑工程质量时,我们对工程地质、相关单位的资质、人员、施工设备、建筑材料及构配件等各角度的数据收集汇总,就能很好地体现工程的总体质量。

信息是对数据的解释,通过对数据的某种处理,然后人们再对其进行进一步的释义便得到信息。由于不同的人对客观规律的认识有差距,即使同样的数据经不同的人解释也会产生不同的结论,会得到不同的信息,所以人的因素很重要,要想得到完整而真实的信息,要充分掌握事物的客观规律,更要提高对数据进行分析处理的人的综合素质。

信息也是事物的客观规律。辩证唯物主义认为,人们一旦掌握了事物的客观规律,即真理,就能把事情办好;否则,就不能办好事情。这也是我们必须要掌握信息的原因,我们掌握信息事实上就是掌握了事物的客观规律。

为决策和管理服务是我们掌握信息的目的。信息是决策和管理的基础。要想做出正确的决策、实行正确的管理,必须要有正确的信息,否则失误将难免。传统的管理是定性分析,现代的管理是定量管理,定量管理更离不开完善的系统信息的支持。

9.1.1.2 信息的特点

信息具有如下特点。

1)真实性

信息的基本特点是真实性,事实胜于雄辩,也是信息的价值所在。我们要想尽一切办法寻找出事物的真实一面,为决策和管理提供服务。虚假、不符合实际情况的信息百害而无一利,真实、准确地提炼出信息是我们对所收集数据进行处理的最终目的。

2)系统性

信息需要在对收集到的信息全面处理后才能得到。信息也是系统中组成部分之一,我们要从系统的角度来对待各种信息,才能避免工作的片面性。所以,在实际工程中,我们不能片面地处理数据,片面地产生和使用信息。具体到建设工程监理工作,我们要全面掌握与工程有关的各种信息,才能更好地做好投资控制、进度控制、质量控制、合同管理、信息管理、安全生产管理和协调等工作。

3）时效性

时效性是信息的重要特征。在实际工程施工中,我们收集到的信息是动态、不断变化和不断产生的。这就要求我们必须及时处理数据,及时掌握信息,才能较好地完成决策和工程管理工作,才能避免质量和安全事故的发生,要做到事前管理,避免亡羊补牢。

4）不完全性

我们必须清醒地认识到,收集和分析数据的人对客观规律认识的局限性和不完全性是难以避免的。所以,我们要不断学习,提高自身素质和对客观规律的认识,避免不完全性。

5）层次性

不同的对象、不同的决策、不同的管理需要不同的信息。因此,针对不同的信息需求要分门别类地提供相应的信息。一般而言,我们把信息分为决策层、管理层、作业层三个层次,不同层次的信息在内容、来源、精度、使用时间、使用频率上是不同的。决策层需要更多的外部信息和深加工的内部信息,如对方案的选择,"四新"的应用,竣工后的运营前景等;管理层需要较多的是内部信息,如在编制监理月报时汇总质量情况、进度、投资和合同执行情况等信息;作业层要掌握工程各个分部分项及检验批随时产生的数据和信息,该部分数据的加工量大、精度高、时效性更强,如桩基施工数据、土方开挖量、钢筋型号及尺寸、材料检验数据等具体事务的数据和信息。

9.1.2　建设工程监理信息系统的基本概念

信息系统是指由人和计算机等组成,以系统思想为依据,以计算机为手段,进行数据收集、传递、处理、存储、分发、加工产生信息,是为决策、预测和管理提供依据的系统。

工程监理信息系统是建设工程信息系统的一个组成部分,建设工程信息系统是由建设单位、勘察单位、设计单位、建设行政主管部门、建设材料供应单位、承包单位和监理单位等各自的信息系统组成的,监理信息系统只是监理单位的信息系统,是为建设工程监理工作服务的信息系统。监理信息系统是建设工程信息系统的一个子系统,也是监理单位整个管理系统的一个子系统。作为建设工程管理信息系统的子系统,监理信息系统必须送出相关单位所需要的数据和信息;作为工程监理单位内部管理系统的子系统,监理信息系统将从监理单位得到必要的指令、帮助及所需要的数据和信息,向监理单位汇报建设工程项目的信息。

9.1.3　工程建设信息的构成和分类

控制是建设工程监理的主要方法,信息是控制的基础,信息管理是工程监理任务的主要内容之一。为了更加卓有成效地完成工程监理任务,监理人员必须及时、准确地掌握工程有关信息。信息管理的工作质量直接影响工程监理工作的成败。监理人员应将建设工程项目的信息管理工作作为一个重点来抓,好好掌握信息管理工作,充分利用好信息。

9.1.3.1　建设工程信息的构成

建设工程信息管理工作涉及的部门多、环节多、专业多、渠道多,工程建设的信息量大,来源广,形式多种多样,主要的信息形态有以下几种构成形式:

（1）文字图形信息。这类信息包括地质勘察报告、地形测绘成果、设计图纸及其说明书、计算书和有关合同、工作管理制度和规定、施工组织及专项施工方案、工作情况报告和总结、工程现场的原始记录、各种统计报表和图表及来往函件等信息。

（2）语言信息。口头安排任务、汇报工作、工作检查、作指示、情况介绍、交涉谈判、意见或建议、批评、工作讨论和研究以及会议等信息都属于语言信息范畴。

（3）新技术信息。这类信息包括通过网络、电话、电报、传真、计算机、电视、录像、录音、广播等现代化手段收集及处理的一部分信息。

从事监理的工作人员应当捕捉各种信息并进行加工处理和正确运用各类信息。

9.1.3.2　建设工程项目信息的分类

在监理过程中,建设工程项目涉及大量的信息,这些信息依据不同标准可作如下划分。

1)按建设工程的目标划分

A.投资控制信息

投资控制信息是指与投资控制有直接关系的信息。如各种估算指标、类似工程造价、物价指数,概算、概算定额,施工图预算、预算定额、工程项目投资估算,合同价组成,投资目标体系,计划工程量、已完成工程量、单位时间付款报表、工程量变化表、人工及材料调差表,索赔费用表,投资偏差、已完工程结算、原材料价格、人工费、运杂费等。

B.质量及安全控制信息

质量及安全控制信息是指与建设工程项目质量及安全有关的信息,如国家有关的质量法律、法规、政策及标准、项目建设标准,质量及安全目标体系和质量及安全目标的分解,质量及安全控制工作流程、质量及安全控制的工作制度、质量及安全控制的工作方法,质量及安全控制的风险分析,质量抽样检查的数据,各个环节工作的质量（工程项目决策的质量、设计的质量、施工的质量）,以及质量及安全事故记录和处理报告等。

C.进度控制信息

进度控制信息是指与进度有关的信息,如项目总进度计划、进度目标分解、项目年度计划、工作总网络计划和子网络计划、计划进度和实际进度偏差,施工定额,网络计划的优化、网络计划的调整情况,进度控制的工作流程、进度计划的工作制度、进度控制的风险分析等。

D.合同管理信息

合同管理信息是指与建设工程相关的各种合同信息,如工程招标投标文件,工程建设施工承包合同、物资设备供应合同、咨询和监理合同,合同的指标分解体系,合同签订、变更、执行情况,以及合同的索赔等。

2)按建设工程项目信息的来源划分

A.项目内部信息

项目内部信息是指建设工程项目各个阶段、各个环节、各有关单位发生的信息总体。内部信息取自建设工程项目本身,如工程概况、设计文件、施工方案、合同结构、合同管理制度,会议制度、监理队伍的组织和构成,项目的投资、进度及质量目标等。

B.项目外部信息

来自建设工程项目外部环境的信息是外部信息。如国家有关的政策及法律、法规,国内、国际市场的建设原材料及设备的价格波动,物价指数,投标单位的实力和信誉,毗邻单位情况,新技术、新材料、新方法、新工艺的使用情况,国际环境的变化,以及资金市场的变化等。

3)按信息的稳定程度划分

A.固定信息

在一定时间内相对稳定的信息,包括标准信息、计划信息和查询信息等。标准信息是指各种定额和标准,如施工定额、工程建设的生产作业计划标准、设备和工具的耗损程度等;计划信息是指在计划期内已定任务的各项指标情况;查询信息是指国家和行业颁发的技术标准、不变价格、监理工作制度、监理工程师的人事卡片等。

B.流动信息

流动信息是指在不断变化的动态信息。如项目实施阶段的质量、投资及进度的统计信息;在某一时刻,项目建设的实际进度和计划进度的比较;项目实施阶段的原材料实际消耗量、人工工日和机械台班等。

4)按信息的层次划分

A.战略性信息

战略性信息是指项目建设过程中的战略决策所需要的信息。如项目概况、投资总额、建设总工期、承包商的选定、合同价的确定等信息。

B.管理型信息

管理型信息是指项目年度进度计划、财务计划、材料计划,施工总体方案,三大目标控制计划等。

C.业务性信息

业务性信息是指各业务部门的日常信息,一般情况下比较具体,有较高的精确度。如各分部分项工程作业计划、施工方案、成本控制措施、质量监测数据、材料实际消耗等信息。

5)按信息的性质划分

按项目管理功能信息划分为组织类信息、管理类信息、经济类信息和技术类信息等。

6)按其他标准划分

(1)按信息范围的不同,可以把建设工程项目信息分为精细的信息和摘要的信息两类。

(2)按信息的时间不同,把信息分为历史性信息、即时信息和预测信息三大类。

(3)按照监理阶段不同,在工程开始阶段要有计划的信息;在监理过程中要有作业的和核算的信息;在某一工程的监理工作结束时,要有报告的信息。

(4)按照对信息的期待性不同,把建设工程项目信息划分为预知的和突发的两类。预知的信息是监理工程师可以估计到的,它产生于正常情况下;突发的信息是监理工程师难以预计的,是在特殊情况下发生的。

将建设工程项目信息按照一定的标准进行分类,对开展监理工作有着非常重要的意义。不同的监理范畴需要不同的信息,而把信息进行分类,有助于根据监理工作的不同要求,提供适当的信息。例如,日常的监理业务是属于高效率地执行特定业务的过程。由于业务内容、目标、资源等都是已经明确规定的,因此判断的情况并不多。它所需要的信息通常是有历史性的,其结果也是可以预测的,绝大多数是项目内部的信息。

9.1.4　建设工程信息管理的基本任务及其工作原则

9.1.4.1　信息管理的定义

信息管理是指对信息的收集、加工整理、储存、传递与应用等一系列工作的总称。

信息管理的目的是通过有组织的信息流通,使决策者能及时、准确地获得相应的信息。为了达到信息管理的目的,就要把握好信息管理的各个环节,并要做到:

(1)了解和掌握信息来源,对信息进行分类;

（2）掌握和正确运用信息管理的手段；

（3）掌握信息流程的不同环节，监理信息管理系统。

9.1.4.2　建设工程信息管理的基本任务

监理工程师作为项目管理者之一，承担着项目信息管理的任务，负责收集建设工程项目实施情况的信息，并做好各种信息的处理，同时向上级和外界提供这些情况。监理工程师的信息管理的主要任务包括如下内容：

（1）组织建设工程项目基本情况信息的收集并系统化编制项目手册。项目管理的任务之一是，按照项目的任务，按照项目的实施要求，设计项目实施和管理中的信息和信息流，确定它们的基本要求和特征，并保证在实施过程中信息顺利流通。

（2）项目报告及各种资料的规定，如资料的格式、内容、数据结构要求。

（3）根据项目实施、组织和管理工作过程建立项目管理信息系统流程，在实际工作中保证这个系统的正常运行，并控制信息流。

（4）文件档案的管理工作。

有效的项目管理需要更多地依靠信息系统的结构和维护。信息管理影响组织和整个项目管理系统的运行效率，是人们沟通的桥梁，监理工作者应对信息管理给予足够的重视。

9.1.4.3　建设工程信息管理工作的原则

建设工程一般都要产生大量的信息，种类也多种多样。为便于信息的搜索、处理、储存、传递和利用，监理工程师在进行建设工程信息管理实践中逐步形成以下基本原则。

1）标准化原则

在项目实施过程中，要对有关信息的分类进行统一，对信息的流程进行规范，严格控制报表则力求做到格式化和标准化，通过信息管理制度的建立健全，从组织形式上保证了信息产生过程的效率。

2）有效性原则

监理工程师应针对不同层次管理者的要求对自己所停工的信息进行加工，针对不同层次管理者提供不同要求和浓缩程度的信息。如对于项目的高层管理者，提供的决策信息应该精炼、直观，尽量用形象的图表表示，从而满足高层管理者战略决策的需要。这一原则是为了保证信息产品对于决策支持的有效性。

3）定量化原则

建设工程产生的信息不应是项目实施过程中的所产生数据的简单记录，应该是经过信息处理人员的比较与分析后得出的。采用定量工具对有关数据进行分析和比较是很有必要的。

4）时效性原则

建设工程项目决策过程具有时效性，建设工程的成果也具有相应的时效性。工程建设项目的信息都有一定的产生周期，如月报表、季度报表和年度报表等，都是为了保证信息能及时为决策服务。

5）高效处理原则

运用高效能的信息处理工具，尽量缩短信息在处理过程中的延迟，监理工程师的主要精力要放在对处理结果的分析和控制措施的制订上。

6）可预见原则

建设工程产生的信息作为项目实施的历史数据,可以用于预测未来的情况,监理工程师应通过采用先进的方法和工具为决策者制定未来目标和行动规划提供必要的信息。例如,通过对过去投资资金执行情况的分析,对将来可能发生的投资情况进行预测,作为实现预控的依据,这一点在建设工程项目管理中也具有十分重要的意义。

9.2 施工阶段建设工程监理信息管理的基本环节

建设工程信息管理贯穿于工程建设的全过程,与建设工程的各个阶段、各个参建单位和各个方面都有联系和衔接,基本的环节有信息的收集、传递、加工、整理、检索、分发和储存。由于目前我国大部分监理工作是在施工阶段进行的,且本教材是针对监理员而编制的,所以这里仅介绍在施工阶段的信息管理的各个环节。

9.2.1 监理单位对信息的收集

在施工阶段,我们的监理工作已经有了比较成熟的经验和制度,各地对施工阶段信息规范化管理也提出了不同深度的要求,建设工程施工验收规范也已经配套,建设工程文件档案管理制度也比较成熟。但由于我国目前施工管理水平有限,在施工阶段信息的收集上,建设工程项目的各有关参与方在信息的传递上,施工信息标准化和规范化上都需要进一步加强。

下面从施工准备期、施工实施期、竣工保修期三个阶段分别介绍施工阶段信息收集的有关内容。

9.2.1.1 施工准备期

施工准备期是指从建设工程合同签订到项目开工这段时期。一般情况下,如果在施工招标投标阶段监理未介入,施工准备期是监理收集信息的关键阶段,监理工程师应从以下几点收集信息。

（1）监理大纲;施工图设计及施工图预算,特别要掌握结构的特点,掌握工程的难点、要点、特点,掌握工业工程的工艺流程特点、设备特点;了解工程的预算体系(按照单位工程、分部工程、分项工程进行分解),了解施工合同。

（2）承包单位项目经理部组成,进场人员资质;进场设备的规格型号、保修记录;施工场地的准备情况;承包单位质量保证体系及承包单位的施工组织设计,特殊工程的技术方案,施工进度网络计划图表;进场材料、构配件管理制度;安全保证措施;数据和信息管理制度;检测和检验、试验程序和设备;承包单位和分包单位的资质等承包单位信息。

（3）建设工程场地的水文、地质、测量、气象数据;地上、地下的管线,地下洞室,地上原有建(构)筑物及周围建筑物、树木、道路;建筑红线,标高、坐标;水、电、气管道的引入标志;地质勘察报告、地形测量图及标桩等环境信息。

（4）施工图的会审和设计交底记录,开工前的监理交底记录、对承包单位提交的施工组织设计按项目监理部的要求进行修改的情况,承包单位提交的开工报告及实际准备情况等。

（5）本工程需要遵循的有关法律法规、技术、规范、图集、规程等,有关质量检验、控制的技术法规和质量验收标准。

在施工准备期,信息的来源较多、较杂,且参建各方相互了解不够,信息渠道没有完全建立起来,所以信息的收集有一定的难度。因此,更应该从一开始就建立工程信息合理的流程,确定合理的信息源,规范各方的信息行为,建立必要的信息秩序。

9.2.1.2 施工实施期

在工程项目施工期间,信息来源相对而言比较稳定,主要是在施工过程中随时产生的数据,由承包单位一层一层地收集上来,比较单纯,容易实现规范化。从现阶段情况来看,各级建设行政主管部门对施工阶段信息收集和整理一般都有明确的规定,承包单位也已经有了一定的管理经验和处理程序,相对容易实现信息管理的规范化,关键是建设单位、监理单位和承包单位在信息形式和汇总方面有些不统一。所以,建设各方信息格式的统一,实现标准化、代码化、规范化是我国建设工程信息管理方面逐步要解决的问题。目前,各地有各地的地方规程,大多数都没有实现建设、监理、施工的统一格式,给工程建设档案和各方数据交换带来了一定的麻烦。

在施工实施期,项目监理部应安排专门的部门或专人分级管理所收集的信息并进行分类。项目监理部可从以下几个方面收集信息:

(1)承包单位人员、机械设备、水、电、气、通信等的动态信息。

(2)施工期间的有关气象资料,包括气象的中长期趋势和同期历史数据,每天不同时段的动态信息,特别是在气候对施工质量影响较大的情况下,更应加强气象数据的收集。

(3)建筑原材料、成品、半成品、构配件等工程物资的进场、检测、加工、保管及使用等信息。

(4)施工方项目部的质量、安全等管理程序,质量、进度、投资的事前、事中、事后控制措施,有关数据采集来源及采集、处理、存储、传递等方式,工序间的交接制度,事故处理制度,施工组织设计及各种专项方案的执行情况,以及工地文明施工及安全措施的执行情况等。

(5)需要执行的有关国家和地方的规范、规程、标准、图集等,以及施工合同的执行情况。

(6)施工过程中发生的有关工程数据,例如地基验槽及处理记录、工序间交接记录、隐蔽工程检查记录、基础或主体分部验收及记录等。

(7)建筑材料试验项目的有关信息,如钢筋、水泥、砂石、砌体、外加剂、混凝土、防水材料、回填土、装饰面板、玻璃幕墙等材料的试验信息。

(8)设备安装的试运行和测试项目的有关信息,如电气接地电阻、绝缘电阻测试,管道通水、通气、通风试验,电梯施工试验、消防报警、自动喷淋系统联动试验等。

(9)施工索赔的有关信息,如索赔程序、时效,索赔依据,索赔证据,索赔处理意见等。

9.2.1.3 竣工保修期

竣工保修期的信息收集是建立在施工期间日常信息积累基础上的。传统工程管理模式一般不太重视信息的收集和规范化,数据不能及时收集整理,往往采取事后补填、闭门造车或做"假数据"应付了事。现代工程管理要求及时记录数据,真实反映施工过程,加强平时信息积累,竣工保修期只是把平时各方收集的资料加以汇总和总结。该阶段要收集的信息主要有以下几点:

(1)工程准备阶段资料:如项目立项文件,建设用地、征地、拆迁等文件,开工审批文件,施工许可情况等。

(2)监理文件:包括监理规划、监理实施细则、有关质量问题和质量事故的相关记录、监理工作总结以及监理过程中各种控制和审批与指令性文件等。

（3）施工资料：按建筑安装工程、市政基础设施工程等类别分别收集。

（4）竣工图：按建筑安装工程、市政基础设施工程等类别分别收集。

（5）竣工验收资料：如工程竣工验收报告、单位工程竣工验收记录、竣工验收备案表、电子档案等。

在竣工保修期，监理单位按照现行《建设工程文件归档整理规范》（GB/T 50328—2001）收集监理资料，协助建设单位督促承包单位完善全部资料的收集、汇总和归档整理工作。

9.2.2　监理单位对信息的加工、整理

信息的加工就是把参建各方得到的信息进行鉴别、选择、核对、合并、排序、更新、计算、汇总、转储，生成不同形式的数据和信息，提供给不同需要的各类管理层使用。

信息的加工往往按照不同的需求进行，针对不同的使用角度，有不同的加工方法。监理工作人员对数据的加工要从鉴别开始，一种数据是自己收集的，可靠度较高；对于那些由承包单位提供的数据就要从数据采集程序是否规范，采集手段是否可靠，提供数据的人素质如何，数据的精度是否能满足要求等方面入手，对承包单位提供的数据进行选择、核对，加以必要的汇总，对动态的数据要及时更新，施工产生的数据可以按单位工程、分部工程、分项工程进行组织整理，每一个单位工程、分部工程和分项工程又可以按进度、质量和投资三方面分别进行组织和处理。

9.2.3　监理单位对信息的分发、检索和储存

监理人员要将收集的数据进行分类加工处理，由此产生的信息要及时提供给需要使用数据和信息的部门。信息的分发要根据需要进行，而信息的检索则要建立必要的分级管理制度，一般使用软件来保证实现数据和信息的分发与检索，决定信息分发与检索的原则是关键。分发与检索的原则是：需要使用的部门和个人，有权在需要的第一时间，方便地得到所需要的、以规定形式提供的一切信息和数据，而保证不向不该知道的部门或个人提供任何信息和数据。建立分发制度要根据监理工作的特点来进行。

分发制度的设计一般要考虑以下方面：

（1）了解使用部门（人）的使用目的、使用周期、使用频率、得到时间、数据的安全要求等级；

（2）决定分发的项目、内容、分发量、范围、数据来源；

（3）决定分发信息和数据的数据结构、类型、精度和如何组合成规定的格式；

（4）决定提供的信息和数据介质（纸张、显示器显示、磁盘或其他形式）。

检索制度的设计需要考虑以下方面：

（1）允许检索的范围、检索的密级划分、密码的管理等；

（2）检索的信息和数据提供的是否及时、快速，采用网络、通信、计算机或其手段来实现检索；

（3）提供检索需要的数据和信息输出形式，能否根据关键字实现智能检索。

信息的储存一般需要建立统一的数据库，各类数据以文件的形式组织在一起，组织要考虑规范化。一般可按下列方式进行组织：

（1）按照工程进行组织，同一工程按照投资、进度、质量和合同的角度组织，各类进一步按具体情况细化。

（2）文件名称规范化，以事先确定好的字符串作为文件名，如：类别（3）工程代号（拼音或数字）（2）开工年月（4）。组成文件名，例如合同以 HT 开头，监理合同增加 J，工程为 2004 年 8 月开工，工程代号为 06，则该监理合同文件名就可以用 HTJ060408 表示。

（3）参见各方协调统一存储格式，国家技术标准有统一代码时尽量采用统一代码。

（4）在条件具备的情况下，可以通过网络数据库形式存储数据，达到参建各方数据和信息共享，减少数据冗长，保证数据的唯一性。

9.3　建设工程监理的表格及其主要文档

9.3.1　施工阶段监理工作的基本表格

目前，我国建设工程监理在施工阶段的基本表格模式仍按现行的《建设工程监理规范》（GB 50319—2000）中所附目录执行，这些表格可以一表多用。对于工程质量用表，由于各行业、各部门的专业要求不同，各行业、各部门已各自形成比较完整、系统的表式，各类工程的质量检验及评定均有相应的技术标准，质量检查及验收按相关标准的要求办理即可。如果没有相应的表式，工程开工前，项目监理机构应与建设单位、承包单位进行协商，根据工程特点、质量标准、竣工及归档组卷要求协商一致后，制定相应的表式。

《建设工程监理规范》（GB 50319—2000）中规定的基本表格模式有以下三类：

A 类表：承包单位用表，共 10 个表（A1～A10），是承包单位和监理单位之间的联系用表，由承包单位填写，向监理单位提交申请或回复。

B 类表：监理单位用表，共 6 个表（B1～B6），是监理单位与承包单位之间的联系用表，由监理单位填写，向承包单位发出的指令或批复。

C 类表：各方通用表式，共 2 个表（C1、C2），是建设单位、监理单位、承包单位等各有关单位之间的联系用表。

9.3.1.1　A 类表

A 类表主要用于施工阶段，各表在使用时应分别注意以下事项。

1）工程开工/复工报审表（A1）

施工阶段承包单位向监理单位报请开工和工程暂停后报请复工时填写，如整个项目一次开工，则只填报一次即可，如工程项目中涉及较多单位工程且开工时间不同，则每个单位工程开工都应填报一次。此时应将表头的"复工"两字划掉。申请开工时，承包单位认为已经具备开工条件时向项目监理机构申报此表，监理工程师应从以下几方面进行审核，认为具备开工条件时，由总监理工程师签署意见，报送建设单位。具体条件为：

（1）施工许可证已经获得政府主管部门批准；

（2）征地拆迁工作能满足工程进度的需要；

（3）施工组织设计已经获得总监理工程师批准；

（4）承包单位现场管理人员已经到位，机具、施工人员已经进场，主要工程材料已经落实；

（5）进场道路及水、电、通信等已经满足开工要求。

因承包单位导致的工程暂停，当具备恢复施工条件时，承包单位报请复工报审表并提交有关材料，总监理工程师应及时签署复工报审表，承包单位恢复正常施工；因非承包单位导致的工程暂停，在暂停原因消失后，具备复工条件时，项目监理机构应及时督促承包单位尽快报请复工。工程复工报审时，将表头的"开工"划掉。

2）施工组织设计（方案）报审表（A2）

承包单位在开工前向项目监理机构报送施工组织设计（方案）时，应同时填写施工组织设计（方案）报审表。在施工过程中，如果批准的施工组织设计（方案）发生了改变，项目监理机构要求将变更的方案报送时，也采用此表。施工方案包括各分部（分项）工程施工方案、季节性施工方案、安全专项方案、各种应急预案，重点部位及关键工序的施工工艺方案，采用新工艺、新材料、新技术、新设备的报审等。总监理工程师应组织专业监理工程师在约定的时间内予以审核，需要修改时，总监理工程师可签发书面审查意见，退回承包单位修改后再报，重新审核。总监理工程师审核、签认后报建设单位。

审核的主要内容有：

（1）施工组织设计（方案）是否有承包单位负责人签字，施工组织设计中的安全技术措施或安全专项施工方案是否经承包单位有关部门的专业技术人员审核，是否由承包单位技术负责人签字并加盖单位公章，专项施工方案须经专家论证审查的，是否履行了论证并按论证报告修改了专项方案；

（2）施工组织设计（方案）是否符合施工合同的要求；

（3）施工总平面布置是否合理；

（4）施工部署是否合理，施工方法是否可行，质量保证措施和安全保证措施是否可靠、可操作并具有针对性；

（5）施工工期安排是否满足施工合同的要求，进度计划能否保证施工的连续性和均衡性，施工所需要的人力、材料、机械设备与进度计划是否协调；

（6）承包单位项目经理部的质量管理体系、技术管理体系、质量保证体系、安全保证体系是否健全；

（7）施工组织设计（方案）是否符合有关法律法规、规范、工程建设强制性标准及其他规定；

（8）安全、环保、消防和文明施工的措施是否符合有关规定；

（9）季节施工、应急预案、专项施工方案是否合理、可行和先进。

3）分包单位资格报审表（A3）

专业监理工程师对承包单位报送的分包单位资格报审表和分包单位有关资质资料进行审查，符合有关规定时，由总监理工程师予以签认，分包单位可完成相应的施工任务。审核的主要内容有：

（1）分包单位的营业执照、企业资质等级证书、特殊行业施工许可证、国外（境外）企业在国内承包工程许可证；

（2）分包单位的业绩材料；

（3）拟分包工程的内容和范围；

（4）专职管理人员和特种作业人员的资格证、上岗证。

4)报验申请表(A4)

本表主要用于承包单位向监理单位进行工程质量检查验收申报。用于隐蔽工程的检查和验收时,当承包单位完成自检,填报此表提请监理人员确认,同时在填报此表时应附有相应的工序和部位的工程质量检查证明;用于施工放样报检申请时,应附有承包单位的施工放样成果;用于分项、分部、单位工程质量检验评定报审时,应附有相关符合质量检验评定标准要求的资料及规范规定的表格。

5)工程款支付申请表(A5)

在分项、分部工程或按照施工合同付款的条款完成相应工程的质量已通过监理工程师认可后,承包单位要求建设单位支付合同内项目及合同外项目的工程款时,填写本表向项目监理机构申报,附件有:

(1)用于工程预付款支付申请时:施工合同中有关规定的说明;

(2)在申请工程进度款支付时:已经核准的工程量清单,监理工程师的审核报告、款额计算和其他有关的资料;

(3)在申请工程竣工结算款支付时:竣工结算资料、竣工结算协议书;

(4)在申请工程变更费用支付时:"工程变更单"(C2)及有关资料;

(5)在申请索赔费用支付时:"费用索赔审批表"(B6)及有关资料;

(6)合同内项目及合同外项目其他应附的付款凭证。

工程项目监理机构的专业监理工程师对本表及其附件进行审批,提出审核记录及批复意见。同意付款时,应注明应付的款额及其计算方法,报总监理工程师审批,并将审批结果以"工程款支付证书"(B3)批复给承包单位并通知建设单位。不同意付款时应说明理由。

6)监理工程师通知回复单(A6)

本表用于承包单位接到项目监理部的"监理工程师通知单"(B1),并已经完成了监理工程师通知单上的工作后,报请项目监理部进行核查。表中应对监理工程师通知单中所提问题产生的原因、整改经过和今后预防同类问题准备采取的措施进行详细的说明,要求承包单位对每一份监理工程师通知及时予以回复。监理工程师对本表所述完成的工作进行核查后应签署意见,并及时返回给承包单位。本表一般可由专业监理工程师签认,重大问题由总监理工程师签认。

7)工程临时延期申请表(A7)

本表用于当发生工程延期事件并有持续影响时,承包单位向工程项目监理机构申请工程临时延期;工程延期事件结束,承包单位向工程项目监理机构最终申请确定工程延期的日历天数及延迟后的竣工日期。此时,应将本表表头的"临时"两字改为"最终"。申报时应在本表中详细说明工程延期的依据、工程计算、申请延长竣工日期,并附有证明材料。工程项目监理机构对本表所述情况进行审核评估,分别用"工程临时延期审批表"(B4)及"工程最终延期审批表"(B5)批复承包单位项目经理部。

8)费用索赔申请表(A8)

本表用于费用索赔事件结束后,承包单位向项目监理机构提出费用索赔时填报。本表中详细说明索赔事件的经过、索赔理由、索赔金额的计算等,并附有必要的证明材料,经过承包单位项目经理签字。总监理工程师应组织监理工程师对本表所述情况及所提的要求进行审查和评估,并与建设单位协商后,在施工合同规定的期限内签署"费用索赔审批表"(B6)

或要求承包单位进一步提交详细的资料后重报申请,批复承包单位。

9)工程材料/构配件/设备报审表(A9)

本表用于承包单位将进入施工现场的工程材料/构配件经自检合格后,由承包单位项目经理签章,向工程项目监理机构申请验收;对运到施工现场的设备,经检查包装无破损后,向项目监理机构申请验收,并移交给设备安装单位。工程材料/构配件还应注明使用部位。随本表应同时报送材料/构配件/设备数量清单、质量证明文件(产品出厂合格证、材质化验单、厂家质量检验报告、厂家质量保证书、进口商品海关报检证书、商检证等)、自检结果文件(如复检、复试合格报告等);对进厂的大中型设备要会同设备安装单位共同开箱验收。检验合格,监理工程师在本表上签认,注明质量控制资料和材料试验合格的相关说明;检验不合格时,在本表上签批不同意验收,工程材料/构配件/设备应清退出场,也可根据情况批示同意进场但不得用于原拟定部位。

10)工程竣工报验单(A10)

在单位工程竣工、承包单位自检合格、各项竣工资料整理齐备后,承包单位填报本表向工程项目监理机构申请竣工验收。表中附件是指可用于证明工程已按合同约定完成并符合竣工验收要求的资料。总监理工程师收到本表及附件后,应组织各专业监理工程师对竣工资料及各专业工程的质量进行全面检查,对检查出的问题,应督促承包单位及时整改。承包单位整改合格后,总监理工程师签署本表,并向建设单位提出质量评估报告,从而完成竣工预验收。

9.3.1.2　B 类表

B 类表主要用于施工阶段,各表在使用时应注意以下事项。

1)监理工程师通知单(B1)

本表是重要的监理用表。在监理工作中,是项目监理机构按委托监理合同授予的权限,针对承包单位出现的各种问题而发出的要求承包单位进行整改的指令性文件、提出的要求,除另有规定外,均应采用此表。监理工程师现场发出的口头指令及要求也应采用此表,事后予以确认。项目监理机构在使用此表时应注意尺度,既不能不发通知,也不能滥发,以维护监理通知的权威性。承包单位接到监理单位的通知后,应按要求及时进行整改,整改符合要求后使用"监理工程师通知回复单"(A6)回复。监理工程师通知单一般可由专业监理工程师签发,但发出前必须经过总监理工程师同意,重大问题应由总监理工程师签发。填写时,"事由"应填写通知内容的主题词,相当于标题;"内容"应写明发生问题的具体部位、具体内容,写明监理工程师的要求、依据。

2)工程暂停令(B2)

发生以下 5 种情况中任一种情况时,总监理工程师应根据停工原因、影响范围,确定工程停工范围,签发工程暂停令,向承包单位下达工程暂停的指令。这 5 种情况包括:建设单位要求且工程需要暂停施工;出现工程质量问题,必须停工处理;出现质量或安全隐患,为避免造成工程质量损失或危及人身安全而需要暂停施工;承包单位未经许可擅自施工或拒绝项目监理机构管理;发生了必须暂停施工的紧急事件等。本表内必须注明工程暂停的原因、范围、停工期间应进行的工作及负责人、复工条件等。签发本表要慎重,要考虑工程暂停后可能产生的各种后果,并应事前与建设单位协商,应取得一致意见。

3）工程款支付证书（B3）

本表是项目监理机构收到承包单位报送的"工程款支付申请表"（A5）后用于批复用表，由各专业监理工程师按照施工合同进行审核，及时抵扣工程预付款后，确认应该支付工程款的项目及款额，提出意见，经过总监理工程师审核签认后，报送建设单位，作为支付的证明。同时批复给承包单位，随本表应附承包单位报送的"工程款支付申请表"（A5）及其附件。

4）工程临时延期审批表（B4）

本表用于项目监理机构接到承包单位报送的"工程临时延期申请表"（A7）后，对申报情况进行调查、审核与评估后，初步作出是否同意延期申请的批复。表中"说明"是指总监理工程师同意或不同意工程临时延期的理由和依据。如果同意，应注明暂时同意工期延长的日数，延长后的竣工日期。同时，应指令承包单位在工程延长期间，随延期时间的推移，应陆续补充的信息与资料。本表由总监理工程师签发，签发前应征得建设单位同意。

5）工程最终延期审批表（B5）

本表用于工程延期事件结束后，工程项目监理机构根据承包单位报送的"工程临时延期申请表"（A7）及延期事件发展期间陆续报送的有关资料，对申报情况进行调查、审核与评估后，向承包单位下达的最终是否同意工程延期日数的批复。表中"说明"是指总监理工程师同意或不同意工程最终延期的理由和依据，同时应注明最终同意工期延长的日数及竣工日期。本表由总监理工程师签发，签发前应征得建设单位同意。

6）费用索赔审批表（B6）

本表用于收到承包单位报送的"费用索赔申请表"（A8）后，工程项目监理机构针对此项索赔事件，进行全面地调查了解、审核及评估后，作出的批复。本表中应详细说明同意或不同意此项索赔的理由，同意索赔时，同意支付的索赔金额及其计算方法，并附有关的资料。本表由专业监理工程师审核后，报总监理工程师签发，签发前应与建设单位、承包单位协商确定批准的赔付金额。

9.3.1.3　C 类表

C 类表用于工程施工阶段，各表在使用时应注意的事项。

1）监理工作联系单（C1）

本表适用于参与建设工程的建设单位、施工单位、监理单位、勘察设计单位及质量监督单位相互之间就有关事项的联系，发出单位有权签字的负责人为：建设单位的现场代表（施工合同中规定的工程师）、承包单位的项目经理、监理单位的项目总监理工程师、设计单位的本工程设计负责人、政府质量监督部门负责监督该建设工程的监督师。本表不能任何人随便签发，若用正式函件形式进行通知或联系，则不宜使用本表，改由发出单位的法人签发。该表的"事由"为联系内容的主题词。若用于混凝土浇筑申请，可由工程项目经理部的技术负责人签发，工程项目监理机构也用本表予以回复，本表可由土建工程监理工程师签署。本表签署的份数根据内容及涉及范围进行确定。

2）工程变更单（C2）

本表适用于参与建设工程的建设、施工、勘察设计、监理等各方使用，在任何一方提出工程变更时都要先填写此表。建设单位提出工程变更时，填写后由工程项目监理机构签发，必要时建设单位应委托设计单位编制设计变更文件，并签转项目监理机构；承包单位提出工程变更时,填写本表后报送项目监理机构,项目监理机构同意后转呈建设单位,需要时由建设单位委托设计单位编制设计变更文件,并签转项目监理机构。施工单位在收到项目监理机构签署的"工程变更单"后,方可实施工程变更,工程分包单位的工程变更应通过承包单位办理。该表的附件应包括工程变更的详细内容,变更的依据,对工程造价及工期的影响程度,对工程项目功能、安全的影响分析及必要的图示。总监理工程师组织监理工程师收集资料,进行调研,并与有关单位磋商,如取得一致意见,在本表中写明,并经相关的建设单位的现场代表、承包单位的项目经理、监理单位的项目总监理工程师、设计单位的本工程设计负责人等在本表上签字,此项工程变更才生效。本表由提出工程变更的单位填报,份数视内容而定。

9.3.2　监理规划

监理规划的编制程序:监理规划应在签订委托监理合同及收到与建设工程项目相关的合同文件、施工组织设计(技术方案)、设计文件后开始编制,由项目总监理工程师组织各专业监理工程师完成该项目监理规划的编制工作,经监理单位技术负责人审核批准,加盖监理单位公章,在第一次工地会议前报送建设单位。

监理规划的编制依据:建设工程的相关法律法规及项目审批文件,与建设工程项目有关的标准、设计文件、技术资料,监理大纲、委托监理合同文件以及与建设工程项目相关的合同文件。

监理规划的内容应有针对性和可操作性,要有明确的控制目标、有效的措施,合理的工作程序、健全的工作制度、明晰的职责分工等,对监理实践有指导作用。监理规划要有时效性,在项目实施过程中,如实际情况或条件发生重大变化而需要调整监理规划,应由总监理工程师组织专业监理工程师研究修改,按原审批程序批准后,再次报送建设单位。

在编写监理规划时应注意以下几点:

(1)内容应符合《建设工程监理规范》(GB 50319—2000)有关监理规划的要求。

(2)监理工作目标应包括工期控制目标、工程质量控制目标、工程造价控制目标和安全生产管理工作目标。

(3)要有明确的工程进度控制、工程质量控制、工程造价控制等的目标分解、控制程序、控制要点、风险措施等,合同管理中的工程变更管理、索赔管理要点、索赔程序及合同争议的协调方法等要详细。

(4)项目监理机构的组织机构,主要写明组织形式、人员构成、监理人员的职责分工、人员进场计划安排等。

(5)项目监理机构的工作制度包括信息和资料管理制度、监理会议制度、监理工作报告制度及其他有关监理工作制度。

9.3.3　监理实施细则

对中型及以上或专业性较强的工程项目,项目监理机构应编制监理实施细则。监理实施细则应符合监理规划的要求,并结合工程项目的专业特点,做到详细、具体、可操作性强。各专业监理工程师应在相应工程施工前开始编制监理实施细则,并经项目总监理工程师审核批准。

监理实施细则的编制依据:已批准的监理规划,与专业工程相关的标准、设计文件和技术资料,经审批过的施工组织设计等。

当发生工程变更、计划变更或原监理实施细则所确定的方法、措施、流程不能有效地发挥管理和控制作用等情况时,总监理工程应及时根据工程实际进展情况安排专业监理工程师对监理实施细则进行调整和修改。监理实施细则的主要内容包括各专业工程的特点、监理工作的流程、监理工作控制要点和目标值、监理工作的方法和措施。

9.3.4 监理日记

根据《建设工程监理规范》(GB 50319—2000)规定,监理日记由专业监理工程师和监理员填写,监理日记和施工日记一样,都是对现场施工情况的一种真实反映,只是监理日记更侧重于监理单位做了哪些工作。一个同样的施工行为,监理日记和施工日记的记载往往可能有不同的结论,事后发现工程存在问题时,日记就起到了重要的证据作用。因此,认真、及时、真实、详细地做好监理日记,对发现问题和解决问题,甚至仲裁和诉讼都有相当重要的作用。

监理日记是项目监理部完整的工程跟踪资料,综合反映了项目监理部的工作状况,是监理工作的重要依据,是项目监理档案的重要组成部分。因此,监理日记应放置于监理现场办公室固定显要的位置,项目监理部的每位成员均可查阅、监督和提出修改补充意见;监理日记应采取纪实手法逐日如实地记录工程全面的情况,内容要真实可信、全面、准确、及时,不得事后补记,严禁伪造和填写虚假情况,客观反映监理工作情况;监理日记应反映工程建设过程中监理人员全部监理工作的情况,对参与人、时间、地点、原因、经过、结果等都应如实记录;监理日记应字迹工整、语句通顺、文字简练、逻辑合理;涉及责任问题要具有可追溯性,存在问题前后呼应,应有处理结果;监理日记作为监理单位内部的管理文件,未经项目总监理工程师批准,严禁项目监理部以外的人员传阅、复印。

监理日记可以从不同的角度进行记录,项目总监理工程师可以亲自或指定一名监理工程师对项目每天总的情况进行记录,这可以被称为监理日志;专业监理工程师可以从专业的角度进行记录;监理员可以从负责的单位工程、分部工程、分项工程的具体部位施工情况进行记录,侧重点不同,记录的内容、范围也不同。一般,监理日记主要包括以下内容:

(1)天气及温度情况,以及天气、温度对某些工序质量的影响和采取措施情况。

(2)施工情况:当日材料、构配件、设备、人员变化的情况;当日施工的相关部位、工序的质量、进度情况;施工班组(工种、人数)、施工机械(种类、数量)使用情况、安全文明施工情况、索赔情况、材料使用及抽检、复检情况,施工质量状况等。

(3)各方要求:当日收到的建设单位要求、设计变更、承包商请示,应写明要求人、收到时间、地点、在场人员和要求内容(如为口头要求,应请要求人提出书面报告或由监理人员整理成文字请要求人签章);有争议的问题,各方相同或不同的意见。

(4)监理工作:对各方要求的协调、处理情况,各专业主要监理工作、发现问题和对问题的处理措施、监理建议和处理结果,当日发出的监理指令、监理报表、会议纪要及其他监理文件等,包括对现场安全文明监督管理情况。

(5)其他:政府颁发的有关法规及文件的收到、执行时间,各方原因引起的停水、停工、停电等损失情况,建设单位合同外工程及零星用工,不可抗力因素的发生过程、影响程度,项目监理部完成的附加工作、额外工作,项目监理部应记录的其他情况。

项目完成后,监理日记记录人应将监理日记加以整理,装订成册,项目总监理工程师审定签字,归入监理档案。

9.3.5　监理会议纪要

监理例会是履约各方沟通情况,交流信息,协调处理合同履行中存在的有关问题的主要协调方式。施工过程中,第一次工地会议由建设单位主持,第一次工地会议应包括以下内容:

(1)建设单位、承包单位和监理单位分别介绍各自驻现场的组织机构、人员及其分工。

(2)建设单位根据委托监理合同宣布对总监理工程师的授权。

(3)建设单位介绍工程开工准备情况。

(4)承包单位介绍施工准备情况。

(5)建设单位和总监理工程师对施工准备情况提出意见和要求。

(6)总监理工程师介绍监理规划的主要内容。

(7)研究确定各方在施工过程中参加工地例会的主要人员,召开工地例会周期、地点及主要议题。

总监理工程师要定期主持召开工地例会。会议纪要主要内容如下:

(1)会议时间与地点,会议主持人,与会人员的姓名、单位及职务。

(2)检查上次例会议定事项的落实情况,分析未完事项原因。

(3)检查分析工程项目进度计划完成情况,提出下一阶段进度目标及其落实措施。

(4)检查分析工程项目质量、安全生产状况,针对存在的质量及安全问题提出改进措施。

(5)检查工程量核定及工程款支付情况。

(6)解决需要协调的有关事项,明确有关事项的负责落实单位、负责人和时限要求。

(7)其他有关事项。

在召开工地例会时,当与会各方在重大问题上有不一致意见时,应将各方的主要观点,尤其是相互对立的意见计入"其他有关事项"中。工地会议纪要由项目监理机构负责起草,会议纪要的内容应准确真实、简明扼要,经总监理工程师审阅,与会各方代表会签,发至合同有关各方,并应办理有关签收手续。

9.3.6　监理月报

监理月报由项目总监理工程师组织编写,由总监理工程师签认,报送建设单位和本监理单位,报送时间由监理单位和建设单位协商确定,一般在收到承包单位项目经理部报送的工程进度,汇总了本月已完成工程量和本月计划完成工程量的工程量表、工程款支付申请表等相关资料后,在最短时间内提交。监理月报的内容主要有七点,具体为:

(1)本月工程概况。

(2)本月工程形象进度。

(3)工程进度:本月实际完成情况与计划进度比较,对进度完成情况及采取措施效果的分析。

（4）工程质量：本月工程质量情况分析，本月采取的工程质量措施及效果。

（5）工程计量与工程款支付：工程量审核情况、工程款审批情况及月支付情况、工程款支付情况分析、本月采取的措施及效果。

（6）合同其他事项的处理情况：工程变更、工程延期、费用索赔。

（7）本月监理工作小结：对本月进度、质量、工程款支付等方面情况的综合评价，本月监理工作情况，有关本工程的意见和建议，下月监理工作的重点。

另外，监理月报中还可以增加：①承包单位、分包单位机构、人员、设备、材料构配件变化；②分部、分项工程验收情况；③主要施工试验情况；④天气、温度、其他原因对施工的影响情况；⑤工程项目监理机构、人员变动情况等的动态数据，使监理月报更能反映不同工程当月施工实际情况。

9.3.7 旁站监理方案和旁站监理记录

根据建设部《房屋建筑工程施工旁站监理管理办法（试行）》建市［2002］189号的规定，房屋建筑工程施工旁站监理（简称旁站监理）是指监理人员在房屋建筑工程施工阶段监理中，对关键部位、关键工序的施工质量实施全过程现场跟班的监督活动。该办法所规定的房屋建筑工程的关键部位、关键工序，在基础工程方面包括：土方回填，混凝土灌注桩浇筑，地下连续墙、土钉墙、后浇带及其他结构混凝土、防水混凝土浇筑，卷材防水层细部构造处理，钢结构安装；在主体结构工程方面包括：梁柱节点钢筋隐蔽过程，混凝土浇筑，预应力张拉，装配式结构安装，钢结构安装，网架结构安装，索膜安装。

监理单位在编制监理规划时，应当制订旁站监理方案，明确旁站监理的范围、内容、程序和旁站监理人员职责等。旁站监理方案应当送建设单位和施工企业各一份，并抄送工程所在地的建设行政主管部门或其委托的工程质量监督机构。施工企业根据监理单位制订的旁站监理方案，在需要实施旁站监理的关键部位、关键工序进行施工前24小时，应当书面通知监理单位派驻工地的项目监理机构。项目监理机构应当安排旁站监理人员按照旁站监理方案实施旁站监理。旁站监理在总监理工程师的指导下，由现场监理人员负责具体实施。

旁站监理人员的主要职责是：

（1）检查施工企业现场质检人员到岗、特殊工种人员持证上岗以及施工机械、建筑材料准备情况；

（2）在现场跟班监督关键部位、关键工序的施工执行施工方案以及工程建设强制性标准情况；

（3）核查进场建筑材料、建筑构配件、设备和商品混凝土的质量检验报告等，并可在现场监督施工企业进行检验或者委托具有资格的第三方进行复验；

（4）做好旁站监理记录和监理日记，保存旁站监理原始资料。

旁站监理人员应当认真履行职责，对需要实施旁站监理的关键部位、关键工序在施工现场跟班监督，及时发现和处理旁站监理过程中出现的质量问题，如实准确地做好旁站监理记录。凡旁站监理人员和施工企业现场质检人员未在旁站监理记录上签字的，不得进行下一道工序的施工。旁站监理人员实施旁站监理时，发现施工企业有违反工程建设强制性标准行为的，有权责令施工企业立即整改；发现其施工活动已经或者可能危及工程质量的，应当及时向监理工程师或者总监理工程师报告，由总监理工程师下达局部暂停施工指令或者采取其他应急措施。旁站监理记录是监理工程师或者总监理工程师依法行使有关签字权的重要依据。对于需要旁站监理的关键部位、关键工序施工,凡没有实施旁站监理或者没有旁站监理记录的,监理工程师或者总监理工程师不得在相应文件上签字。

《建筑工程资料管理规程》规定,旁站监理记录应一式三份(见表9-1),建设单位、承包单位和监理单位各存一份。在工程竣工验收后,监理单位应当将旁站监理记录存档备查。

表 9-1 旁站监理记录表

工程名称:　　　　　　　　　　　　　　编号:

日期及气候:	工程地点:
旁站监理的部位或工序:	
旁站监理开始时间:	旁站监理结束时间:
施工情况:	
监理情况:	
发现问题:	
处理意见:	
备注:	
施工企业:_____ 项目经理部:_____ 质检员(签字):_____ 　　　　　　年 月 日	监 理 单 位:_____ 项目监理机构:_____ 旁站监理人员(签字):_____ 　　　　　　年 月 日

9.3.8　主要的建设工程验收表格

9.3.8.1　检验批质量验收表

检验批是工程验收的最小单位,是分项工程乃至整个建筑工程质量验收的基础。检验批是施工过程中条件相同并有一定数量的材料、构配件或安装项目,由于其质量基本均匀一致,因此可以作为检验的基础单位,并按批验收。检验批的质量验收记录由施工项目专业质量检查员填写,监理工程师(建设单位项目专业技术负责人)组织项目专业质量检查员等进行验收,并按表9-2记录。

表 9-2　检验批质量验收记录

工程名称		分项工程名称		验收部位	
承包单位		专业工长		项目经理	
施工执行标准名称及编号					
分包单位		分包项目经理		施工班组长	

	质量验收规范的规定	承包单位检查评定记录	监理(建设)单位验收记录
主控项目	1		
	2		
	3		
	4		
	5		
	6		
	7		
	8		
	9		
一般项目	1		
	2		
	3		
	4		
承包单位检查评定结果	项目专业质量检查员： 　　　　　　　　年　月　日		
监理(建设)单位验收结论	监理工程师： (建设单位项目专业技术负责人) 　　　　　　　　年　月　日		

9.3.8.2　分项工程质量验收表

分项工程的验收是在检验批的基础上进行的。一般情况下，两者具有相同或近似的性质，只是批量的大小不同而已。因此，将有关的检验批汇集构成分项工程。分项工程质量应由监理工程师(建设单位项目专业技术负责人)组织项目专业技术负责人等进行验收，并按表 9-3 记录。

表 9-3 ＿＿＿分项工程质量验收记录

工程名称		结构类型		检验批数		
承包单位		项目经理		项目技术负责人		
分包单位		分包单位 负责人		分包项目经理		
序号	检验批部位、区段	承包单位检查评定结果		监理（建设）单位验收结论		
1						
2						
3						
4						
5						
6						
7						
8						
9						
10						
11						
12						
13						
14						
15						
16						
17						
说明：						
检 查 结 论	项目专业技术负责人：		验 收 结 论	监理工程师： （建设单位项目专业技术负责人） 年 月 日		

9.3.8.3 分部工程质量验收表

分部工程的验收是在其所含各分项工程验收的基础上进行的。涉及安全和使用功能的地基基础、主体结构、有关安全及重要使用功能的安装分部工程应进行见证取送样试验或抽检检测。分部(子分部)工程质量应由总监理工程师(建设单位项目专业负责人)组织施工项目经理和有关勘察、设计单位项目负责人进行验收,并按表9-4记录。节能工程目前已按单独的分部工程进行验收(见表9-5、表9-6)。

表9-4　_____分部(子分部)工程验收记录

工程名称		结构类型		层数	
承包单位		技术部门负责人		质量部门负责人	
分包单位		分包单位负责人		分包技术负责人	

序号	分项工程名称	检验批数	承包单位检查评定	验收意见
1				
2				
3				
4				
5				
6				

质量控制资料	
安全和功能检验(检测)报告	
观感质量验收	

验收单位	分包单位	项目经理:　　　　　　　　　　　年　月　日
	承包单位	项目经理:　　　　　　　　　　　年　月　日
	勘察单位	项目负责人:　　　　　　　　　　年　月　日
	设计单位	项目负责人:　　　　　　　　　　年　月　日
	监理(建设)单位	总监理工程师: (建设单位项目专业负责人)　　　　年　月　日

表 9-5 建筑节能分部工程施工质量专项验收报告

工程名称		建筑面积(m²)		
结构类型		工程造价(万元)		
建设单位				
合同开、竣工日期		实际开、竣工日期		验收时间
工程遗留情况				
验收组人员名单				
对工程设计、施工、监理、设备安装质量和各管理环节的全面评价				

表 9-6　建筑节能分部工程施工质量专项验收报告

监督号：

序号	分项工程	主要验收内容及验收情况
1	墙体节能工程	
2	幕墙节能工程	
3	门窗节能工程	
4	屋面节能工程	
5	地面节能工程	
6	采暖节能工程	
7	通风与空气调节节能工程	
8	空调与采暖系统冷热源及管网节能工程	
9	配电与照明节能工程	
10	监测与控制节能工程	

综合验收等级				
建设单位意见(盖章)：	设计单位意见(盖章)：	承包单位意见(盖章)：	专业承包单位：	监理单位意见(盖章)：
负责人(签字)：	技术负责人(签字)：	项目经理(签字)：	项目经理：	总监理工程师(签字)：
		技术负责人(签字)：		专业监理工程师(签字)：
年　月　日	年　月　日	年　月　日	年　月　日	年　月　日

9.3.8.4　住宅工程质量分户验收表

住宅工程质量分户验收(简称分户验收)是指建设单位组织施工、监理等单位,在住宅工程各检验批、分项、分部工程验收合格的基础上,在住宅工程竣工验收前,依据国家有关工程质量验收标准,对每户住宅及相关公共部位的观感质量和使用功能等进行检查验收,并出具验收合格证明的活动。

分户验收内容主要包括:①地面、墙面和顶棚质量;②门窗质量;③栏杆、护栏质量;④防水工程质量;⑤室内主要空间尺寸;⑥给水排水系统安装质量;⑦室内电气工程安装质量;⑧建筑节能和采暖工程质量;⑨有关合同中规定的其他内容。

分户验收由承包单位提出申请,建设单位组织实施,承包单位项目负责人、监理单位项目总监理工程师及相关质量、技术人员参加,对所涉及的部位、数量按分户验收内容进行检查验收。已经预选物业公司的项目,物业公司应当派人参加分户验收。

建设、施工、监理等单位应严格履行分户验收职责,对分户验收的结论进行签认,不得简化分户验收程序。对于经检查不符合要求的,承包单位应及时进行返修,监理单位负责复查。返修完成后重新组织分户验收。

每户住宅和规定的公共部位验收完毕,应填写《住宅工程质量分户验收表》(见表9-7),建设单位和承包单位项目负责人、监理单位项目总监理工程师分别签字;分户验收合格后,建设单位必须按户出具《住宅工程质量分户验收表》,并作为《住宅质量保证书》的附件,一同交给住户。

表9-7 住宅工程质量分户验收表

工程名称			房(户)号	
建设单位			验收日期	
承包单位			监理单位	
序号	验收项目	主要验收内容	验收记录	
1	楼地面、墙面和顶棚	地面裂缝、空鼓、材料环保性能,墙面和顶棚爆灰、空鼓、裂缝、装饰图案、缝格、色泽、表面洁净		
2	门窗	窗台高度、渗水、门窗启闭、玻璃安装		
3	栏杆	栏杆高度、间距、安装牢固、防攀爬措施		
4	防水工程	屋面渗水、厨卫间渗水、阳台地面渗水、外墙渗水		
5	室内主要空间尺寸	开间净尺寸、室内净高		
6	给水排水工程	管道渗水、管道坡向、安装固定、地漏水封、给水口位置		
7	电气工程	接地、相位、控制箱配置,开关、插座位置		
8	建筑节能	保温层厚度、固定措施		
9	其他	烟道、通风道、邮政信报箱等		
分户验收结论				

建设单位	承包单位	监理单位	物业或其他单位
项目负责人: 验收人员: 年 月 日	项目经理: 验收人员: 年 月 日	总监理工程师: 验收人员: 年 月 日	项目负责人: 验收人员: 年 月 日

9.3.8.5 单位工程质量验收表

单位工程质量验收也称为质量竣工验收,是建筑工程投入使用前的最后一次验收,也是最重要的一次验收。单位(子单位)工程质量验收应按表9-8记录。验收记录由承包单位填写,验收结论由监理(建设)单位填写。综合验收结论由参加验收各方共同商定,建设单位填写,应对工程质量是否符合设计和规范要求及总体质量水平作出评价。(单位)子单位工程质量控制资料核查记录见表9-9,单位(子单位)工程安全和功能检验资料核查及主要功能抽查记录见表9-10,单位(子单位)工程观感质量检查记录见表9-11。

表9-8 单位(子单位)工程质量竣工验收记录

工程名称		结构类型		层数/建筑面积	
承包单位		技术负责人		开工日期	
项目经理		项目技术负责人		竣工日期	

序号	项目	验收记录	验收结论
1	分部工程	共　分部,经查　分部,符合标准及设计要求　分部	
2	质量控制资料核查	共　项,经审查符合要求　项,经核定符合规范要求　项	
3	安全和主要使用功能核查及抽查结果	共核查　项,符合要求　项,共抽查　项,符合要求　项,经返工处理符合要求　项	
4	观感质量验收	共抽查　项,符合要求　项,不符合要求　项	
5	综合验收结论		

参加验收单位	建设单位	监理单位	承包单位	设计单位
	(公章)	(公章)	(公章)	(公章)
	单位(项目)负责人	总监理工程师	单位负责人	单位(项目)负责人
	年　月　日	年　月　日	年　月　日	年　月　日

表9-9 单位(子单位)工程质量控制资料核查记录

工程名称			承包单位		
序号	项目	资料名称	份数	核查意见	核查人
1	建筑与结构	图纸会审,设计变更,洽商记录			
2		工程定位测量,放线记录			
3		原材料出厂合格证书及进场检(试)验报告			
4		施工试验报告及见证检测报告			
5		隐蔽工程验收记录			
6		施工记录			
7		预制构件、预拌混凝土合格证			
8		地基基础、主体结构检验及抽样检测资料			
9		分项、分部工程质量验收记录			
10		工程质量事故及事故调查处理资料			
11		新材料、新工艺施工记录			
12					
1	给水排水与采暖	图纸会审,设计变更,洽商记录			
2		材料、配件出厂合格证书及进场检(试)验报告			
3		管道、设备强度试验、严密性试验记录			
4		隐蔽工程验收记录			
5		系统清洗、灌水、通水、通球试验记录			
6		施工记录			
7		分项、分部工程质量验收记录			
8					
1	建筑电气	图纸会审,设计变更,洽商记录			
2		材料、配件出厂合格证书及进场检(试)验报告			
3		设备调试记录			
4		接地、绝缘电阻测试记录			
5		隐蔽工程验收记录			
6		施工记录			
7		分项、分部工程质量验收记录			
8					

序号	项目	资料名称	份数	核查意见	核查人
1	通风与空调	图纸会审,设计变更,洽商记录			
2		材料、配件出厂合格证书及进场检(试)验报告			
3		制冷、空调、水管道强度试验、严密性试验记录			
4		隐蔽工程验收记录			
5		制冷设备运行调试记录			
6		通风、空调系统调试记录			
7		施工记录			
8		分项、分部工程质量验收记录			
9					
1	电梯	土建布置图纸会审,设计变更,洽商记录			
2		设备出厂合格证书及开箱检验记录			
3		隐蔽工程验收记录			
4		施工记录			
5		接地、绝缘电阻测试记录			
6		负荷试验、安全装置检查记录			
7		分项、分部工程质量验收记录			
8					
1	建筑智能化	图纸会审,设计变更,洽商记录,竣工图及设计说明			
2		材料、设备出厂合格证书及进场检(试)验报告			
3		隐蔽工程验收记录			
4		系统功能测定及设备调试记录			
5		系统技术、操作和维护手册			
6		系统管理、操作人员培训记录			
7		系统检测报告			
8		分项、分部工程质量验收报告			

结论:

承包单位项目经理: 　　　　年　月　日

总监理工程师:

(建设单位项目负责人)　　　　年　月　日

表9-10 单位(子单位)工程安全和功能检验资料核查及主要功能抽查记录

工程名称			承包单位			
序号	项目	资料名称		份数	核(抽)查意见	核(抽)查人
1	建筑与结构	屋面淋水试验记录				
2		地下室防水效果检查记录				
3		有防水要求的地面蓄水试验记录				
4		建筑物垂直度、标高、全高测量记录				
5		抽气(风)道检查记录				
6		幕墙及外窗气密性、水密性、耐风压检测报告				
7		建筑物沉降观测测量记录				
8		节能、保温测试记录				
9		室外环境检测报告				
10						
1	给水排水与采暖	给水管道通水试验记录				
2		暖气管道、散热器压力试验记录				
3		卫生器具满水试验记录				
4		消防管道、燃气管道压力试验记录				
5		排水干管通球试验记录				
6						
1	建筑电气工程	照明全负荷试验记录				
2		大型灯具牢固性试验记录				
3		避雷接地电阻测试记录				
4		线路、插座、开关接地检验记录				
5						
1	通风与空调	通风、空调系统调试记录				
2		风量、温度测试记录				
3		洁净室洁净度测试记录				
4		制冷机组试运行调试记录				
5						
1	电梯工程	电梯运行记录				
2		电梯安全装置检测报告				
1	建筑智能化	系统试运行记录				
2		系统电源及接地检测报告				
3						

结论:

承包单位项目经理:　　　　　年　月　日

总监理工程师:
(建设单位项目负责人)　　年　月　日

注:抽查项目由验收组协商确定。

表9-11 单位(子单位)工程观感质量检查记录

工程名称			单位										
序号		项目	抽查质量状况								质量评价		
											好	一般	差
1	建筑与结构	室外墙面											
2		变形缝											
3		水落管,屋面											
4		室内墙面											
5		室内顶棚											
6		室内地面											
7		楼梯、踏步、护栏											
8		门窗											
1	给水排水与采暖	管道接口、坡度、支架											
2		卫生器具、支架、阀门											
3		检查口、扫除口、地漏											
4		散热器、支架											
1	建筑电气	配电箱、盘、板、接线盒											
2		设备器具、开关、插座											
3		防雷、接地											
1	通风与空调	风管、支架											
2		风口、风阀											
3		风机、空调设备											
4		阀门、支架											
5		水泵、冷却塔											
6		绝热											
1	电梯	运行、平层、开关门											
2		层门、信号系统											
3		机房											
1	智能建筑	机房设备安装及布局											
2		现场设备安装											
3													
		观感质量综合评价											
检查结论		承包单位项目经理: 年 月 日				总监理工程师: (建设单位项目负责人) 年 月 日							

注:质量评价为差的项目,应进行返修。

9.3.8.6 竣工验收备案表

2009 年 10 月 19 日施行的《房屋建筑和市政基础设施工程竣工验收备案管理办法》明确了建设工程竣工备案的程序和重要性。竣工验收备案表(见 9-12)是竣工备案的重要资料之一,也是该工程圆满完工的重要标志。

表 9-12　竣工验收备案表

编号:

×××省(市)房屋建筑和市政基础设施
工程竣工验收备案表

工程名称: _____

工程地址: _____

×××(建设行政主管部门)制

<h1>工程竣工验收备案表</h1>

工程名称				工程用途	
建筑面积(m²)		工程类别		结构类型	
规划许可证			施工许可证		
监督注册号			工程造价(万元)		
开工日期			竣工时间		
单位名称			负责人		联系电话
建设单位					
勘察单位					
设计单位					
承包单位					
监理单位					
监督部门					

备案理由:

　　本工程已按《建设工程质量管理条例》第十六条规定进行了竣工验收,条件具备,验收合格,备案文件齐全。现报送备案。

　　建设单位_____(公章)　　负责人_____

　　　　　　　　　　报送时间　　年　月　日

竣工验收意见	勘察单位意见	单位(项目)负责人:　　　　　　　　　　　　　　　年　月　日(公章)
	设计单位意见	单位(项目)负责人:　　　　　　　　　　　　　　　年　月　日(公章)
	承包单位意见	单位(项目)负责人:　　　　　　　　　　　　　　　年　月　日(公章)
	监理单位意见	单位(项目)负责人:　　　　　　　　　　　　　　　年　月　日(公章)
	建设单位意见	单位(项目)负责人:　　　　　　　　　　　　　　　年　月　日(公章)

	内容	份数	验收情况	备注
竣工验收备案文件清单	1. 工程施工许可证			
	2. 工程质量监督手续			
	3. 施工图、设计文件审查报告			
	4. 质量合格文件			
	(1)勘察部门对地基及处理的验收文件			
	(2)单位工程验收记录			
	(3)监理部门签署的竣工移交证书			
	(4)单位工程质量评定文件			
	5. 地基与基础、结构工程验收记录及检测报告			
	6. 规划许可证及其他规划批复文件			
	7. 公安消防部门出具的认可文件或准许使用文件			
	8. 环保部门出具的认可文件或准许使用文件			
	9. 建设工程保修书			
	10. 住宅质量保证书			
	11. 住宅使用说明书			
	12. 工程竣工验收报告			
	13. 工程合同价款结算材料			
	14. 其他文件			
备案意见	本工程的竣工验收备案文件于　　　年　月　日收讫,经验证文件齐全。 （公章）			
备案管理部门负责人		经办人		日期	

注:1. 本表用钢笔、墨笔填写清楚。

2. 本表竣工验收备案文件清单所列文件如为复印件应加盖报送单位公章,并注明原件存放处。

3. 本表一式两份,一份由备案管理部门存档,一份由建设单位按工程使用年限保存。

4. 市政基础设施工程参照本表要求执行。

5. 具体办理工程备案人员必须持有法人委托的函件。

备案管理部门处理意见：

（公章）
年　月　日

9.3.9　监理质量评估报告和监理工作总结

工程质量评估报告是监理单位对所监理工程的总体客观评价。在工程竣工验收阶段，总监理工程师应组织专业监理工程师对承包单位报送的竣工资料进行审查，并对工程质量进行竣工预验收，对存在问题应要求承包单位进行整改，整改完毕后，总监理工程师签署工程竣工报验单，并在此基础上提出工程质量评估报告。工程质量评估报告应该经总监理工程师和监理单位技术负责人审核签字。

施工阶段监理工作结束后，监理单位应向建设单位提交监理工作总结，监理工作总结属于要报送到城建档案管理部门的建立归档文件。监理工作总结主要有如下内容：①工程概况；②监理组织机构、监理人员和投入的建立设施；③监理合同履行情况，包括目标控制情况、委托监理合同纠纷的处理情况；④监理工作成效，包括各项监理目标的完成情况、合理化建议产生的实际效果等；⑤施工过程中出现的问题及其处理情况和建议（该内容为总结的要点，主要内容有质量问题、质量事故、合同争议、违约、索赔等处理情况）；⑥必要时可附工程照片。

9.3.10　监理单位对建设工程安全生产管理的资料整理

自《建设工程安全生产管理条例》（国务院第393号令）明确规定了工程监理单位在建设工程安全生产中应承担的监理责任后，监理单位的安全责任骤然增加，这也使得监理单位必须采取一系列方法加以自我保护，监理单位在安全生产管理中的资料整理就是自我保护的一项重要措施，同时这也是加强现场安全施工的重要保障之一。

为进一步加强对全省建设工程安全监理工作的指导，河南省住房和城乡建设厅组织编制了《河南省建设工程安全监理导则》，对规范全省安全监理行为起到了很大的指导作用。《河南省建设工程安全监理导则》明确了有关安全生产管理方面的监理资料约20项，主要包括：

（1）委托监理合同关于安全监理的约定；

（2）监理规划中的安全监理方案或单独编制的安全监理方案；

（3）专项安全监理实施细则；

（4）安全监理保证体系、人员及职责；

（5）工地例会上安全监理工作交底内容；

（6）安全监理通知单；

（7）安全监理通知回复单；

（8）安全监理工作联系单；

（9）有关安全生产的工程暂停令及复工令；

（10）检查施工现场安全管理记录表；

（11）检查专项安全施工方案、施工机械、安全设施及安全交底情况汇总表；

（12）专项安全施工方案、安全技术措施报审表；

（13）施工机械、安全设施报验表；

（14）承包单位的主要负责人、项目负责人、专职安全生产管理人员、特种作业人员资格报审表；

（15）工地例会（或专项会议）纪要的安全监理内容；

（16）监理日记的安全监理内容；

（17）监理月报的安全监理内容；

（18）有关安全监理的专题报告；

（19）安全生产事故及其调查分析处理报告；

（20）安全监理工作总结。

其中，大部分表格形式和内容均可参考《建设工程监理规范》（GB 50319—2000）中相应资料整理。个别资料格式可参考第6章的相关表格。

项目监理机构应建立严格的安全监理资料管理制度，使用统一的安全监理表式，规范资料管理工作。在实施安全生产管理过程中，要树立严格的执业作风，应以文字材料作为传递、反馈、记录各类信息的凭证。安全监理人员应在监理日记中记录当天施工现场安全生产状况、安全监理的主要工作，并记录发现的安全问题和处理措施，总监理工程师应定期审阅。

安全监理资料应是文字书面形式，必须真实、及时、完整，由专职安全监理人员或资料员负责日常管理，按来源和性质分类立卷，建账保管，存档备查。

9.4　建设工程监理文件档案资料的管理

9.4.1　建设工程文件档案资料的概念及其特征

9.4.1.1　建设工程文件的概念

为加强建设工程文件的归档整理工作，统一建设工程文件档案资料的验收标准，建立完整、准确的工程建设档案，我国于2002年1月10发布了中华人民共和国国家标准《建设工程文件归档整理规范》（GB/T 50328—2001），并于同年5月1日开始实施。2009年10月30日，中华人民共和国住房和城乡建设部发布了行业标准《建筑工程资料管理规程》（JGJ/T 185—2009），并于2010年7月1日开始实施。这些建设规范和规程对工程文件作了如下定义：

建设工程文件也可简称为工程文件，是指在工程建设过程中形成的各种形式的信息记录，包括工程准备阶段文件、监理文件、施工文件、竣工图和竣工验收文件。

（1）工程准备阶段资料：是指工程开工前，在立项、审批、征地、勘察、设计、招标投标等工程准备阶段形成的文件。

（2）监理文件：是指监理单位在工程设计、工程施工等监理过程中形成的文件。

（3）施工文件：是指承包单位在工程施工过程中形成的文件。

（4）竣工图：是指工程竣工验收后，真实反映建设工程项目施工结果的图样。

（5）竣工验收文件：是指在建设工程项目竣工验收活动中形成的文件。

9.4.1.2 建设工程档案的概念

《建设工程文件归档整理规范》（GB/T 50328—2001）规定，建设工程档案是指在工程建设活动中直接形成的具有归档保存价值的文字、图表、声像等各种形式的历史记录，也可以简称为工程档案。

9.4.1.3 建设工程文件档案资料及其载体

建设工程文件和建设工程档案共同组成建设工程文件档案资料。

建设工程文件档案资料一般有以下四种载体形式：

（1）纸质载体：这种载体形式是以纸张为基础的。

（2）缩微品载体：是以胶片为基础，利用缩微技术对工程资料进行保存的载体形式。

（3）光盘载体：是以光盘为基础，利用计算机技术对工程资料进行储存的形式。

（4）磁性载体：是以磁性记录材料如磁带、磁盘等为基础，对建设工程资料的电子文档、声音及图像进行保存的载体形式。

9.4.1.4 建设工程文件档案资料的特征

建设工程文件档案资料有以下几方面的特征。

1）复杂性和分散性

建设工程一般周期较长，施工工艺复杂，建筑用的材料和设备种类繁多，建设的阶段性较强且相互交叉。因此，也使得建设工程文件档案资料复杂而分散。

2）全面性和真实性

建设工程文件档案资料必须全面、真实地反映工程项目的全部信息和实际情况，包括发生的事故和存在的隐患，才能体现其实用价值，只言片语的资料极有可能会产生误导。真实性是对所有文件档案资料的共同要求，但百年大计，在建设领域显得更为迫切。

3）继承性和时效性

建设工程文件档案资料可以被继承和积累，新的工程在施工过程中可以吸取过去的经验，从而减少或避免以往所犯的错误。同时，建设工程文件档案资料又有很强的时效性，文件档案资料的价值会随着时间的推移而日渐衰减。所以，有的文件档案资料一经生效，就必须传达到有关部门或个人，否则就有可能造成严重的后果。

4）随机性

在工程建设的整个过程中，包括工程开工、施工、竣工等各个阶段和环节，随时都有可能产生建设工程文件档案资料。有些文件档案资料的产生有其规律性（如各类报批文件等），但有相当一部分资料是由于具体事件而产生的。因此，建设工程文件档案资料具有随机性。

5）多专业性和综合性

建设工程文件档案资料依附于不同的专业对象而存在，涉及建筑、市政、公用、消防、安保等多种专业，也涉及电子、力学、声学、美学等多种学科，同时还综合了质量、安全、进度、造价、合同、组织协调等多方面的内容。所以,文件档案资料具有多专业性和综合性。

9.4.2 监理单位对建设工程文件档案资料的管理职责

9.4.2.1 建设工程文件档案资料归档的含义

建设工程文件档案资料的管理包括建设单位、承包单位、监理单位及各地城建档案管理部门。一般而言,建设工程文件资料的归档有三层意思:一是建设、勘察、施工、监理等参建单位将本单位在工程建设过程中所形成的资料移交给本单位档案管理机构;二是勘察、设计、施工、监理等单位将本单位在工程建设过程中形成的文件资料向建设单位的档案管理机构移交;三是建设单位按照现行《建设工程文件档案整理规范》(GB/T 50328—2001)的要求,将该工程文件档案资料汇总后移交给当地城建档案管理部门。

9.4.2.2 参建各方在建设工程文件档案管理中的通用职责

在整个建设工程文件档案的管理过程中,各个参建单位都有各自的职责,同时,各方都必须遵守的通用职责有以下四点:

(1)参建各方所填写的工程档案应以施工及验收规范、合同文件、设计文件、建筑工程施工质量验收统一标准等为依据。

(2)建设工程文件档案资料应随工程建设的进度及时收集、整理,并按专业进行归类,要书写认真,字迹清晰,项目齐全、准确、真实,无未了事项。表格应采用统一格式,如有特殊要求,需要补充增加的表格应统一归类。

(3)工程档案资料实行分级管理制度,建设工程项目各单位技术负责人负责本单位工程档案资料全过程组织和审核工作,各相关单位档案管理员负责工程档案资料的收集和整理工作。

(4)严禁对工程档案资料进行涂改、伪造、随意抽撤或损毁、丢失等,否则应按有关规定进行处罚,情节严重者,追究责任人的法律责任。

9.4.2.3 监理单位在建设工程文件档案资料管理中的责任

在《建设工程监理规范》(GB 50319—2000)、《河南省建设工程安全监理导则》及其他有关法律、法规中,已明确了施工阶段监理单位的资料管理工作,目前还没有设计监理资料整理的相关管理文件,各地可参照当地的有关规定和规范对设计阶段的监理资料整理工作加以规范。

(1)监理单位应设专人负责监理资料的收集、整理和归档工作,各项目总监理工程师负责本项目监理资料的管理工作,要指定专人具体实施,监理资料应在各阶段监理工作结束后及时整理归档。

(2)监理资料的整理要及时、真实、完整、分类有序。在设计阶段开展监理工作,监理单位要对勘察单位、测绘单位和设计单位的工程文件的形成、积累、立卷归档进行监督与检查。在施工阶段开展监理工作,监理单位要对承包单位的工程资料的形成、积累、立卷归档进行监督和检查。

(3)监理单位可以按照委托监理合同的约定,行使建设单位所赋予的监督、检查工程最终文件的形成、积累和立卷归档工作的权力。

(4)监理单位所编制的监理文件的套数、提交资料的内容和时间,应按照《建设工程文件档案整理规范》(GB/T 50328—2001)及各地城建档案管理部门的要求,编制监理资料移交清单,签字盖章后移交给建设单位,由建设单位进行收集和汇总。监理单位内部档案文件管理部门所需要的监理资料,按《建设工程监理规范》(GB 50319—2000)及各单位内部的管理制度要求,由各项目监理部及时提供。

9.4.3 建设工程监理文件档案资料的概念及其意义

9.4.3.1 建设工程监理文件档案资料管理的基本概念

建设工程监理文件档案资料管理,是建设工程信息管理的一项重要工作,是指监理工程师受建设单位委托,在建设工程监理过程中,对所形成的与监理相关的文件和档案进行收集积累、加工整理、立卷归档和检索利用等一系列工作。建设工程监理文件档案资料管理的对象是监理文件档案资料,监理文件档案资料是建设工程监理信息的主要载体之一。

9.4.3.2 监理文件档案资料管理的意义

(1)对监理文件档案资料科学管理,可以为建设工程监理工作的顺利开展创造好的前提条件。建设工程监理工作的主要任务就是对工程项目的质量、安全、进度、投资等进行目标控制,而各种信息是做好控制工作的基础。如果没有信息,监理工程师就无法进行有效的控制。在建设工程实施过程中产生的各种信息,经过收集、加工和传递,以监理文件档案资料的形式进行保存和管理,会成为有价值的监理信息资源,这是监理工程师进行建设工程目标控制的依据。

(2)对监理文件档案资料进行科学管理,可以极大地提高监理工作的效率。监理文件经过系统、科学的分类管理,形成监理文件档案资料库,能根据监理工程师的需要随时有针对性地提供完整的资料,从而迅速解决监理工作中的问题,同时也是监理单位加强自我保护的重要手段;反之,如果文件档案资料分散管理,会导致混乱,提供的信息不准确,就会影响监理人员的正确决策。

(3)对监理文件档案资料进行科学管理,可以为建设工程档案的归档提供可靠保证。监理文件档案资料的管理,是把监理过程中各项工作形成的文字、声像、图纸及报表等文件资料统一管理和储存,从而确保了文件和档案资料的完整性。其一是项目竣工后,监理工程师可将完整的监理资料移交给建设单位,作为建设项目的工程监理档案;其二是完整的监理资料是监理单位具有重要历史价值的资料,监理工程师可以从中获得宝贵的工作经验,有利于不断提高监理工作的水平。

9.4.4 建设工程监理文件档案资料的收文、发文、传阅与登记

所有建设工程监理文件资料的收文、发文、传阅等必须办理相关的登记手续,这既是监理资料规范化管理的需要,关键时刻也是处理索赔、反索赔、事故等的重要依据,甚至还会成为法律纠纷的呈堂证供。

9.4.4.1 建设工程监理文件档案资料的收文与登记

在开展监理工作过程中,监理工程师会收到各方面的文件资料,监理单位要制作满足工程需要的收文登记表,所有收文应在该登记表上按监理信息分类别详细登记。收文登记表中应记录所收文件名称、文件摘要信息、文件的发放单位(部门)、文件编号以及收文日期,必要时要详细注明接收文件的具体时间。最后,项目监理部负责收文的人员要签字。

监理信息要求有可追溯性,如承包单位报送给监理单位的材料或构配件报审表要明确

注明该材料或构配件使用的具体部位,以及该材料或构配件质量保证证明材料的原件存放在何处等。

不同类型的监理信息之间如果存在相互对照或相互追溯关系(如监理工程师通知单和监理工程师通知回复单),应在各自文件和记录上注明与之有关信息的编号及存放处等。

资料管理人员应认真检查有关文件档案资料的各项内容填写和记录是否真实完整,有关的签字人员是否具有相应资质和资格,该手写签字的部位不得以盖章或打印名字代替,需要盖公章的资料不得以项目章代替。文件档案资料以及存储介质质量应符合要求,为适应档案资料长期保存的要求,所有文件档案资料必须使用符合档案归档要求的碳素墨水填写或打印而成。

工程建设照片或其他影像资料应注明拍摄日期及拍摄的具体部位等摘要信息。收文登记后应及时交给项目总监理工程师或其授权的专业监理工程师进行处理,重要文件内容应在相应的监理日记中进行记录。

为方便所有项目监理人员及时了解有关收文信息,部分涉及建设单位的工程建设指令或设计单位的设计变更及其他重要文件,应将其复印件在项目监理部办公室的专栏内进行公布。

9.4.4.2 建设工程监理文件档案资料的发文与登记

监理人员在开展监理工作时,会根据工程实际情况发放许多资料,所有发文必须由项目总监理工程师或其授权的监理工程师签名,加盖项目监理部图章并进行专项登记,如有紧急处理的文件,还可在文件首页标注"急件"字样。

所发文件应按有关的监理资料分类和编码要求进行分类编码,项目监理部要制作发文登记表,所有发文均应在发文登记表上登记。登记的内容包括文件资料的分类编码、发文文件的名称、文件的摘要信息、接收文件的单位(部门)名称、发文日期等,重要的文件尤其是强调时效性的文件应注明发文的具体时间。文件发出后,应要求收件人及时签名。

所有发文均应留有底稿,必要时还应附有一份文件传阅纸,信息管理人员应根据文件签发人指示确定文件责任人和相关传阅人员。在文件传阅过程中,每位传阅人阅后应签名并注明日期。发文的传阅期限不能超过其处理期限。重要的发文内容应在相应的监理日记中加以记录。

项目监理部的信息管理人员应及时将所发文件的原件放入相应的资料柜或资料夹中,并在文件资料清单中进行记录。

9.4.4.3 建设工程监理文件档案资料的传阅与登记

有些建设工程监理文件档案资料需要在有关人员间进行传阅,总监理工程师或其授权的监理工程师应确定传阅人员的范围和名单,并制定文件传阅纸,以便于各传阅人传阅。文件传阅纸上应注明文件的名称、收文和发文的日期、责任人、传阅期限和传阅人的签名。每位传阅人在阅后应在文件传阅纸上签名并注明日期。文件和记录的传阅期限不应超过该文件的处理期限。建设工程监理文件在有关人员间传阅完毕后,原件应按时交还给项目监理机构的信息管理人员进行归档留存。

9.4.5 建设工程监理文件档案资料的分类存放

建设工程监理文件档案资料必须使用科学的分类方法进行存放,以便于在项目实施过程中进行查阅和求证,同时也方便在项目竣工后文件和档案的归档与移交。各项目监理部应配备存放建设工程监理信息的专用资料柜和用于监理信息分类归档存放的专用资料夹或资料盒。随着计算机信息技术的日益完善,在大中型项目中要采用计算机对监理信息进行辅助管理。

信息管理人员可以根据项目的建设规模、项目的性质等安排各个资料盒和资料柜的内容。可以参考下面的范例进行分类存放规划,但要根据各自工程的实际情况灵活安排,不要死搬硬套。例如,合同类文件(A类)和勘察设计类文件(B类)数量较少,就可以合并在一个文件夹中;工程质量控制申报审批文件(H类)中建筑材料、构配件、设备报审文件的数量较多,可单独存放在一个文件夹内,在某些大型项目中,甚至可以按材料、设备、构配件分类存放在多个文件夹内。某些文件内容较多(如监理大纲、监理规划或施工组织设计),不宜存放在文件夹中时,可在文件夹内部附上说明文件编号和存放地点,然后将该文件保存在指定位置。根据我国目前对工程安全管理工作的要求,安全监理资料宜单独存放,以便于日常控制和管理。

【资料存放范例】 某项目的监理单位对建设工程监理资料的基本内容分类和存放编号。

(1)(A类)合同文件及报批报建资料:

①建设工程委托监理合同(包括监理招标投标文件等)(A-1);

②建设工程施工承包合同(包括施工招标投标文件)(A-2);

③工程分包合同,建设单位与第三方签订的涉及监理业务的各类合同(A-3);

④有关合同变更的协议文件(A-4);

⑤工程暂停及复工文件(A-5);

⑥费用索赔处理的文件(A-6);

⑦工程延期及工程延误处理文件(A-7);

⑧合同争议调解的文件(A-8);

⑨违约处理文件(A-9);

⑩施工许可证;

⑪中标通知书;

⑫行政主管部门对工程质量、安全监督的备案资料;

⑬文物勘探资料等。

(2)勘察、设计类文件(B类):

①可行性研究报告(B-1);

②设计任务书、扩大初步设计(B-2);

③工程测绘资料、地形图等(B-3);

④工程地质、水文地质勘察报告(B-4);

⑤测量基础资料(B-5);

⑥施工图及说明文件(B-6);

⑦图纸会审有关记录(B-7);

⑧设计交底有关记录及会议纪要(B-8);

⑨工程变更文件(B-9);

⑩施工图设计审查文件(B-10)。

（3）监理工作指导文件（C 类）：

①工程项目监理大纲；

②工程项目监理规划及安全监理方案；

③工程项目监理实施细则（含安全监理实施细则）；

④工程监理机构编制的工程进度控制计划、质量控制计划、造价控制计划等其他有关资料。

（4）施工工作指导文件（D 类）：

①施工组织设计（总体或分阶段）；

②分部工程施工方案；

③季节性施工方案及应急预案；

④其他专项（分项工程）施工方案。

（5）资质资料（E 类）：

①总包单位资质资料及有关人员上岗证；

②分包单位资质资料及有关人员上岗证；

③材料、构配件、设备供应单位资质资料；

④工程实验室（包括有见证取样送检实验室）资质资料。

（6）工程进度文件（F 类）：

①工程开工报审文件；

②工程进度计划报审文件；

③工程竣工报审文件；

④其他有关工程进度控制的文件。

（7）工程质量文件（G 类）：

①建筑材料、构配件、设备报审文件；

②施工测量放线报审文件；

③施工试验报审文件；

④有见证取样送检试验报审文件；

⑤分项工程质量报审文件；

⑥分部/子分部/单位工程质量报审文件；

⑦工程质量问题处理记录及质量事故处理报告；

⑧其他有关工程质量控制的文件。

（8）工程造价审批文件（H 类）：

①工程施工概预算报验资料；

②工程量申报及审批资料；

③工程预付款报批文件；

④工程款报批文件；

⑤工程变更费用报批文件；

⑥工程竣工结算报批文件；

⑦其他有关工程造价控制的资料。

（9）会议纪要（I 类）：

①第一次工地会议纪要及监理交底会议纪要；

②监理例会会议纪要；

③专题工地会议纪要；

④其他会议纪要文件。

（10）监理报告（J类）：

①监理周报；

②监理月报；

③专题报告。

（11）监理工作函件（K类）：

①监理工程师通知单、监理工程师通知回复单；

②监理工作联系单。

（12）工程验收文件（L类）：

①工程地基验槽记录；

②工程基础、主体结构、建筑节能等中间验收记录；

③设备安装专项验收记录；

④工程竣工预验收报验表；

⑤人防工程验收记录；

⑥消防工程验收记录；

⑦其他有关工程的验收记录；

⑧单位工程验收记录；

⑨工程质量评估报告；

⑩工程竣工验收备案表及竣工移交证书。

（13）监理日记（M类）：

①项目监理日记；

②监理人员监理日记。

（14）监理工作总结（N类）：

①阶段工作小结；

②监理工作总结。

（15）监理工作记录文件（O类）：

①监理巡视记录；

②监理旁站记录；

③监理抽检记录；

④监理测量资料；

⑤工程有关影像资料。

（16）工程管理往来函件（P类）：

①建设单位函件；

②设计单位函件；

③承包单位函件；

④政府部门函件；

⑤其他部门函件。

（17）监理内部文件（Q 类）：

①技术性文件；

②法规性文件；

③管理性文件。

（18）工程安全管理文件（R 类）：

①安全监理保证体系、人员及职责；

②工程例会上安全监理工作交底内容；

③安全监理通知单；

④安全监理通知回复单；

⑤安全监理工作联系单；

⑥有关安全生产的工程暂停令及复工令；

⑦检查施工现场安全管理记录表；

⑧检查专项安全施工方案、施工机械、安全设施及安全交底情况汇总表；

⑨专项安全施工方案、安全技术措施报审表；

⑩施工机械、安全设施报验表；

⑪承包单位的主要负责人、项目负责人、专职安全生产管理人员、特种作业人员资格报审表；

⑫工地例会（或专题会议）纪要的安全监理内容；

⑬监理日记的安全监理内容；

⑭监理月报的安全监理内容；

⑮有关安全监理的专题报告；

⑯安全生产事故及其调查分析处理报告；

⑰安全监理工作总结。

以上文件档案资料按类保存，A～R 为"类号"，-1、-2、-3 等为"分类号"。如工程地质、水文地质勘察报告（B-4）中"B"为类号，"-4"为分类号。每类文件保存在一个文件夹（盒）中，文件夹（盒）中设分页纸（分隔器），以保存各分类文件。

监理信息的分类可按照以上内容定出框架，但应考虑所监理工程的施工顺序、施工承包体系、单位工程的划分以及质量验收工作程序并结合自身监理业务工作的开展情况进行分类的编排，原则上可考虑按承包单位、专业施工部位、单位工程等进行划分，以保证监理信息检索和归档工作的顺利进行。

监理信息管理部门应注意建立适宜的文件档案资料存放地点，防止文件档案资料受潮霉变或虫害侵蚀等。

资料夹（盒）装满或工程项目某一分部或单位工程结束时，资料应及时转存至档案袋，档案袋的封面应以相同的编号进行标识。

如果有些资料缺项，那么类号和分类号应该都不变，但资料可以空缺。

项目建设过程中文件档案资料的分类原则应根据工程特点确定，监理单位的技术管理部门可以根据各个单位的文件档案资料管理规定，制定明确的框架性原则，以便统一管理并体现出本单位的特色。以上所举的例子是在施工阶段监理文件的分类方法，这些资料只是监理工作中需要和产生文件及档案的一部分，与工程竣工后移交给建设单位及地方城建档案管理部门的资料相比还有所欠缺。

9.4.6 建设工程监理文件档案资料的归档

监理人员应根据现行《建设工程监理规范》（GB 50319—2000）、《建设工程文件归档整理规范》（GB/T 50328—2001）、《河南省建设工程安全监理导则》等并参考工程项目所在地建设行政主管部门、建设监理行业主管部门、地方城市建设档案管理部门的规定做好建设工程监理文件档案资料的归档内容、组卷方法以及监理档案的验收、移交和管理工作。归档文件应完整、准确、系统，能反映建设工程监理工作的全过程。监理文件档案资料的归档保存应严格按照以保存原件为主、复印件为辅和按照一定顺序归档的原则。如在监理实践中出现作废和遗失等情况，应明确记录作废和遗失的原因、处理的过程等。

对于一些需要连续产生的监理信息，如对其有统计要求，在归档过程中应对该类信息建立相关的统计汇总表格，以便于进行核查和统计，并及时发现错漏之处，从而保证该类监理信息的完整性。

当采用计算机对监理文件资料辅助管理时，在相关文件和记录已经相关责任人签字确定、正式生效并已存入项目部相关资料夹中后，计算机管理人员应将储存在计算机中的相关文件和记录改变其文件属性为"只读"，并将保存的目录记录在书面文件上以便于进行查阅。在项目档案资料归档前不得删除计算机中保存的文件和记录。

按照《建设工程文件归档整理规范》（GB/T 50328—2001）规定，监理文件大概有 10 大类 25 个小类，需要在不同的单位归档保存，现列表（见表9-13）简述如下。

表9-13　监理文件归档范围和保管期限表

序号	归档文件	保存单位及保管期限				
		建设单位	施工单位	设计单位	监理单位	城建档案管理部门
1	监理规划					
①	监理规划	长期			短期	√
②	监理实施细则	长期			短期	√
③	监理部总控制计划等	长期			短期	
2	监理月报中的有关质量问题	长期			长期	√
3	监理会议纪要中的有关质量问题	长期			长期	√
4	进度控制					
①	工程开工/复工审批表	长期			长期	√
②	工程开工/复工暂停令	长期			长期	√
5	质量控制					
①	不合格项目通知	长期			长期	√
②	质量事故报告及处理意见	长期			长期	√
6	造价控制					
①	预付款报审与支付	短期				

序号	归档文件	保存单位及保管期限				
		建设单位	施工单位	设计单位	监理单位	城建档案管理部门
②	月付款报审与支付	短期				
③	设计变更、洽商费用报审与签认	长期				
④	工程竣工决算审核意见书	长期				√
7	分包资质					
①	分包单位资质材料	长期				
②	供货单位资质材料	长期				
③	试验等单位资质材料	长期				
8	监理通知					
①	有关进度控制的监理通知	长期			长期	
②	有关质量控制的监理通知	长期			长期	
③	有关造价控制的监理通知	长期			长期	
9	合同与其他事项管理					
①	工程延期报告及审批	永久			长期	√
②	费用索赔报告及审批	长期			长期	
③	合同争议、违约报告及处理意见	永久			长期	√
④	合同变更材料	长期			长期	√
10	监理工作总结					
①	专题总结	长期			短期	
②	月报总结	长期			短期	
③	工程竣工总结	长期			长期	√
④	质量评估报告	长期			长期	√

注："√"表示向城建档案管理部门移交。

9.4.7 建设工程监理文件档案资料的借阅、更改和作废

存放在项目监理机构的文件档案资料原则上不得外借,但是当行政主管部门、建设单位或承包单位确需借用时,应经过项目总监理工程师或其授权的监理工程师同意,并在项目监理机构信息管理部门办理借阅手续。

建设工程监理文件档案资料的更改应由原制定部门相应责任人实施,涉及审批程序的,由原审批责任人执行。如果指定其他责任人对文件更改或审批,新的责任人必须获得所依据的背景资料。监理文件档案更改后,由监理信息管理部门填写监理文件档案更改通知单,并负责发放新版本文件。发放过程中必须保证项目参建单位中所有单位或部门都能得到相应文件的有效版本。文件档案换发新版本时,信息管理部门应负责将原版本收回作废,考虑日后有可能出现追溯的需要,信息管理部门可保存作废文件的样本,以备查阅。

思考题

1.信息的特点是什么？建设工程项目信息有哪些分类？建设工程信息管理工作的原则是什么？

2.建设工程信息在建设各个阶段如何进行收集？

3.监理工作基本表式有哪几类？使用时应注意什么？《河南省建设工程安全监理导则》明确了有关安全生产管理方面的监理资料有哪些内容？

4.什么是建设工程文件？建设工程文件档案资料的特征是什么？监理单位在建设工程文件档案资料管理中有哪些责任？

第10章 案 例

10.1 背 景

建设单位通过招标委托某监理单位对某高层住宅工程项目进行施工阶段监理。监理单位与建设单位签订合同后组建了项目监理部。总监理工程师依据合同,根据工程项目的特点和建设单位委托的投资、质量和进度目标,编写了监理规划,在规划中对专业监理工程师和监理员的职责进行了规范。在工程实施中,总监理工程师根据工程的实际情况,要求承包单位编制了若干分部工程的施工方案,监理工程师编制了相应的监理细则,对整个工程按照"三控制、两管理、一协调"的原则进行了全过程监理,安全监理方案编制在监理规划中,未单独编制。

10.2 监理规划摘要

目 录

监理规划

1　工程项目概况
1.1　工程名称:×××商住楼

2 监理工作范围

2.1 工程实施阶段

全部工程施工图内项目的施工过程监理。

2.2 工作范围

施工图范围内的土建、安装、强弱电等全部施工内容。

3 监理工作内容

根据《建设工程监理规范》(GB 50319—2000)及《建设工程委托监理合同》的有关规定,对本工程建设的图纸质量进行评价,对工程质量、投资、工期进行控制,对合同、信息、安全进行管理并组织协调各方关系。

3.1 施工准备阶段的监理工作

……

3.2 施工过程中的监理工作

3.2.1 定期组织召开工地例会,协调有关各方关系,会议纪要由项目监理部负责。

……

3.2.3 质量控制工作。

(1)审查并签认承包单位对已批准的施工组织设计进行的调整、补充或变动。

(2)督促承包单位严格按照国家现行规范、规程、强制性质量控制标准和设计要求施工,控制工程质量。

(3)专业监理工程师应要求承包单位报送重点部位、关键工序的施工工艺和确保工程质量的措施,审核同意后予以签认。

(4)审查承包单位或建设单位提供的材料和设备清单及其所列的规格与质量,对不符合者不得在工程中使用,并提出更换要求。

(5)检查施工过程中的主要部位、环节以及隐蔽工程施工验收签证,未经签证不得进行下道工序,控制工程质量,对违反规范、标准及规定者,有权向承建单位签发停工通知单,并及时向建设单位报告处理的情况。

(6)当承包单位采用新材料、新工艺、新技术、新设备时,专业监理工程师应要求承包单位报送相应的施工工艺措施和证明材料,组织专题论证,经审定后予以签认。

(7)专业监理工程师应对承包单位报送的拟进场工程材料、构配件和设备及其质量证明资料进行审核,并对进厂的材料按照有关工程质量验收规范和管理文件规定的比例采用平行检验或见证取样方式进行抽验。

(8)对未将监理人员验收或验收不合格的工程材料、构配件、设备,监理人员应拒绝签认,并应书面通知承包单位限期将不合格的工程材料、构配件、设备撤出现场。

（9）总监理工程师应安排监理人员对施工过程进行巡视和检查。对于隐蔽工程的隐蔽过程、下道工序施工完成后难以检查的重点部位，专业监理工程师应安排监理员进行旁站。

（10）对施工过程中出现的质量缺陷，专业监理工程师应及时下达监理工程师通知，要求承包商整改，并检查整改结果。

（11）监理人员发现施工存在重大质量隐患，可能造成质量事故或已经造成质量事故时，应通过总监理工程师及时下达工程暂停令，要求承包商停工整改。整改完毕并经监理人员复查，符合规定要求后，总监理工程师应及时签署工程复工报审表。总监理工程师下达工程暂停令和签署复工报审表，应事先报告建设单位。

（12）对工程质量缺陷原因进行调查分析，确定责任归属，对于承包单位原因造成的质量缺陷，督促其修复。

（13）审查、复核测量控制网、测量放线记录。组织各项隐蔽工程、检验批、分项分部工程质量检查验收工作，行使质量监督权和否决权。主持或参与工程质量事故的分析及处理工作。

（14）组织工程竣工初验，签署《竣工验收申请报验单》，编写《工程质量评估报告》，对工程质量提出评估意见，做好竣工验收的质量控制工作。

3.2.4　投资控制工作。

……

3.2.5　进度控制工作。

……

3.2.6　竣工验收监理工作。

（1）总监理工程师组织专业监理工程师，依据有关法律、法规、工程建设强制性标准设计文件及施工合同，对承包单位报送的竣工资料进行审查，并对工程质量进行竣工预验收。对存在的问题，及时要求承包单位整改。整改完毕由总监理工程师签署工程竣工报验单，并应在此基础上提出工程质量评估报告。工程质量评估报告由总监理工程师和监理单位技术负责人审核签字。在保修期结束后检查工程保修状况，签署保修意见，办理监理合同终止手续。

（2）参加由建设单位组织的竣工验收，并提供相关监理资料。对验收中提出的整改问题，项目监理机构应要求承包单位进行整改。工程质量符合要求，由总监理工程师会同参加验收的各方签署竣工验收报告。

（3）督促承包单位完成各阶段及全套竣工图的工作和整理各种必须归档的资料，按规定负责向建设单位移交档案资料。

（4）协助建设单位、承包单位签订《工程保修书》，做好保修期的质量控制工作。

（5）在保修期结束后检查工程保修状况，签署保修意见，办理监理合同终止手续。

4　监理工作目标

……

5　监理工作依据

……

6　项目监理部的组织形式

6.1　监理部组织情况

为履行委托监理合同，成立工程项目监理部，项目监理部实行总监理工程师负责制，总监理工程师全面负责委托监理合同的履行,全面负责该工程施工监理业务及行政管理工作。针对本工程的特点,确定项目监理组织采用直线制组织形式。

6.2 项目监理部组织机构

项目监理部组织机构见图10-1。

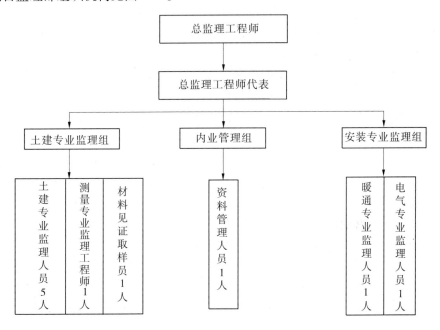

图10-1 项目监理部组织机构

7 项目监理部人员配备计划

项目监理部人员配备计划见表10-1。

表10-1 项目监理部人员配备计划

序号	现任职务	姓名	学历	专业	职称	备注
1	总监理工程师					
2	总监理工程师代表					
3	土建监理工程师					
4	土建监理工程师					
5	土建监理员					
6	土建监理员					
7	土建监理员					
8	电气监理工程师					
9	水暖监理工程师					
10	测量监理工程师					
11	材料见证员					兼
12	资料员					

8 项目监理部的人员岗位职责

8.1 总监理工程师的岗位职责

项目监理部实行总监理工程师负责制,项目总监理工程师负责全面履行项目监理合同义务,负责质量保证体系在本项目的实施。

8.2 总监理工程师代表的岗位职责

……

8.3 专业监理工程师的岗位职责

专业监理工程师是各专业部门管理机构的负责人,在各自的部门有局部决策职能,在全局监理工作范围内具有规划、执行和检查的职能。

8.3.1 组织制订各自专业或相应子项目的监理实施计划或监理细则,经总监理工程师批准后组织实施;

8.3.2 对所负责控制的目标进行规划,建立实施目标控制的目标划分系统;

8.3.3 建立目标控制系统,落实各控制子系统的负责人员,制订工作流程,确定方法和手段,制订控制措施;

8.3.4 协商确定各部门之间协调程序,为组织一体化主动开展工作;

8.3.5 定期提交本项目目标或本子项目目标控制例行报告和例外报告;

8.3.6 根据信息流结构和信息目录的要求,及时、准确地做好本部门的信息管理工作;

8.3.7 审查有关承包单位提交的计划、方案、申请、证明、单据、变更、资料、报告等;

8.3.8 检查有关的工程情况,掌握工程现状,及时发现和预测工程问题,并采取措施妥善处理;

8.3.9 组织、指导、检查和监督本部门监理员的工作;

8.3.10 协调处理本部门管理范围内各专业承包单位之间的有关工程方面的矛盾;

8.3.11 及时检查、了解和发现承包方的组织、技术、经济和合同方面的问题并向总监理工程师报告,以便研究对策、解决问题;

8.3.12 及时发现并处理可能发生或已发生的工程质量问题;

8.3.13 主持有关检验批、分项工程的检查和验收工作,参与有关的分部工程、单位工程等分期交付工程的检查和验收工作;

8.3.14 参加或组织有关工程会议并做好会前准备;

8.3.15 提供或收集有关的索赔资料,并把索赔和防索赔当作本部门分内工作来抓,积极配合合同管理部门做好索赔的有关工作;

8.3.16 检查、督促并认真做好监理日记,参与监理月报编写等,建立本部门监理资料管理制度;

8.3.17 定期做好本部门监理工作总结。

8.4 监理员的岗位职责

监理员从事直接的工程检查、计量、检测、试验、旁站监理、监督和跟踪工作,行使检查和发现问题的职能。

8.4.1 负责检查、检测并确认材料、设备、成品和半成品的质量;

8.4.2 检查承包单位人、机、料使用运行情况,并做好记录;

8.4.3 负责工程量原始数据的收集并签署原始凭证;

8.4.4 检查是否按设计图纸施工、按工艺标准施工、按进度计划施工,并对发生的问题随时予以解决纠正;

8.4.5 检查确认工序质量,进行验收并签署;

8.4.6 实施跟踪检查,发现问题及时报告;

8.4.7 做好填报工程原始记录工作,填写旁站记录表;

8.4.8 记好监理日记。

8.5 资料员的岗位职责

8.5.1 负责收发监理信息,进行监理信息的登记、管理、分类、编码、存档、保管、借阅和注销管理工作;

8.5.2 对各专业的设计图纸、材质保证书、试块报告、技术核定单、隐蔽工程验收单等有关资料按要求收集、整理登录监理工作台账。

9 监理工作程序

9.1 监理工作总程序

……

9.2 施工准备阶段质量监理工作程序

……

9.3 质量控制监理工作程序

……

9.4 进度控制监理工作程序

……

9.5 造价控制监理工作程序

……

9.6 合同管理监理工作程序

……

9.7 安全管理监理工作程序

……

9.8 交工监理工作程序

……

9.9 工程质量保修期监理工作程序

……

10 监理工作方法及措施

……

11. 监理工作制度

……

12. 旁站监理措施

……

13. 安全监理方案

……

14. 监理设施

……

10.3　监理实施细则

针对工程采用静压桩基础,基坑开挖深度超过 5 m,以及总监理工程师要求承包单位进行专项方案编制,并要求专业监理工程师编制了《静压桩施工监理实施细则》、《基坑支护施工监理实施细则》,以及其他重要分部分项工程的监理细则,对工程质量进行严格控制。现举例如下。

10.3.1　河南省××工程静压预制桩监理实施细则

10.3.1.1　工程概况

本工程采用预制混凝土管桩,桩长 15 m,共 1 682 根桩,……

10.3.1.2　编制依据

(1)相关技术标准、质量验收规范;

(2)《建设工程监理规范》(GB 50319—2000);

(3)委托监理合同、施工承包合同;

(4)本工程的监理规划;

(5)施工图设计文件(包括图纸会审纪要、设计交底文件及设计变更文件等);

(6)已审查批准的施工组织设计或专项施工方案;

(7)其他相关文件资料。

10.3.1.3　专业工程特点

(1)根据设计要求桩长和制桩规格,需要接桩。接桩方式采用焊接。

(2)根据《地质勘探报告书》,设计师对桩基施工有特殊要求:沉桩速度××、最后压桩力××。

(3)地基土层构成为 8 层,多为粉质黏土,详见《地质勘探报告书》,地下水位 – 5 m,周边建筑物距离较远,对桩基施工影响不大。

(4)因桩基承包单位为分包,除对分包资质进行审查外,现场管理和质量控制均由总包单位负责。

(5)认真审查《施工组织设计》和《专项施工方案》的可实施性,并以此为基础进行具有针对性的质量控制和安全管理,以达到监理预控效果。

(6)桩基施工完成后要尽快进行验收。

10.3.1.4　监理工作流程

监理工作流程见图 10-2。

10.3.1.5　监理质量控制要点及方法

1)工程质量事前控制

(1)认真学习和审查工程地质勘察报告,掌握工程地质情况。

(2)认真学习和审查桩基设计施工图纸,协助建设单位组织设计技术交底。

(3)审查承包单位的施工组织设计、技术保证措施、施工机械配置的合理性及完好率、施工人员到位情况、施工前期情况、技术交底情况(地质情况,设计要求,操作规程,安全措

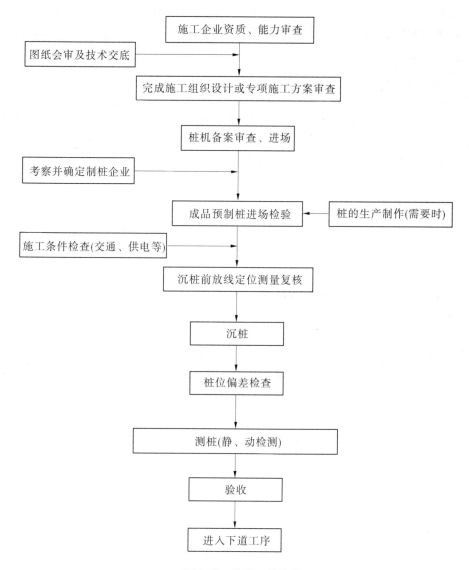

图 10-2　监理工作流程

施及要求等)以及材料供应情况,并提出整改意见。

(4)审查预制桩生产厂家的资质情况,实地考察厂家生产工艺、质量保证体系、生产能力、产品合格证、各种原材料的试验报告、企业信誉,并提出监理审查意见。

(5)审查桩机备案情况,检查桩机的显著位置标注单位名称、机械备案编号。进入施工现场时机长及操作人员必须备齐基础施工机械备案卡及上岗证,供监理单位、安监机构、质监机构、建管人员检查。未经备案的桩机不得进入施工现场施工。

(6)要求承包单位在桩基平面布置图上对每棵桩进行编号。

(7)要求承包单位设专职测量人员,按桩基平面布置图测放轴线及桩位,其尺寸允许偏差应符合《建筑地基基础工程施工质量验收规范》(GB 50202—2002)第5.1.1条要求。

(8)建筑物四大角轴线必须引测到建筑物外并设置龙门桩或采取其他固定措施,压桩前应复核测量轴线、桩位及水准点,确保无误,且须经签验收证后方可压桩。

(9)要求承包单位提出书面技术交底资料,出具预制桩的配合比、钢筋、水泥出厂合格证及试验报告,提供现场相关操作人员上岗证资料供监理审查,并留复印件备案,各种操作人员均须持证上岗。

(10)检查预制桩的标志、产品合格证书等。

①标志

ⅰ.永久标志应采用制造厂的厂名或产品注册商标,标在预制桩表面距端头 1 000 ~ 1 500 mm 处。

ⅱ.临时标志为预制桩标记(不包括标准编号),制造日期或预制桩编号,其位置略低于永久标志。

②产品合格证包括下列内容:

ⅰ.合格证编号、产品等级,本标准编号;

ⅱ.预制桩品种、规格、型号、长度及管桩壁厚,混凝土抗压强度;

ⅲ.外观质量、尺寸偏差,抗弯性能;

ⅳ.预制桩编号,制造厂厂名、制造日期、出厂日期;

ⅴ.检验员签名或盖章。

③提供预制桩体最大压桩力,供压桩时参考。

(11)施工现场准备情况的检查:

①施工场地的平整情况:清除桩基范围的高空、地面、地下障碍物;架空高压线距桩机架的距离不得小于 10 m;修设桩机进、出行走道路;做好场区排水措施;检查影响相邻建筑的措施是否得到落实。

②场区测量检查:设置 2 ~ 3 个水准点,进行高程测量;按总图对各单体建筑的定位尺寸,进行各单体建筑的定位放线复核,根据各单体建筑的桩基设计施工图,进行桩位定位复核,具体要求如下:

单体建筑轴线复核→各工程桩中心点定位复核(每个桩位打一个小木桩)→各工程桩中心点高程复核。

③检查压桩机设备及起重工具;铺设水电管网,进行设备架立组装、调试和试压;在桩架上设置标尺,以便观测桩身入土深度。

④检查桩质量。

2)工程质量事中控制

(1)确定合理的压桩程序。

按照避免各工程桩相互挤压而造成桩位偏位的原则,根据地基土质情况、桩基平面布置、桩的尺寸、密集程度、深度、桩机移动方向以及本建筑物占地面积较大(即基坑较大)等实际情况,本工程将基坑分为数段范然后分别进行压设,并应避免自外向内或从周边向中间进行(即关门打),以防止中间土被挤密,桩难以压入,或虽勉强压入,但使邻桩侧移、上冒或挤断。

(2)定期复查轴线控制桩、水准点是否有变化,应使其不受压桩及运输的影响。复查周期为每 10 天不少于 1 次。

(3)管桩数量及位置应严格按照设计图纸要求确定,承包单位应详细记录试桩施工过程中沉降速度及最后压桩力等重要数据,作为工程桩施工过程中的重要数据,并借此校验压桩设备、施工工艺以及技术措施是否适宜。

（4）经常检查各工程桩定位是否准确。

（5）开始沉桩时应注意观察桩身、桩架等是否垂直一致,确认垂直后,方可转入正常压桩。桩插入时的垂直度偏差不得超过0.5%。在施工过程中,应密切注意桩身的垂直度,如发现桩身不垂直,要督促施工方设法纠正,但不得采用走桩架的方法纠正（因这样做会造成桩身弯曲,继续施压会发生桩身断裂）。

（6）按设计图纸要求,进行工程桩标高和压桩力的控制。

（7）在沉桩过程中,若遇桩身突然下沉且速度较快及桩身回弹,应立即通知设计人员及有关各方到场确定处理方案。

（8）当桩顶标高较低,须送桩入土时,应用钢制送桩器放于桩头上,送入土中。

（9）接桩用焊条应有产品质量合格证书。

（10）检查压力、桩垂直度、接桩间歇时间、桩的连接质量及压入深度;检查已施压的工程桩有无异常情况,如有异常情况,应通知有关各方到场确定处理意见。

（11）工程桩应按设计要求和《建筑地基基础工程施工质量验收规范》（GB 50202—2009）条款进行承载力和桩身质量检验,检验标准应按《建筑工程基桩检测技术规范》的规定执行。

（12）预制桩的质量检验标准应符合《建筑地基基础工程施工质量验收规范》（GB 50202—2009）规定要求。

（13）认真做好压桩记录。

3）工程质量事后控制（验收）

工程质量的验收均应在承包单位自检合格的基础上进行。承包单位确认自检合格后提出工程验收申请,由总监理工程师协助建设单位组织勘察单位、设计单位及承包单位的项目负责人与技术质量负责人共同按设计要求和规范及其他有关规定进行验收。

（1）桩基工程验收时应按下列规定进行:

分项工程的质量验收应分别按主控项目和一般项目验收。

主控项目必须符合验收标准规定,发现问题应立即处理直至符合要求,一般项目应有80%合格。混凝土试件评定不合格或对试件的代表性有怀疑时,应采取钻芯取样,检测结果符合设计要求可按合格验收。

注意事项:

①桩顶设计标高与施工场地标高相近时,待成桩完毕后进行验收。

②当桩顶设计标高低于施工场地标高时,应待开挖到设计标高后进行验收。

③在验收前,不得切去桩顶。

（2）桩基工程验收时,承包单位应提交下列资料:

①工程地质勘察报告、桩基设计施工图、图纸会审纪要、设计变更及已发生的材料代用通知单和监理通知单。

②建筑物轴线、工程桩位测量放线复核签证单。

③制作桩的材料试验记录,成桩质量检查报告及承包单位接收桩的复核签证单。

④单桩承载力检测报告。

⑤基坑挖至设计标高的桩基竣工平面图(应按实测结果标注各工程桩的桩位尺寸)及桩顶标高图。

(3)验收标准:设计图纸要求及相关施工质量验收规范。

10.3.1.6　监理工作方法和措施

关键工序(比如沉桩、动静测试)必须实行全过程跟踪监理,即从准备—开工—过程—结束,都要有手段和措施监控。一般工序的跟踪实行巡视检查。工序监理要点如表 10-2 所示。

表 10-2　工序监理要点

工序名称	监理内容	监理时间	监理手段
预制桩进场检验	质保资料、外观检查(管桩壁厚,内外平整,端头板垂直)	施工前	查看、检查
定位测量	轴线、标高	沉桩前	平行复测
沉桩	进桩、沉桩、接桩	沉桩时	旁站
桩位偏差检查	轴线、标高	沉桩完成后	平行复测
测桩	静测、动测	测桩时	旁站

每天,现场监理人员用各种监理措施和手段检查质量,并做出记录,对照是否与各种现行规范标准相符合,如果不符合,则要采取纠偏措施,整改或返工。

1)监理工作方法

(1)旁站:主要工序必须实施旁站监理,检查质检人员到岗、特殊工种人员持证上岗以及施工机械、建筑材料准备情况;在场跟班监督关键工序的施工方案以及强制性条文的执行情况;检查进场材料设备的质量检验报告等,并可在现场监督施工企业进行检验或者委托具有资格的第三方进行复检;做好旁站监理记录和监理日记,保存旁站监理原始资料。

(2)巡视:一般工序实行巡视检查,每天都要对所有的现场质量进行巡视,有怀疑时进行随机抽查,做好记录。

(3)材料检测:督促承包单位对进场的材料按规范进行见证取样试验,当对上述材料检查有怀疑时,监理人员可要求重新取样进行试验。

(4)指令及通知:监理单位、承包单位的工作往来,应以书面往来为主,监理工程师通过书面指令及通知指出施工中发生或可能发生的问题,提请承包单位改正或重视。

(5)会议:所有含糊不清的质量认识问题和协调配合问题都可以在会议上解决。一些质量问题在会上适当曝光,效果显著。

2)监理工作措施

(1)利用验收手段:当中间验收(含隐蔽)、最终验收时,对照以往的跟踪资料,对比验收时的现场情况,如不合格,就利用签字权迫使施工方处理合格后才签字。

(2)质量跟踪的组织措施:组织专人控制质量,平常由监理员旁站和巡查,对存在的问题由总监理工程师组织专家顾问和各专业监理工程师讨论解决。

（3）技术措施：

①检测产品质量；

②利用公司技术人员指导现场施工和监理；

③用电脑动态跟踪现场的质量，从跟踪材料中分析出不合格工序的成因和影响质量的主要因素，可以直观快速地指导不合格工序整改。

10.3.2　河南省××工程基坑土钉墙支护工程监理细则

10.3.2.1　工程概况及地质条件

本工程位于郑州市××路与××路交叉路口西北角，地面相对标高 −1.2 m，基坑开挖净深度为5.8 m，上部主要地层为粉土、粉质黏土，局部有粉砂夹层。基坑长176 m，宽102 m，场区内场地平整，东距××路36 m，南距××路45 m，西距××大道78 m，地下无管线干扰物。东面、西面、南面采用土钉支护，北面采用喷素混凝土支护。

10.3.2.2　支护工程监理控制目标

支护工程监理质量控制目标：安全可靠，确保合格。

支护工程监理进度控制目标：工期控制符合总进度计划要求。

支护工程监理安全控制目标：轻伤事故在3‰以下，杜绝重大伤亡事故。

10.3.2.3　支护工程监理依据

（1）《建筑工程施工合同》；

（2）《岩土工程勘测报告》；

（3）《工程测量规范》（GB 50026—2007）；

（4）《建筑变形测量规范》（JGJ 8—2007）；

（5）《建筑基坑支护技术规程》（JGJ 120—2012）；

（6）《基坑土钉支护技术规程》（CECS 96:97）；

（7）《混凝土结构工程施工质量验收规范》（GB 50204—2011）；

（8）《钢筋焊接与验收规程》（JGJ 18—2012）。

10.3.2.4　土钉墙支护工程监理工作

1）土钉墙支护工程监理控制要点

土钉墙支护工程监理控制要点见表10-3。

2）土钉墙支护工程施工准备阶段监理控制措施

（1）施工组织设计（方案）的审核。

土钉墙支护施工前，专业监理工程师和总监理工程师根据地质勘察报告，对承包单位送审的设计方案和施工方案进行审核。对设计方案的审核，主要看是否有计算书，支护平、剖面及总体尺寸图等是否齐全，是否有专家评审意见及签字。对施工方案的审核，主要看施工方案是否合理，施工顺序是否可行，工期安排是否满足总进度计划的要求，质量、进度、安全保证体系及技术措施是否健全，以及出现异常情况时是否有可靠的应急预案。

表 10-3　土钉墙支护工程监理控制要点

阶段	项目	控制点	检验方式	参加人员	签署资料或记录
施工准备阶段	审核施工组织设计	合理性、可行性	审阅	专业监理工程师及总监理工程师	《施工组织设计（方案）报审表》
	测量仪器报验	检验证书	核查	测量专业监理工程师	《承包单位通用申报表》
	材料构配件报验	钢筋、水泥、砂、石	核查	专业监理工程师	《工程材料/构配件/设备报审表》
	特种人员报审	岗位证书	核查	专业监理工程师	《承包单位通用申报表》
	技术交底	交底记录	核查	专业监理工程师	监理日记
	开工报审	开工条件	核查	专业监理工程师	《工程开工/复工报审表》
施工阶段	测量放线	标高、轴线、观测点、基坑边线	核查	测量专业监理工程师	《测量放线报验单》
	工作面开挖	标高、坡度、平整度	核查	专业监理工程师	《报验申请表》
	造孔	孔深、孔径、孔距、孔倾角	核查	专业监理工程师	《报验申请表》
	土钉安装	土钉规格、长度、定位支架、焊接接头	核查	专业监理工程师	《报验申请表》
	注浆	水灰比、充盈度	核查	专业监理工程师	《报验申请表》
	挂钢筋网、焊加强筋	规格、间距、搭接长度、焊接质量	核查	专业监理工程师	《报验申请表》
	喷混凝土	厚度标志、配合比、厚度、试块	旁站	监理员	《报验申请表》、监理日记
	养护		核查	专业监理工程师	监理日记
监测阶段	主要包括支护位移的量测，地表开裂状态的观察，附近建筑物、管线等变形观测，基坑渗漏水和基坑内外地下水位变化				

施工组织设计（方案）审核通过后，专业监理工程师和总监理工程师在《施工组织设计（方案）报审表》上签字并盖章。

（2）测量仪器报验。

首先核查施工仪器是否有校验证及校验证是否在有限期内，承包单位应填写《承包单位通用申报表》附合格的校验证书进行报验，经测量专业监理工程师核查合格后，方可在工程中使用。

（3）材料/构配件报验。

各种材料/构配件均应符合设计要求,且均需有相关质量证明文件。

本工程所使用的材料主要有:水泥 P. O32.5,混凝土 C20,土钉为Φ 16 螺纹钢筋,连接加强钢筋为Φ 14 钢筋,钢筋网为 50 mm×100 mm×1 mm 钢板网,碎石为 5~10 mm,砂为干净中砂,进场时承包单位应填写《工程材料/构配件/设备报审表》并附合格证,出场检测报告、复试报告,专业监理工程师核查报告是否符合要求,核对现场水泥、钢筋批号数量是否一致,混凝土强度等级必须符合设计要求,并应有具备相关资质的实验室出具的正式施工配合比。

(4)设备报验。

设备到场调试完毕,机械性能保证正常运转,承包单位填写《承包单位通用申报表》附自检情况,合格证书向监理报验,监理在审核注浆泵的规格、压力和输浆量满足施工要求,混凝土喷射机的输送距离满足要求,空压机应满足喷射机工作风压和风量要求(一般可用风量 9 m²/min,压力大于 0.5 MPa 的空压机),并签字同意后方准在本工程中使用。

(5)特种人员核查。

开工前承包单位要填写《承包单位通用申报表》附特种人员上岗证复印件报验,专业监理工程师核查报验人员证件的有效性及是否与实际操作人员一致。本工程主要核查电工和电焊工的上岗证。

(6)技术交底。

开工前要核查承包单位是否已经进行了技术交底,并检查是否有技术交底记录。

(7)工程开工/复工报审。

经审查具备开工条件,由总监理工程师签发《工程开工/复工报审表》,同意开工。

3)土钉墙支护施工阶段的监理控制

(1)测量放线。

①控制点现场校验:由建设单位现场工程师及监理工程师负责向施工测量人员现场校验控制坐标点及高程控制点。

②专业测量人员根据控制点,在地面上测放出基坑顶、底边线,并用白灰画出边线。

③固定并保护好变形观测基准点,对周围建筑物作出观测点,进行观测。

④在基坑开挖支护时,在基坑支护顶上设观测点,做好观测工作。

⑤将高程控制点标高测引至基坑,指导土方开挖工作。

专业监理工程师对承包单位报验的测量放线报验成果进行复核,合格时在《测量放线报验单》上签字,通过验收后方可进行下一道工序的施工。

(2)工作面开挖。

承包单位应按设计要求自上而下分段分层进行,按施工方案设计要求,本工程第一层机械挖至 -3 m,第二层机械挖至 -6 m,然后人工挖方清底,土钉墙墙面坡度为 1:0.3。喷混凝土施工且混凝土强度达到设计强度的 70% 以前不得进行下一层深度的开挖。当基坑面积较大时,允许在距离四周边坡 8~10 m 的基坑中部自由开挖,但应注意与分层作业区的开挖相协调,当用机械进行土方开挖时,严禁出现超挖或造成边坡土体松动。基坑的边壁应采用小型机具或锹铲进行切削清坡,以保证边坡平整并符合设计要求,坡面平整度允许偏差宜为 ±20 mm。

(3)喷射首层混凝土。

为防止基坑边坡土体发生坍塌及保证钢筋网的混凝土保护层厚度,对修整后的边坡立即喷射一层薄的混凝土,待凝结后再进行钻孔。

(4)造孔。

边坡修整完毕,满足设计要求及平整度要求后,对土钉位置作出标注,然后开始造孔,根据设计要求,本工程土钉孔梅花形布置,构造做法见表10-4。

表10-4　土钉孔构造做法

部位	标高(m)	孔径(mm)	孔深(mm)	孔倾角(°)	孔水平间距(m)
1—1剖面	−2.7	100	9 000	15	1.4
	−4.1	100	6 000	15	1.4
	−5.5	100	4 500	15	1.4
2—2剖面	−3.7	100	6 000	15	1.5
	−5.2	100	3 000	15	1.5

监理人员应根据设计要求检查土钉孔的位置、孔径、孔深、孔的倾角,逐孔按规范进行验收,土钉成孔允许偏差宜符合表10-5的规定。

表10-5　土钉成孔允许偏差

项目	允许偏差	说明
孔深	±50 mm	
孔径	±5 mm	
孔距	±100 mm	
成孔倾角	±5%	

(5)安装土钉。

按设计要求,本工程土钉杆为Φ16螺纹钢筋,土钉杆如需接长,必须采用焊接,焊接质量必须满足规范要求,并取样送检。安装土钉前,应先设置固定支架,保证钢筋处于钻孔的中心部位,支架沿钉长的间距为2 m。监理人员在此施工过程中要检查土钉的长度、钢筋型号、居中支架,以及钢筋焊接质量等是否符合要求。

(6)注浆。

①材料宜选用水泥浆或水泥砂浆,水泥浆的水灰比宜为0.5,水泥砂浆的配合比宜为1:1~1:2(重量比),水灰比宜为0.38~0.45。本工程所用注浆材料为水泥浆。

②砂浆应拌和均匀,随伴随用,一次拌和的水泥浆、水泥砂浆应在初凝前用完。

③浆的水灰比不宜超过0.45~0.5,允许加入适量的速凝剂或高效减水剂,但严禁任意加大用水量。

注浆作业应符合以下规定:

①注浆前应将孔内残留或松动的杂土清除干净,注浆开始或中途停止超过30 min时,应用水或稀水泥润滑注浆泵及其管路。

②注浆时,注浆管应插至距孔底250~500 mm处,孔口部位宜设置止浆塞。注浆满孔

后,初凝前需补浆 1~2 次。

（7）挂钢筋网、焊加强筋。

按设计要求,本工程钢筋网采用 50 mm×100 mm×1 mm 成品钢板网。

①钢筋网片规格间距应符合设计要求,网格允许偏差为 10 mm;钢筋网铺设好时左右边的焊接长度不小于一个网格的长度,并不得小于 200 mm,如为焊接,则焊接长度不小于网筋直径的 10 倍,在坡面上下段钢筋网搭接长度应大于 300 mm。

②钢筋网应在喷射首层混凝土后铺设,钢筋保护层厚度不宜小于 20 mm。

③采用双层钢筋网时,第二层钢筋网应在第一层钢筋网混凝土覆盖后铺设。

④钢筋网、加强筋与土钉应连接牢固,监理随机抽查。本工程加强筋为 ф 14 钢筋,菱形布设并与各土钉杆头好焊接,焊接质量必须满足规范要求。

⑤按设计要求,本工程钢筋网上部伸出基坑顶面 800 mm,水平铺设于基坑支护顶部 800 mm 宽的混凝土防护帽内,钢筋网、加强筋与 1 m 长的 ф 14 摩擦土钉焊接牢固。

监理人员要对钢筋网和加强筋的规格、间距、搭接长度及焊接质量严格检查,保证符合设计和规范要求。

（8）喷射混凝土。

本工程喷射混凝土的厚度为 80 mm,强度等级为 C20。

①为保证喷射混凝土的厚度达到规定值,开在边壁上垂直插入短的钢筋段作为标志,本工程钢筋段为 ф 6.5 圆钢间距 3 m×3 m。

②喷射作业应分段进行,同一分段内喷射顺序应自下而上,一次喷射厚度不宜小于 40 mm。

③喷射混凝土时,喷头与受喷面应保持垂直,距离宜为 0.6~1.0 mm。

④喷射混凝土终凝 2 h 后,应喷水养护,养护时间根据气温确定,宜为 3~7 h。

⑤喷射混凝土强度用边长 100 mm 立方试块进行测定。每批至少留取 3 组（每组 3 块）试件。

（9）养护。

喷射混凝土终凝 2 h 后,应洒水养护,养护时间不得少于 5~7 d。

4）施工监测

对于施工方检测点的布置是否符合要求,要认真落实检查,检查施工方每天监测记录,支护施工阶段每天监测不少于 1~2 次,在完成基坑开挖,变形趋于稳定的情况下可适当减少监测次数,监测内容至少应包括:

（1）支护位移的量测;

（2）地表开裂状态（位置、裂宽）的观察;

（3）附近建筑物和重要管线等设施的变形测量及裂缝观察;

（4）基坑渗漏水和基坑内外地下水位变化。

5）异常情况下的应急处理

在施工过程中出现软弱地基、岩石土、边坡裂缝等异常情况,监理员应与承包单位质检员一起,监督操作人员立即停止施工,并向各自负责人汇报,会同建设单位等共同协商解决。

6)安全环保措施

(1)施工人员进入现场应戴安全帽,高空作业应挂安全带,操作人员应精神集中,遵守有关安全规程。

(2)各种设备应处于完好状态,机械设备的运转部位应有安全防护装置。

(3)注浆管路应畅通,防止塞管、堵泵,造成爆管。

(4)电气设备应可靠接地、接零,并由持证人员安全操作。

7)支护工程的监理验收

(1)土钉墙支护工程质量检验标准见表10-6。

表10-6　土钉墙支护工程质量检验标准

项目	序号	检查项目	允许偏差或允许值	检查方法
主控项目	1	土钉长度	±50 mm	用钢尺量
	2	土钉承载力	设计要求	现场实测
一般项目	1	土钉位置	±100 mm	用钢尺量
	2	钻孔倾斜度	±5%	
	3	浆体强度	设计要求	试样送检
	4	注浆量	大于理论计算浆量	检查计量数据
	5	土钉墙面厚度	±10 mm	用钢尺量
	6	墙体强度	设计要求	试样送检

(2)土钉墙验收标准。

①土钉采用抗拉试验检测承载力,在同一条件下,试验数量不宜少于土钉总数的1%,且不应少于3根。

②墙面喷射混凝土厚度应采用钻孔检测,钻孔数宜每100 m² 墙面积一组,每组不应少于3点。

③土钉支护工程验收应具备下列资料:

ⅰ.初步设计施工图及施工过程中的变更图。

ⅱ.审定的施工组织设计、施工方案及执行中的变更情况。

ⅲ.各种原材料的出厂合格证及材料试验报告。

ⅳ.钻孔记录(钻孔尺寸误差、孔壁质量及钻取土样特征等)。

ⅴ.注浆记录及浆体的试件强度试验报告等。

ⅵ.喷浆记录(面层厚度检测数据、试件强度试验报告等)。

ⅶ.设计变更报告及重大问题处理文件,反馈设计图。

ⅷ.土钉抗拔测试报告。

ⅸ.支护位移,沉降及周围地表、地物等各项监测内容的量测记录与观察报告。

10.4　实际问题协调

该工程在实施过程中发生了以下事件,监理工程师在现场依据合同对各方的行为进行

了协调:

事件1　建设单位和总承包单位签订的施工合同中约定,总承包单位可以将打桩、基坑支护和地下防水工程分包。施工中监理单位要求总承包单位在分包单位进场前,均需报送资质和人员资料,监理单位审查合格后方可进入现场,且所有质量安全责任均由总承包单位负责。在地下防水工程施工之前,建设单位代表自行选择了一家专业防水施工队,将地下防水工程分包了出去(合同尚未签订),并向监理单位和总承包单位发了通知,要求总承包单位配合防水分包单位施工。总承包单位向项目监理机构提出异议。

监理单位在接到建设单位通知和总承包单位联系函后,按照以下程序对建设单位的不规范行为进行了协调。

(1)监理单位向建设单位发联系函,请建设单位暂停防水施工队进场,明确告知建设单位单方行为将造成随意肢解工程,形成施工合同违约。同时,未经监理单位审核分包单位资质,且建设单位直接向总包单位发通知造成监理合同违约。若分包单位进场,会造成建设单位被索赔局面。

(2)与总承包单位协商,请总承包单位尽快确定防水分包单位,并提交分包单位的资料。

为了解决现场存在的实际问题,监理工程师在现场召开协调会,听取总承包单位的意见,最后确定对建设单位选择的防水施工队作为选择对象之一由总承包单位进行商谈,建设单位不再干涉并收回已发通知。

(3)总承包单位选择了防水工程施工分包单位,报监理单位审查。

(4)监理工程师审核确认后,报建设单位批准。

(5)监理部发出监理通知,督促总承包单位与分包单位签订分包合同。

(6)分包单位施工完毕后,向项目监理部报送工程款支付申请,项目监理部按下列程序处理:

①退回分包单位的申请,并口头告知分包单位不能直接申报工程款的原因;

②在承包单位对分包单位的工程质量检查验收合格的基础上,项目监理机构检查验收;

③总承包单位报送该部位工程进度款结算申请书后,审查确认工程量;

④按承包合同规定的支付方式,基础工程完成后进行工程款支付,不单独支付防水工程款;

⑤总承包单位不得以建设单位未支付进度款为理由,拒付分包单位工程款,建设单位和分包单位无合同关系。

事件2　工程实施过程中,建设单位方因工程资金需求量大,造成资金紧缺,未能及时支付工程主体阶段进度款,建设单位代表口头通知总承包单位暂缓施工,可延长主体工期一个月,但竣工工期不得延长,承包单位亦口头同意。监理单位未接到任何书面延期通知,监理例会上建设单位和总承包单位也没有提出延期要求。实际工程按合同规定期限完工,工程预验收时,监理单位发现工程质量存在问题,要求总承包单位进行整改。两个月后,整改完毕,经验收合格后,工程竣工验收完成。总包单位提交工程结算时,监理单位按照合同要求对工程量进行了审核确认,提交建设单位。

建设单位认为总承包单位延迟2个月交付工程,应偿付逾期违约金。总承包单位认为:由于建设单位资金紧缺要求主体延期1个月,并不得顺延完工日期,质量问题是为抢工期才出现的,因此延迟交付的责任不在承包单位。建设单位则认为:主体延期和不顺延工期是承包单位当时同意的,其应当履行承诺,承担违约责任,为此建设单位请监理方按程序处理。

监理单位在确认事实后,由总监理工程师召开专题协调会,请甲乙双方负责人参加,以保证会议决议能够执行。按照合同法的规定以及建设单位和承包单位签订的承包合同,提出以下意见:

(1)甲乙双方变更工期的口头协议因无书面文件,不符合合同法"变更合同应当采取书面形式"的规定,因此口头协议无效,甲乙双方应当执行原合同条款规定;

(2)甲方拖延支付工程款时间,应当承担延期支付责任,按双方合同规定,支付延期赔偿金,延期时间按照合同规定时间至甲方签付支票日期计算;

(3)总承包单位不得以赶工期为理由转移质量责任,应当自行承担因质量问题整改造成的损失,工程延期交工应缴纳逾期交工违约金,时间按合同规定的总工期至竣工验收通过日期计算。

10.5　结束语

工程监理是国家强制执行的一项制度,广大监理人员为此付出了极大的辛劳,同时也承担了艰巨的责任。为了使监理人员对自己所从事的监理工作有一个基本的了解,我们编写了这本教材,尽我们所能为大家的理论水平和实践技能的提高提供一些资料,供大家参考。期望大家通过学习能有所收获!

参 考 文 献

[1] 中国建设监理协会. 建设工程信息管理[M]. 北京:中国建筑工业出版社,2003.

[2] 中国建设监理协会. GB 50319—2000 建设工程监理规范[S]. 北京:中国建筑工业出版社,2001.

[3] 国家质量监督检验检疫总局,中华人民共和国建设部. GB/T 50328—2001 建筑工程文件归档整理规范[S]. 北京:中国建筑工业出版社,2008.

[4] 国家质量监督检验检疫总局,中华人民共和国建设部. GB 50300—2001 建筑工程施工质量验收统一标准[S]. 北京:中国建筑工业出版社,2002.

[5] 中华人民共和国住房和城乡建设部. JGJ/T 185—2009 建筑工程资料管理规程[S]. 北京:中国建筑工业出版社,2010.

[6] 国家质量监督检验检疫总局,中华人民共和国建设部. GB 50411—2007 建筑节能工程施工质量验收规范[S]. 北京:中国建筑工业出版社,2007.

[7] 河南省建设教育协会. 建筑节能[M]. 北京:中国建筑工业出版社,2011.

[8] 卢玫珺. 建筑节能工程施工质量验收规范宣贯教材[M]. 郑州:黄河水利出版社,2008.

[9] 束拉,邢振贤. 建设工程监理概论[M]. 郑州:郑州大学出版社,2010.

[10] 全国监理工程师培训考试教材编写委员会. 建设工程质量控制[M]. 北京:中国建筑工业出版社,2008.

[11] 全国监理工程师培训考试教材编写委员会. 建设工程投资控制[M]. 北京:知识产权出版社,2008.

[12] 全国监理工程师培训考试教材编写委员会. 建设工程进度控制[M]. 北京:中国建筑工业出版社,2008.